高等职业教育精品工程规划教材

单片机应用技术项目式教程
（C语言版）

湛洪然　李福军　刘景文　编著

电子工业出版社
Publishing House of Electronics Industry
北京·BEIJING

内 容 简 介

本书为了全面地培养学生从事单片机应用系统的调试和设计工作的基本技能,以就业岗位所需的职业技能和知识为依据,通过对典型项目进行分解进而形成学习任务的设计过程来编排内容,学生可以在"做中学,学中做",既突出了实用性也增强了递进性,从而将单片机系统软硬件的有关知识有机地融合;另外,又在各个任务实施中增加"提高部分"和每个项目后增加知识拓展以提高本课程的完整性与先进性。具体内容包括:单片机的结构和原理、中断及定时、计数器、串行口、系统扩展、测控接口、C 5 1 语言程序设计等。

未经许可,不得以任何方式复制或抄袭本书之部分或全部内容。
版权所有,侵权必究。

图书在版编目(CIP)数据

单片机应用技术项目式教程:C 语言版 / 湛洪然,李福军,刘景文编著. —北京:电子工业出版社,2015.1

ISBN 978-7-121-24677-7

Ⅰ. ①单… Ⅱ. ①湛… ②李… ③刘… Ⅲ. ①单片微型计算机—高等学校—教材②C 语言—程序设计—高等学校—教材 Ⅳ. ①TP368.1②TP312

中国版本图书馆 CIP 数据核字(2014)第 254669 号

责任编辑:郭乃明　　特约编辑:范丽
印　　刷:三河市鑫金马印装有限公司
装　　订:三河市鑫金马印装有限公司
出版发行:电子工业出版社
　　　　　北京市海淀区万寿路 173 信箱　邮编　100036
开　　本:787×1 092　1/16　印张:17　字数:434 千字
版　　次:2015 年 1 月第 1 版
印　　次:2015 年 1 月第 1 次印刷
印　　数:3 000 册　定价:37.60 元

凡所购买电子工业出版社图书有缺损问题,请向购买书店调换。若书店售缺,请与本社发行部联系,联系及邮购电话:(010)88254888。
质量投诉请发邮件至 zlts@phei.com.cn,盗版侵权举报请发邮件至 dbqq@phei.com.cn。
服务热线:(010)88258888。

前　　言

　　单片机的开发应用已成为高科技和工程领域的一项重要内容。单片机技术的开发应用发展很快，取得了许多科研成果，其中一些已经转化为生产力，收到了明显的经济和社会效益。在发达国家，单片机已经渗透到了每个人的工作和生活环境中；在我国，单片机技术的研究和应用方兴未艾。

　　本书采用项目驱动教学模式，注重技能训练，内容贴近电子行业的职业岗位要求，能很好地达到"做中学，学中做"的教学理念。每个项目包括项目导入与描述、项目目标、项目资讯、项目实施、项目小结、项目知识拓展、项目知识训练与提高、项目技能训练与提高等内容。由于有的项目涉及的知识点较多，所以本书还将部分典型项目进行分解，进而形成若干个学习任务，并根据设计过程来编排内容，以通过几个任务循序渐进地达到项目目标的要求。而且每个任务也包括了任务描述、任务教学目标、任务资讯、任务实施和任务小结。这样的安排符合现行高职高专的教学改革理念，方便了老师备课，也为学生的学习更好地理清学习思路。另外，又在各个任务实施中增加"提高部分"，以满足学生的更高层次的需求；每个项目后的知识拓展可以提高本课程的完整性与先进性，从而更全面地培养学生从事单片机应用系统的调试和设计工作的基本技能。

　　本书为了全面地培养学生从事单片机应用系统的调试和设计工作的基本技能，以就业岗位所需的职业技能和知识为依据，既突出实用性也注重递进性，具体内容包括：51 系列单片机的结构和原理、并行 I/O 口、中断系统及定时/计数器系统、键盘系统、显示系统、串行通信系统、系统扩展、测控接口、C51 语言程序设计等。

　　此外，单片机软硬件实验需要很多的仪器设备，为避免花费大量的时间与精力进行实验，却受元器件、实验仪器与设备的限制而半途而废，挫伤读者对实验和科研的积极性，书中介绍了现下学习单片机十分流行的仿真软件 Proteus，本书绝大部分任务均经过了 Proteus 仿真调试。

　　本书由滨海职业技术学院湛洪然进行总体规划、指导全书的编写，并对全书进行统稿，湛洪然编写了项目 2、3、4、5；李福军编写了项目 1；刘景文编写了项目 6 并协助完成了统稿工作。

　　本书在保证基础、精选内容、突出重点、加强应用、有利自学等方面表现出色。可作为高职院校、中职学校、电视大学和网络大学电子技术专业、机电一体化专业、自动化专业、通信专业、计算机专业及其他相关专业的教材，也可作为一些普通高校和社会培训机构的教材或教学参考书，也是业余电子爱好者和编程爱好者自学单片机的良师益友。

　　由于时间紧迫、编者水平有限，书中错误和缺点在所难免，敬请读者批评指正。

编　者

目　　录

项目一　多彩霓虹灯控制系统 ·· 1
　【项目目标】 ·· 2
　【项目分解】 ·· 3
　【任务一　控制一个发光二极管闪烁】 ·· 3
　　　一、任务描述 ·· 3
　　　二、任务教学目标 ·· 3
　　　三、任务资讯 ·· 4
　　　四、任务实施 ·· 22
　　　五、任务小结 ·· 30
　【任务二　控制八个发光二极管闪烁】 ·· 30
　　　一、任务描述 ·· 30
　　　二、任务教学目标 ·· 30
　　　三、任务资讯 ·· 31
　　　四、任务实施 ·· 47
　　　五、任务小结 ·· 48
　【任务三　流水灯控制】 ·· 49
　　　一、任务描述 ·· 49
　　　二、任务教学目标 ·· 49
　　　三、任务资讯 ·· 49
　　　四、任务实施 ·· 59
　　　五、任务小结 ·· 61
　【任务四　多彩霓虹灯控制系统】 ·· 61
　　　一、任务描述 ·· 61
　　　二、任务教学目标 ·· 62
　　　三、任务资讯 ·· 62
　　　四、任务实施 ·· 67
　　　五、任务小结 ·· 70
　【项目总结】 ·· 70
　【项目知识拓展】 ·· 70
　　单片机 USB-ISP 下载线制作 ·· 70
　【项目训练与提高】 ·· 74
　　项目知识训练与提高 ·· 74
　　项目技能训练与提高 ·· 84

项目二 远程智能交通灯控制系统 85

【项目导入与描述】 85
【项目目标】 85
【项目分解】 87

【任务一 简易交通灯控制系统】 87
一、任务描述 87
二、任务教学目标 88
三、任务资讯 88
四、任务实施 105
五、任务小结 108

【任务二 智能交通灯控制系统】 108
一、任务描述 108
二、任务教学目标 108
三、任务资讯 109
四、任务实施 120
五、任务小结 125

【任务三 带倒计时功能的智能交通灯控制系统】 125
一、任务描述 125
二、任务教学目标 125
三、任务资讯 125
四、任务实施 132
五、任务小结 137

【任务四 远程智能交通灯控制系统】 138
一、任务描述 138
二、任务教学目标 138
三、任务资讯 138
四、任务实施 147
五、任务小结 153

【项目小结】 154
【项目知识拓展——Proteus 软件的使用方法】 155
【项目训练与提高】 162
项目知识训练与提高 162
项目技能训练与提高 171

项目三 LED 电子显示屏控制系统 172

【项目导入与描述】 172
【项目目标】 173
【项目分解】 173
【任务一 LED 英文字母表设计】 174
一、任务描述 174

二、任务教学目标 174
　　三、任务资讯 174
　　四、任务实施 176
　　五、任务小结 179
【任务二　LED电子显示屏控制系统设计】 179
　　一、任务描述 179
　　二、任务教学目标 180
　　三、任务资讯 180
　　四、任务实施 181
　　五、任务小结 184
【电子显示屏控制系统项目小结】 185
【电子显示屏控制系统项目知识拓展——常用芯片简介】 185
　　一、74HC595 185
　　二、74LS138译码器 186
　　三、74LS273与74LS373简介 187
　　四、74LS164与74LS165简介 188
【项目训练与提高】 190
　项目技能训练与提高 192

项目四　数字电压表制作

【项目导入与描述】 193
【项目目标】 194
【项目资讯】 194
　　一、指针 194
　　二、使用绝对地址对存储空间访问 196
　　三、单片机的总线技术 198
　　四、A/D转换器 204
【项目实施】 208
【项目小结】 212
【项目知识拓展】 212
　　一、常用A/D转换器介绍 212
　　二、单片机应用系统中常用存储芯片简介 214
【项目训练与提高】 216
　　项目知识训练与提高 216
　项目技能训练与提高 220

项目五　信号发生器制作

【项目导入与描述】 221
【项目目标】 222
【项目资讯】 222

一、D/A 转换器概述 ... 222
　　二、D/A 转换器的性能参数 ... 223
　　三、DAC0832 结构与特性 ... 223
　　四、AC0832 与 8051 的接口 ... 224
【项目实施】 ... 227
　　一、项目工单 ... 227
　　二、任务调试过程 ... 230
　　三、任务扩展与提高 ... 230
【项目小结】 ... 230
【项目知识拓展】 ... 230
　常用 D/A 转换器介绍 ... 230
【项目训练与提高】 ... 231
　项目知识训练与提高 ... 231
　项目技能训练与提高 ... 232

项目六　数字温/湿度计设计 ... 233
【项目导入与描述】 ... 233
【项目目标】 ... 234
【项目分解】 ... 234
【任务一　液晶显示控制系统】 ... 235
　　一、任务描述 ... 235
　　二、任务教学目标 ... 235
　　三、任务资讯 ... 235
　　四、任务实施 ... 243
　　五、任务小结 ... 246
【任务二　数字温/湿度计设计】 ... 246
　　一、任务描述 ... 246
　　二、任务教学目标 ... 246
　　三、任务资讯 ... 247
　　四、任务实施 ... 249
　　五、任务小结 ... 255
【项目知识拓展】 ... 255
　　一、I^2C 串行总线概述 ... 255
　　二、I^2C 总线的数据传送 ... 256
　　三、80C51 单片机 I^2C 串行总线器件的接口 ... 258
【项目训练与提高】 ... 261
　项目知识训练与提高 ... 261
　项目技能训练与提高 ... 261

附录 A　ASCII 码表 ... 262

参考文献 ... 263

项目一　多彩霓虹灯控制系统

【项目导入与描述】

我们已知道单片机应用十分广泛，那么应该如何去一步一步地了解它，理解它，最终灵活使用它呢？我们就从五彩斑斓的霓虹灯控制入手吧……

用彩灯来装饰街道和城市建筑物早已经成为一种时尚！如图 1.1 所示的都市中的多彩霓虹灯，试想没有霓虹灯装饰的城市将是多么地乏味！

图 1.1　都市中的多彩霓虹灯

LED 彩灯由于其丰富的灯光色彩，低廉的造价以及控制简单等特点而得到了广泛的应用，但目前市场上各式样的 LED 彩灯控制器大多数用全硬件电路实现，电路结构复杂、功能单一，这样制作的成品只能按照固定的模式闪亮，不能根据不同场合、不同时间段的需要来调节亮灯时间、模式、闪烁频率等动态参数。这种彩灯控制器结构往往有芯片过多、电路复杂、功率损耗大等缺点。此外，从功能效果上看，亮灯模式少而且样式单调，缺乏用户可操作性，影响亮灯效果。因此有必要对现有的霓虹灯控制器进行改进。

本项目提出了一种基于 AT89C51 单片机的霓虹灯控制方案，实现对 LED 霓虹灯的控制，如图 1.2 所示为本项目的电路板。本方案以 AT89C51 单片机作为主控核心，与键盘模块组成核心主控制模块。在主控模块上设有 8 个按键，根据用户需要可以编写若干种亮灯模式，可通过按键选择当前采用哪种模式。利用定时函数，可根据各种亮灯时间的不同需要，在不同时刻输出灯亮或灯灭的控制信号，然后驱动各种颜色的灯亮或灭。该产品实际应用效果较好，亮灯模式多，用户可以根据不同场合和时间来调节亮灯频率和亮灯时间。

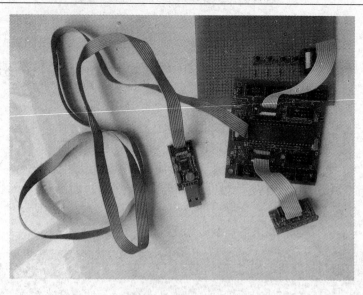

图 1.2　项目一电路板

【项目目标】

表 1.1 为本项目的项目目标。

表 1.1　多彩霓虹灯控制系统项目目标

授课项目名称		多彩霓虹灯控制系统
教学目标	知识目标	1. 了解单片机的发展及应用领域； 2. 了解单片机的基本概念及结构特点； 3. 了解典型单片机的基本情况； 4. 了解 51 单片机内部结构和功能； 5. 了解单片机的存储器结构的特点、性能； 6. 了解 51 单片机 I/O 口结构和功能； 7. 掌握 51 单片机 I/O 口的使用方法； 8. 掌握 51 单片机引脚功能以及工作方式； 9. 掌握单片机应用系统必不可少的时钟电路、复位电路等； 10. 熟悉单片机的 C 语言程序特点； 11. 掌握延时函数等典型程序的设计方法； 12. 理解单片机应用系统组成与设计流程； 13. 掌握单片机开发的基本方法和开发工具； 14. 了解单片机开发过程中的操作技巧和注意事项； 15. 掌握 C 语言的基本语句； 16. 掌握 C 语言的变量定义语句的使用方法； 17. 掌握简单的顺序、分支、循环程序的设计方法； 18. 掌握 C 语言数据与运算； 19. 掌握简单函数的编写和调用方法； 20. 掌握单片机与键盘接口方法。

续表

授课项目名称		多彩霓虹灯控制系统	
教学目标	能力目标	1. 初步掌握单片机应用系统分析和软硬件设计的基本方法； 2. 初步建立单片机系统设计的基本概念； 3. 灵活使用 I/O 口连接单片机与被控对象的能力； 4. 初步使用 C51 变量、基本语句、基本运算符以及基本 C 语言结构语句编写简单程序来解决实际问题的能力； 5. 初步使用单片机键盘的能力； 6. 常用逻辑电路及其芯片的识别、选取、测试能力； 7. 初步诊断简单单片机应用系统故障的能力； 8. 具备常用逻辑电路及其芯片的检索与阅读能力； 9. 具备简单单片机应用系统的安装、调试与检测能力； 10. 培养良好的职业素养、沟通能力及团队协作精神。	
知识重点	单片机的基本概念；单片机内部结构和功能；单片机引脚功能、存储器结构的特点、性能；单片机应用系统；单片机的 C 语言程序特点；变量定义语句；C 语言数据与运算；简单的顺序、分支、循环程序；单片机应用系统开发的基本方法和设计流程；开发工具； C 语言程序的设计方法；延时函数设计方法；键盘接口；简单函数的编写和调用方法。	知识难点	单片机应用系统；单片机内部结构和功能；单片机引脚功能以及工作方式、存储器结构的特点、性能；顺序、分支、循环 C 语言程序的设计方法；键盘接口；单片机应用系统。

【项目分解】

由于本项目所涉及的知识点太多，因此将其分解为多个任务，见表 1.2。

表 1.2 多彩霓虹灯控制系统项目分解表

项目名称	分解成的任务名称
项目一 多彩霓虹灯控制系统	任务一 控制一个发光二极管闪烁
	任务二 控制八个发光二极管闪烁
	任务三 流水灯控制
	任务四 多彩霓虹灯控制系统

【任务一 控制一个发光二极管闪烁】

一、任务描述

设计一个使一个彩灯闪烁的单片机控制系统，在单片机的 P0.0 端口上接一个发光二极管 L1，使 L1 不停地一亮一灭，一亮一灭的时间间隔大约为 0.5 秒。

二、任务教学目标

表 1.3 为本任务的任务目标。

表 1.3 控制一个发光二极管闪烁的任务目标

任务名称		控制一个发光二极管闪烁
教学目标	知识目标	1. 了解单片机的基本概念及结构特点; 2. 了解典型单片机的基本情况; 3. 了解单片机的发展及应用领域; 4. 了解 51 单片机内部结构和功能; 5. 了解单片机的存储器结构的特点、性能; 6. 掌握 51 单片机引脚功能以及工作方式; 7. 掌握单片机应用系统必不可少的时钟电路、复位电路等; 8. 了解 51 单片机的工作时序; 9. 熟悉单片机的 C 语言程序特点; 10. 掌握延时函数等典型程序的设计方法; 11. 理解单片机应用系统组成与设计流程; 12. 掌握单片机的开发的基本方法和开发工具。
	能力目标	1. 初步建立单片机系统设计的基本概念; 2. 掌握灵活使用 I/O 端口的能力; 3. 初步掌握单片机应用系统分析和软硬件设计的基本方法; 4. 初步建立单片机系统设计的基本概念; 5. 初步掌握诊断简单单片机应用系统故障的能力; 6. 具备对简单单片机应用系统的安装、调试与检测能力; 7. 培养良好的职业素养、沟通能力及团队协作精神。
知识重点	单片机的基本概念;单片机内部结构和功能;单片机引脚功能、存储器结构的特点、性能;单片机应用系统;单片机的 C 语言程序结构特点;延时函数设计方法;单片机应用系统开发的基本方法和设计流程;开发工具。	知识难点	单片机应用系统;单片机内部结构和功能;单片机引脚功能以及工作方式、存储器结构的特点、性能;单片机的 C 语言程序结构特点。

三、任务资讯

(一)计算机应用系统的构成

利用计算机构成各种计算机应用系统,是广大工程技术人员的目标,随着计算机硬件技术的发展,计算机芯片技术的不断提高,人们构成计算机应用系统的随意性不断加大,可以根据需要构成不同的应用系统。

1. 通用计算机应用系统

利用计算机的扩展槽或扩展区,设计应用系统硬件模板,并与通用计算机一起构成一个用于完成某些预定测控功能的计算机应用系统。

这种系统的特点为:
(1)内总线结构。
(2)有较强的软硬件支持。
(3)具有较强的自开发能力。
(4)系统软硬件的应用/配置比较小。所谓应用/配置比是指为满足应用系统功能要求所必需的软、硬件设置与系统实际具有的软、硬件规模之比,该比值越小系统成本越高,但二次开发时,软、硬件扩展能力较好。

(5) 在工业环境中运行的可靠性较差。这是由于通用计算机不是专门为工业测控环境设计的工业控制机,安放环境要求较高。此外,程序是在 RAM 中运行,易受外界干扰破坏。

2. 专用计算机应用系统

专用计算机应用系统的全部软硬件完全根据应用系统的要求配置。系统的软硬件应用/配置比接近于 1,系统中的软件一般都是应用程序。因此系统具有良好的性能/价格比。专用计算机应用系统的特点:

(1) 应用系统不具有自主开发能力,系统开发必须借助于开发工具。

(2) 系统的可靠性好,使用方便,系统的应用程序在 ROM 中运行,不会因外界干扰而破坏。

(3) 由于结构规模所限,目前这类应用系统多用于中小型及大批量使用的计算机应用系统。

3. 混合型单片机应用系统

它由通用计算机系统与专用计算机系统通过标准总线相连而成。通用计算机系统称为主机,专用部分是为完成系统的专用功能要求而配置的单片机。

本课程讲述的就是利用单片机构成各种典型应用系统的方法。

(二) 初涉单片机世界

1. 微处理器、微机和单片机的概念

- 微处理器(Microprocessor)——它是小型计算机或微型计算机的控制和运算器部分;
- 微型计算机(Microcomputer)——是具有完整运算及控制功能的计算机,它除了包括微处理器外,还包括存储器、输入/输出(I/O)接口电路以及输入/输出设备等;
- 单片机(Single chip microcomputer)——直译为单片微型计算机,它将 CPU、RAM、ROM、定时器/计数器、输入/输出(I/O)接口电路、中断、串行通信接口等主要计算机部件集成在一块大规模集成电路芯片上,简称单片机。

虽然单片机的形态只是一块芯片,但是它已具有了微型计算机的组成结构和功能。由于单片机的结构特点,在实际应用中常常将它完全融入应用系统之中,故而也有将单片机称为嵌入式微控制器(Embedded microcontroller)。

2. 单片机的一般结构及特点

单片机有 2 种基本结构形式:一种是在通用微型计算机中广泛采用的将程序存储器和数据存储器合用一个存储空间的结构,称为普林斯顿(Princeton)结构或称冯·诺依曼结构;另一种是将程序存储器和数据存储器截然分开,分别寻址的结构,称为哈佛(Harvard)结构。Intel 公司的 MCS-51 和 80C51 系列单片机采用的是哈佛结构。目前的单片机采用程序存储器和数据存储器截然分开结构的较多。

3. 单片机的发展过程

单片机作为嵌入式微控制器在工业测控系统、智能仪器和家用电器中得到广泛应用。单片机的品种很多,其中最具有代表性的是 Intel 公司的 MCS-51 系列单片机,以及与其兼容的派生系列芯片。Intel 8 位单片机的发展经历了以下三代:

第一代:以 1976 年推出的 MCS-48 系列为代表。

第二代：以 MCS-51 的 8051 为代表。

第三代：以 80C51 系列为代表。80C51 系列单片机是在 MCS-51 的 HMOS 基础上发展起来的，具有 CHMOS 结构，保留了 MCS-51 单片机的所有特性，内部组成与 MCS-51 基本相同，较 MCS-51 系列集成度更高、速度更快、功耗更低。

（1）Atmel 单片机简介

Atmel 公司所生产的 Atmel89 系列单片机（简称 89 系列单片机），就是基于 Intel 公司的 MCS-51 系列而研制的，该公司的技术优势在于 Flash 存储器技术。

标准型单片机有：At89C51，At89LV51，At89C52，At89LV52。

低档型单片机有：At89C1051 和 At89C2051 两种型号。它们的 CPU 内核和 At89C51 是相同的，但并行 I/O 较少。

高档型单片机有：At89S8952、At89S8952，它们是一种可下载的 Flash 单片机。它和 IBM 微机通信进行下载程序十分方便。

（2）其他公司的单片机

世界上生产单片机的厂商有近百家，其中主要有：

美国微芯片公司的 PIC16C×× 系列、PIC17C×× 系列、PIC1400 系列；

美国英特尔公司的 MCS-48 和 MCS-51 系列；

美国摩托罗拉公司的 MC68HC05 系列和 MC68HC11 系列；

美国齐洛格公司的 Z8 系列；

日本电气公司的 μPD78×× 系列；

美国艾特梅尔公司的 AT89 系列、AT90 系列；

美国莫斯特克公司和仙童公司合作生产的 F8（3870）系列等。

常用 51 系列单片机见表 1.4。

表 1.4 常用 51 系列单片机一览表

公 司	品 名	功 能 简 述
Intel	80/87C51BH	MCS-51 CMOS 单片 8 位微控制器，32 条 I/O 引线，2 个定时/计数器，5 个中断源，2 个优先级，4KB 的 ROM，128 字节片内 RAM
	8031	MCS-51 CMOS 单片 8 位微控制器，32 条 I/O 引线，2 个定时/计数器，5 个中断源，2 个优先级，128 字节片内 RAM
	8051AH	MCS-51 NMOS 单片 8 位微控制器，32 条 I/O 引线，2 个定时/计数器，5 个中断源，2 个优先级，4KB 的 ROM，256 字节片内 RAM
	8052AH	MCS-51 NMOS 单片 8 位微控制器，32 条 I/O 引线，3 个定时/计数器，6 个中断源，4 个优先级，8KB 的 ROM，256 字节片内 RAM
	87C591	基于 8051 CMOS 控制器，片内 CAN（SJA1000 CAN），10 位 ADC，WDT，32 条 I/O 引线，3 个定时/计数器，15 个中断源，4 个优先级，I^2C 总线，16KB 的 EPROM，片内 RAM：256 字节+256 字节附加的 AUX RAM
Atmel	89C51	基于 8051 全兼容 CMOS 控制器，3 级程序存储器加密，32 条 I/O 引线，2 个定时/计数器，6 个中断源，4KB 的 Flash 存储器，256 字节片内 RAM
	89C2051	基于 8051 全兼容 CMOS 控制器，2 级程序存储器加密，15 条 I/O 引线，2 个定时/计数器，6 个中断源，2KB 的 Flash 存储器，128 字节片内 RAM

（三）单片机应用系统

1. 单片机应用系统组成

单片机应用系统由硬件和软件两部分组成，见图1.3。

图 1.3　单片机应用系统组成

2. 作用及关系

硬件是单片机应用系统的基础，软件是在硬件的基础上对其资源进行合理调配和使用，从而完成应用系统所要求的任务，二者相互依赖，缺一不可。

（四）单片机硬件资源

图 1.4 为单片机的内部结构图。

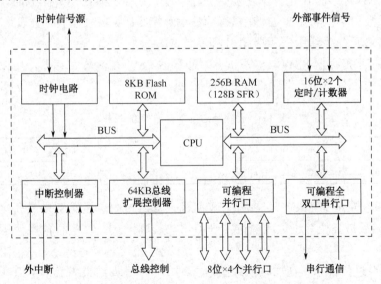

图 1.4　51 系列单片机的内部结构图

51 系列单片机内部主要包括以下几个部分：
- 一个 8 位的微处理器 CPU
- 4KB 的片内程序存储器 Flash ROM
- 128B 的片内数据存储器 RAM、128B 特殊功能寄存器（SFR）

- 2 个 16 位的定时器/计数器
- 一个管理 6 个中断源的中断控制器
- 4 个 8 位并行 I/O 端口
- 一个全双工的串行接口（UART）
- 片内振荡电路和时钟发生器
- 可扩展 64KB 程序、64KB 数据存储器的三总线控制电路

1. 中央处理器（CPU）

中央处理器（CPU）是整个单片机的核心部件，它是整个单片机应用系统的指挥控制中心，通过执行程序实现对其他部件和被控对象的指挥、控制，它决定了单片机的主要功能特性。CPU 主要是由运算器和控制器组成。

（1）运算器

运算器包括算术/逻辑部件 ALU（Arithmetic and Logic Unit）、布尔处理器、累加器 A、寄存器 B、暂存寄存器、程序状态字 PSW 以及十进制调整电路等。运算部件的功能是实现数据的算术逻辑运算位变量处理和数据传送操作。

- 算术/逻辑部件 ALU：单片机的 ALU 功能十分强大，它不仅可以进行加、减、乘、除等基本算术运算，还可进行逻辑"与"、"或"、"异或"、循环、求补、清零等基本逻辑运算。
- 累加器 A：累加器 A 又称为特殊功能寄存器 ACC，是 CPU 中工作最繁忙的寄存器。它既可存放操作数，也可用来存放运算的中间结果。
- 寄存器 B：寄存器 B 是特殊功能寄存器之一，在执行乘法运算指令时，用来存放其中一个乘数和乘积的高 8 位；在执行除法运算指令时，用来存放除数及余数。除此之外，寄存器 B 可作为通用寄存器使用。
- 程序状态字寄存器 PSW：程序状态字寄存器 PSW 是 8 位寄存器，用来存储当前指令执行后的状态，便于程序查询和判别。见表 1.5。

表 1.5 程序状态字寄存器各位的定义

位	D7	D6	D5	D4	D3	D2	D1	D0
位定义	C	AC	F0	RS1	RS0	OV	/	P

C：进位标志位（又名 CY），在加法和减法运算时，表示运算结果最高位的进位或借位情况。若运算结果最高位有进位或借位，则 C=1，否则 C=0。在进行位操作运算时，C 作为位处理器。

AC：半字节进位标志。在加法和减法运算时，表示运算结果高低半字节间的进位或借位情况。若运算结果低半字节向高半字节有进位或借位，则 AC=1，否则 AC=0。在十进制调整指令中，AC 作为十进制调整的判别位。

F0：用户自定义标志位。

RS1、RS0：工作寄存器组选择标志位。

OV：溢出标志位。有溢出时，OV=1，否则 OV=0。做加法或减法时，由硬件置位或清零，以指示运算结果是否溢出。OV=1 反映运算结果超出了累加器的数值范围（无符号数的

范围为 0~255，以补码形式表示一个有符号数的范围为-128~+127）。进行无符号数的加法或减法时，OV 的值与进位位 C 的值相同；进行有符号数的加法时，如最高位、次高位之一有进位，或做减法时，如最高位、次高位之一有借位，OV 被置位，即 OV 的值为最高位和次高位的异或逻辑值（OV=C7⊕C6）。OV=1，表示运算结果是错误的。OV=0，表示运算结果正确。

P：奇偶校验标志位。累加器 A 中的"1"的个数为奇数时 P=1，否则 P=0。

● 布尔处理器：51 单片机有专门用于进行位运算的布尔处理器。它往往以 PSW 中的进位标志位 CY 作为位累加器（用 C 表示），51 单片机有丰富的位处理指令：如置位、位清零、位取反、判断位值（为 1 或为 0）转移，以及通过 C（指令中用 C 代替 CY）做位数据传送、位逻辑与、位逻辑或等位操作。

（2）控制器

控制器是单片机的神经中枢，包括定时控制逻辑与振荡器、指令寄存器 IR、指令译码器 ID、程序计数器 PC、堆栈指针 SP 和数据指针寄存器 DPTR 等控制部件。控制器以晶振频率为基准作为 CPU 的时序，控制取指令、执行指令、存取操作数和运行结果等。控制器发出各种控制信号，完成一系列定时控制的微操作，用来协调单片机内部各功能部件之间的数据传送、数据运算等操作，并对外发出地址锁存 ALE、外部程序存储器选通 PSEN，以及通过 P3.6 和 P3.7 发出数据存储器读（RD）、写（WR）等控制信号，并且接收处理外接的复位和外部程序存储器访问控制 EA 信号等。

● 定时控制逻辑与振荡器：单片机的定时控制功能是用片内的时钟电路和定时电路来完成的，具体实现电路详见本任务后续内容。

● 指令寄存器 IR 和指令译码器 ID：指令寄存器 IR 是存放指令代码的地方。当执行指令时，CPU 把从 ROM 中读取的指令代码存入指令寄存器，然后经指令译码器 ID 译码后由定时控制电路发出相应的控制信号，完成指令所指定的操作。

● 程序计数器 PC：程序计数器 PC 用于存放 CPU 下一条要执行的指令地址，是一个 16 位的专用寄存器，可寻址范围是 0000H~0FFFFH（64KB）。程序中的每条指令存放在 ROM 区的某一单元，并都有自己的存放地址。CPU 要执行哪条指令时，就把该条指令所在的单元的地址送到地址总线。在顺序执行程序中，当 PC 的内容被送到地址总线后，会自动加 1，指向 CPU 下一条要执行的指令地址，所以程序计数器具有自动加 "1" 的功能。程序计数器 PC 是一个 16 位的计数器，但它本身没有地址，是不能寻址的，用户不能对其读写。

● 堆栈指针寄存器 SP：堆栈是一种数据结构，是片内数据存储器中只允许数据从一端插入或删除的、连续的线性表。堆栈有两种操作：压栈和出栈，压栈是将数据存入堆栈，称为 PUSH；出栈是将数据从堆栈中取出，称为 POP。堆栈操作遵循"先进后出"的原则。如在执行子程序调用和中断前，需要将断点和现场的数据压栈保存，执行完子程序和中断程序后，需要将断点和现场的数据出栈，即恢复现场。

堆栈指针寄存器 SP 是一个 8 位的特殊功能寄存器，存储堆栈的栈顶地址。系统复位后，SP 的初始化值为 07H。

● 数据指针寄存器 DPTR：数据指针寄存器 DPTR 是一个 16 位的特殊功能寄存器，由高位字节寄存器 DPH 和低位字节寄存器 DPL 两个 8 位寄存器组成。DPTR 既可作为外部数据寄存器的地址指针，也可作为程序存储器查询表格数据的地址指针。DPTR 既可以作为一个 16

位寄存器使用，也可以作为两个独立的 8 位寄存器使用。

（3）CPU 的工作流程

CPU 是处理数据和执行程序的核心，其工作过程是：取出程序指令，在通常情况下，一条指令可以包含按明确顺序执行的许多操作，CPU 的工作就是执行这些指令，完成一条指令后，CPU 的控制单元又将告诉指令读取器从内存中读取下一条指令来执行。这个过程不断快速地重复，快速地执行一条又一条指令。在此过程中为了保证每个操作准时发生，CPU 的步调和处理时间受时钟电路控制，时钟控制着 CPU 所执行的每一个动作。

2. 存储器

51 系列单片机物理上说有四个存储空间：片内程序存储器和片外程序存储器、片内数据存储器和片外数据存储器。但根据其存储器地址空间可分三部分：片内片外统一编制的 64KB 的程序存储器；片内独立编制的 256B 的数据存储器和片外独立编制的 64KB 的数据存储器。如图 1.5 所示。

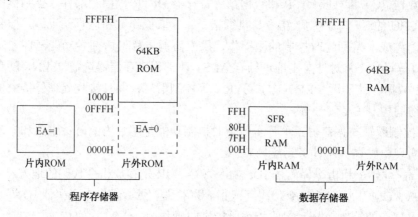

图 1.5　MCS-51 单片机的存储器结构

由图可见，三个存储空间地址是重叠的，51 指令系统设计了不同的数据传送指令以区分其地址空间。汇编语言用 MOVC 指令访问片内片外程序存储器，用 MOV 指令访问片内数据存储器，用 MOVX 指令访问片外数据存储器。C51 使用不同的存储器属性来控制变量在不同存储器中的位置（详见任务二中变量的定义）。

（1）程序存储器

程序存储器用于存放程序和表格常数。51 系列单片机中 8031 内部无程序存储器，必须外接程序存储器；8051 单片机有 4KB（0000H~0FFFH）的片内程序存储器和 60KB（1000H~FFFFH）的片外程序存储器，属于 EPROM 型；8751 单片机有 4KB（0000H~0FFFH）的片内程序存储器和 60 KB（1000H~FFFFH）的片外程序存储器。片内与片外程序存储器是统一编址的。如果 $\overline{EA}$ 为高电平，CPU 在运行时从片内地址 0000H 开始执行程序，当 PC 值超过 0FFFH，自动转到片外存储器的 1000H~FFFFH 地址空间去执行程序；如果 $\overline{EA}$ 为低电平，CPU 只能从外部存储器的 1000H 地址开始执行指令。

（2）数据存储器

数据存储器用于存放程序运算的中间结果、数据的暂存等，分片内数据存储器和片外数据存储器。

1）片内数据存储器

MCS-51 单片机有 256 字节的片内数据存储器,其中 00H～7FH 为低 128 字节地址;80H～FFH 为高 128 字节地址,又称特殊功能寄存器（SFR）区。

① 片内低 128B 数据存储器：片内低 128 字节的存储区可划分为三个区域：工作寄存器区，位寻址区和用户 RAM 区。如表 1.6 所示。

表 1.6 片内低 128B 数据存储器的功能划分

地 址 范 围	区　　域
30H～7FH	用户 RAM 区
20H～2FH	位寻址区
18H～1FH	工作寄存器组 3
10H～17H	工作寄存器组 2
08H～0FH	工作寄存器组 1
00H～07H	工作寄存器组 0

● 工作寄存器区：工作寄存器区地址范围为 00H～1FH，划分为四个组，每组由 8 个工作寄存器（R0~R7）组成，每个工作寄存器占有一个地址单元。在程序运行中，只允许一个工作寄存器组工作，称为当前工作寄存器组，因此每组工作寄存器不会因名称相同而混淆。

程序状态字寄存器 PSW 中的 RS1 和 RS0 两位确定当前工作寄存器组，如表 1.7 所示。

表 1.7 当前工作寄存器组的选择

组　号	RS0	RS1	片内 RAM 地址	通用寄存器名称
0	0	0	00H～07H	R0～R7
1	0	1	08H～0FH	R0～R7
2	1	0	10H～17H	R0～R7
3	1	1	18H～1FH	R0～R7

● 位寻址区：位寻址区地址为 20H～2FH，共有 16 字节单元。这些单元可以按字节操作，也可以用位地址寻址对单元中的每一位操作。位寻址有 16 个单元共 128 位，位地址为 00H～7FH，其位地址分布如表 1.8 所示。

表 1.8 低 128B 数据存储器中位地址分布

字节地址	位 地 址							
	7	6	5	4	3	2	1	0
2FH	7F	7E	7D	7C	7B	7A	79	78
2EH	77	76	75	74	73	72	71	70

续表

字节地址	位 地 址							
	7	6	5	4	3	2	1	0
2DH	6F	6E	6D	6C	6B	6A	69	68
2CH	67	66	65	64	63	62	61	60
2BH	5FH	5EH	5DH	5CH	5BH	5AH	59	58
2AH	57	56	55	54	53	52	51	50
29H	4F	4E	4D	4C	4B	4A	49	48
28H	47	46	45	44	43	42	41	40
27H	3F	3E	3D	3C	3B	3A	39	38
26H	37	36	35	34	33	32	31	30
25H	2F	2E	2D	2C	2B	2A	29	28
24H	27	26	25	24	23	22	21	20
23H	1F	1E	1D	1C	1B	1A	19	18
22H	17	16	15	14	13	12	11	10
21H	0F	0E	0D	0C	0B	0A	09	08
20H	07	06	05	04	03	02	01	00

由表可见，位地址与单元地址是重叠的，指令系统采用不同的寻址方式来区分位地址和字节地址的操作。用位寻址方式访问 00H～7FH 位地址，用直接寻址和间接寻址方式访问 00H～7FH 字节地址单元。

● 用户 RAM 区：用户 RAM 区地址范围为 30H～0FFH，堆栈区也可以设在这里。

② 特殊功能寄存器区：MCS-51 单片机共有 21 个特殊功能寄存器（SFR），离散地分布在片内 80H～0FFH 地址范围。特殊功能寄存器的功能是固定的，用户不得更改。对 SFR 的字节操作只能采用直接寻址方式，SFR 既可用寄存器名表示，也可用寄存器单元地址表示。SFR 中有 11 个可以位寻址，这些可位寻址的寄存器的地址都能被 8 整除，即字节地址末位是"8"或"0"。位寻址的 SFR 可用位地址、位符号和位表示。MCS-51 单片机的所有特殊功能寄存器见表 1.9。

表 1.9 特殊功能寄存器一览表

SFR	位 地 址								字节地址
	7	6	5	4	3	2	1	0	
B	F7	F6	F5	F4	F3	F2	F1	F0	F0H
A	E7	E6	E5	E4	E3	E2	E1	E0	E0H
PSW	D7	D6	D5	D4	D3	D2	D1	D0	D0H
	C	AC	F0	RS1	RS0	OV	/	P	
IP	BF	BE	BD	BC	BB	BA	B9	B8	B8H
				PS	PT1	PX1	PT0	PX0	
P3	B7	B6	B5	B4	B3	B2	B1	B0	B0H
	P3.7	P3.6	P3.5	P3.4	P3.3	P3.2	P3.1	P3.0	

项目一　多彩霓虹灯控制系统

续表

SFR	位 地 址								字节地址
	7	6	5	4	3	2	1	0	
IE	AF	AE	AD	AC	AB	AA	A9	A8	A8H
	EA			ES	ET1	EX1	ET0	EX0	
P2	A7	A6	A5	A4	A3	A2	A1	A0	A0H
	P2.7	P2.6	P2.5	P2.4	P2.3	P2.2	P2.1	P2.0	
SBUF									99H
SCON	9F	9E	9D	9C	9B	9A	99	98	98H
	SM0	SM1	SM2	REN	TB8	RB8	TI	RI	
P1	97	96	95	94	93	92	91	90	90H
	P1.7	P1.6	P1.5	P1.4	P1.3	P1.2	P1.1	P1.0	
TH1									8DH
TH0									8CH
TL1									8BH
TL0									8AH
TMOD	GATE	C/$\overline{T}$	M1	M0	GATE	C/$\overline{T}$	M1	M0	89H
TCON	8F	8E	8D	8C	8B	8A	89	88	88H
	TF1	TR1	TF0	TR0	IE1	IT1	IE0	IT0	
PCON	SMOD				GF1	GF0	PD	IDL	87H
DPH									83H
DPL									82H
SP									81H
P0	87	86	85	84	83	82	81	80	80H
	P0.7	P0.6	P0.5	P0.4	P0.3	P0.2	P0.1	P0.0	

这些特殊功能寄存器的分配情况如下：

CPU 专用寄存器：累加器 A（E0H）、寄存器 B（F0H）、程序状态寄存器 PSW（D0H）、堆栈指针 SP（81H）、数据指针 DPTR（82H、83H）。

并行接口：P0~P3（80H、90H、A0H、B0H）。

串行接口：串口控制寄存器 SCON（98H）；串口数据缓冲器 SBUF（99H）；电源控制寄存器 PCON（87H）。

定时/计数器：方式寄存器 TMOD（89H）；控制寄存器 TCON（88H）；初值寄存器 TH0、TL0（8BH、8AH）/TH1、TL1（8DH、8CH）。

中断系统：中断允许寄存器 IE（A8H）；中断优先级寄存器 IP（B8H）。

定时/计数器 2 相关寄存器（仅 52 子系列有）：定时/计数器 2 控制寄存器 T2CON（CBH）；定时/计数器 2 自动重装寄存器 RLDL、RLDH（CAH、CBH）；定时/计数器 2 初值寄存器 TH2、TL2（CDH、CCH）。

这些特殊功能寄存器的详细应用请参阅后续项目。

温馨小贴士：

● 在表 1.9 中，带有位名称或位地址的特殊功能寄存器，既能按字节方式处理，也能够按位方式处理。

● 21 个可字节寻址的专用寄存器是不连续地分散在内部 RAM 高 128 单元之中的，共 83 个可寻址位。尽管还剩余许多空闲单元，但用户并不能使用。

● 在 22 个专用寄存器中，唯一一个不可寻址的是 PC 程序计数器。PC 不占据 RAM 单元，它在物理上是独立的，因此是不可寻址的寄存器，用于存放将要执行的指令在 ROM 中的地址。

2）片外数据存储器

片外数据存储器地址范围为 0000H~FFFFH，用 MOVX 指令访问，用 16 位地址指针 DPTR 寻址，最大寻址范围是 64K。当访问片外低 256B 单元存储区时，也可用 R0、R1 的寄存器间接寻址方式。

3．单片机引脚

MCS-51 单片机有两种封装形式：双列直插式的 DIP 封装和方形封装。HMOS 工艺的单片机采用 40 脚的 DIP 封装，其排列如图 1.6 所示。

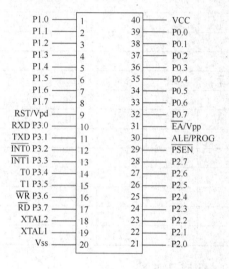

图 1.6　单片机引脚图

各引脚的功能如下：

● VCC（40 脚）：电源端，正常+5V 工作电压。

● VSS（20 脚）：接地端。

● RST/VPD（9 脚）：复位信号输入端。当晶振在运行状态中只要复位端出现 2 个机器周期的高电平，即可复位。该引脚的第二功能是备用电源输入端，接上+5V 备用电源，当芯片突然断电时，能保护片内 RAM 数据，使复电后能正常运行。

● ALE/$\overline{PROG}$（30 脚）：ALE 是地址锁存允许信号。它的作用是把 CPU 从 P0 口分时输出的低八位地址锁存在锁存器中。在正常情况下 ALE 输出信号恒定为 1/6 振荡频率，并可用作外部时钟或定时。该引脚的第二功能 $\overline{PROG}$ 是对 EPROM 编程时的编程脉冲输入端。

● $\overline{PSEN}$（29 脚）：读片外程序存储器选通信号输出端。当执行外部程序存储器数据时，$\overline{PSEN}$ 每个机器周期被激活两次。在访问外部数据存储器和内部程序存储器时 $\overline{PSEN}$ 无效。

● $\overline{EA}$/VPP（31 脚）：读片内与片外程序存储器的选择端。当 $\overline{EA}$ 为高电平时，根据存储单元的地址所在，可读片内程序存储器，也可读片外程序存储器；当 $\overline{EA}$ 为低电平时，则只能读片外程序存储器。该引脚的第二功能 VPP 是对片内 EPROM 编程时的电压输入端。

● XTAL1（19 脚）：片内振荡电路反相放大器的输入端，采用外部振荡电路时该引脚接地。

● XTAL2（18 脚）：片内振荡电路反相放大器的输出端，采用外部振荡电路时该引脚为振荡信号的输入端。

● P0 口：P0.0~P0.7 依次为第 39~32 脚，P0 口除了可以作为普通的双向 I/O 口使用外，也可以在访问外部存储器时用作低 8 位地址线和数据总线。

● P1 口：P1.0~P1.7 依次为第 1~8 脚，P1 口是带内部上拉电阻的准双向 I/O 口。

● P2 口：P2.0~P2.7 依次为第 21~28 脚，P2 口也是带内部上拉电阻的准双向 I/O 口；在访问外部程序存储器和外部数据存储器时，P2 口可作为地址总线的高八位地址线。

● P3 口：P3.0~P3.7 依次为第 10~17 脚，也是带内部上拉电阻的准双向 I/O 口；同时，P3 口也具有第二功能，后面再详述。

4. 时钟电路

单片机系统的时钟一般有两种实现方式：内部时钟方式和外部时钟方式。

（1）内部时钟电路

MCS-51 单片机内部有一个高增益的反相放大器，其输入端为芯片引脚 XTAL1，输出端为芯片引脚 XTAL2，将 XTAL1 和 XTAL2 与外部的石英晶体及两个电容连接起来可构成一个石英晶体振荡器，如图 1.7 所示。一般晶体的振荡频率范围是 1.2~12MHz。

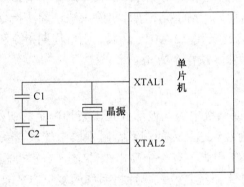

图 1.7　石英晶体振荡电路

（2）外部时钟电路

由多片单片机组成的系统，为了使单片机之间时钟信号同步，应当引入唯一的共用外部脉冲信号，作为各单片机的振荡脉冲。外部的脉冲信号由 XTAL2 引入，XTAL1 接地，如图 1.8 所示。

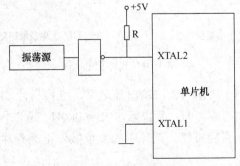

图 1.8　外部时钟电路

（3）51 系列单片机的基本时序

所谓时序是指各种信号的时间序列，它表明了指令执行中各种信号之间的相互关系。单片机本身是一个复杂的同步时序电路，为了保证同步方式的实现，全部电路应在统一的时钟信号控制下严格地按照时序进行工作。MCS-51 单片机的定时单位共有四个，从小到大依次为拍节、状态、机器周期和指令周期。

● 拍节与状态：将为单片机提供定时信号的振荡源的周期定义为拍节（用"P"表示）。振荡脉冲经二分频为单片机的时钟信号，将时钟信号周期定义为状态（用"S"表示）。这样一个状态包括两个拍节，前半周期为拍节 1（P1），后半周期为拍节 2（P2）。

● 机器周期：规定一个机器周期由六个状态组成，即 12 个拍节，可用 S1~S6 表示 6 个状态，用 S1P1、S1P2、S2P1、S2P2、……、S6P1、S6P2 表示 12 个拍节，如图 1.9 所示。

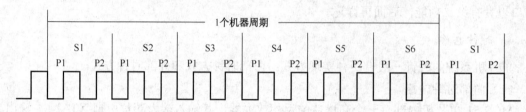

图 1.9　单片机的时序定时单位

● 指令周期：执行一条指令所占用的时间，指令周期以机器周期的数目表示，一个指令周期通常包含 1～4 个机器周期。MCS-51 单片机除乘法、除法指令是 4 周期指令外，其余都是单周期指令和双周期指令。若用 12 MHz 晶振，则单周期指令和双周期指令的指令周期时间分别为 1μs 和 2μs，乘法和除法指令为 4μs。

5. 复位电路

复位目的是使单片机或系统中的其他部件处于某种确定的初始状态。89 系列单片机的复位信号是从 RST 引脚输入到芯片内的施密特触发器中的。当系统处于正常工作状态时，且振荡器稳定后，如果 RST 引脚上有一个高电平并维持 2 个机器周期（24 个振荡周期）以上，则 CPU 就可以响应并将系统复位。单片机系统的复位方式有：手动按钮复位和上电复位。如图 1.10 所示。

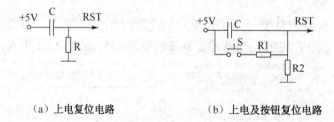

(a) 上电复位电路　　　　　　(b) 上电及按钮复位电路

图 1.10　常见复位电路

单片机复位后各并行接口 P0～P3 口输出高电平，堆栈指针 SP 为 07H，其他特殊功能寄存器和程序计数器 PC 均被清零。即：复位后，PC=0000H，所以程序从 0000H 地址单元开始执行，启动后，片内 RAM 为随机值，运行中的复位操作不改变片内 RAM 的内容。

特殊功能寄存器复位后的状态是：P0~P3=0FFH，各口可用于输出，也可用于输入。

堆栈复位后的状态是：SP=07H，第一个入栈内容将写入 08H 单元。

其他：IP、IE 和 PCON 的有效位为 0，各中断源处于低优先级且均被关断、串行通信的波特率不加倍，PSW=00H，当前工作寄存器为 0 组。表 1.10 为各特殊功能寄存器的复位值。

表 1.10 各特殊功能寄存器的复位值

SFR 寄存器	复 位 值	SFR 寄存器	复 位 值
PC	0000H	TCON	00H
ACC	00H	T2CON	00H
B	00H	TL0	00H
PSW	00H	TH0	00H
SP	07H	TL1	00H
DPTR	0000H	TH1	00H
P0~P3	FFH	TL2	00H
IP	×××00000B	TH2	00H
IP	××000000B	RCAP2L	00H
IE	0××00000B	RCAP2H	00H
IE	0×000000B	SCON	00H
TMOD	00H	SBUF	不确定
T2MOD	×××××00B	PCON	0×××0000B

（五）单片机软件

1. C 语言程序与单片机应用系统的关系

软件是在单片机芯片中的数字电路（即所谓的硬件）的基础上对其资源进行合理调配和使用，从而完成应用系统所要求的任务，二者相互依赖，缺一不可。

这里说的软件是指由机器语言指令有序排列所构成的机器语言程序。而这个机器语言程序就是由 C 语言程序翻译来得的。

2. 汇编语言与 C 语言

在编程方面，使用 C 语言较汇编语言有诸多优势，现在我们将汇编语言与 C 语言进行比较，并列入表 1.11。

表 1.11 汇编语言与 C 语言比较表

	汇编语言	C 语言
语言格式	ASM、A51	C、C51
编译器	汇编 Ax51	编译 Cx51

续表

	汇编语言	C 语言
区别	考虑其存储器结构，尤其是考虑其片内数据存储器与特殊功能寄存器的使用及按实际地址处理端口数据	不用像汇编语言那样需要具体组织、分配存储器资源和处理端口数据。但对数据类型与变量的定义，必须要与单片机的存储结构相关联，否则编译器不能正确地映射定位
优点	目标程序效率高；速度快；与硬件结构紧密	语言简洁、紧凑；可直接对硬件进行操作；程序执行效率高；可移植性好
缺点	可读性差；不便于移植；开发周期长	最好的单片机编程者应是由使用汇编语言转用 C 语言的人，而不是原来用过标准 C 语言的人

由上表可见，用汇编语言编写单片机程序时，必须要考虑其存储器的结构，尤其要考虑其片内数据存储器、特殊功能寄存器是否能正确合理的使用，以及按照实际地址端口数据的处理。而用 C51 编写程序，虽然不像汇编语言那样需要具体地组织、分配存储器资源，但是 C51 对数据类型和变量的定义，必须要与单片机的存储结构相关联，否则编译器不能正确地映射定位。但是，由于此语言的诸多优势，使得越来越多的单片机编程人员转向使用 C 语言，因此有必要在单片机课程中讲授"单片机 C 语言"。学习汇编语言不是目的，但学习它可帮助了解任何影响语言效率的 8051 特殊规定。最好的单片机编程者应是由使用汇编语言转用 C 语言的人，而不是原来用过标准 C 语言的人。

3. C51 与标准 C 语言

为了与 ANSI C 区别，把"单片机 C 语言"称为"C51"，也称为"Keil C"。

C51 的语法规定、程序结构及程序设计方法都与标准的 C 语言程序设计相同，但 C51 程序与标准的 C 程序在以下几个方面不一样：

（1）C51 和标准 C 语言定义的库函数不同。标准的 C 语言定义的库函数是按通用微型计算机来定义的，而 C51 中的库函数是按 51 单片机相应情况来定义的。

（2）C51 与标准 C 的数据类型也有一定的区别，在 C51 中还增加了几种针对 51 单片机特有的数据类型。

（3）C51 与标准 C 中变量的存储模式不一样，C51 中变量的存储模式与 51 单片机的存储器紧密相关。

（4）C51 与标准 C 的输入输出处理不一样，C51 中的输入输出是通过 51 单片机串行口来完成的，输入输出指令执行前必须要对串行口进行初始化。

（5）C51 与标准 C 在函数使用方面也有一定的区别，C51 中有专门的中断函数。

C51 与标准 C 语言的比较见表 1.12。

表 1.12 C51 与标准 C 语言的比较表

	C51 语言	标准 C 语言
语言格式	C、C51	C
调试工具	Keil C51	Turbo C
特点	考虑单片机存储器结构及其片内资源定义相应的数据类型和变量	不需要考虑这些问题

续表

	C51 语言	标准 C 语言
库函数	按 MCS-51 单片机相应情况定义	按微型计算机定义
数据类型	加了针对 MCS-51 单片机特有的数据类型	
存储模式	变量的存储模式与 MCS-51 单片机的存储器紧密相关	
输入/输出处理	通过 MCS-51 单片机串行口完成,输入输出指令执行前必须对串行口初始化	通过输入输出指令完成
函数使用	有专门的中断函数	
相同	语法规则、程序结构和程序设计方法等两者相同	

4. C51 源程序程序的结构

（1）C 语言源程序的结构

C51 程序以函数形式组织程序结构。C 程序的基本结构如图 1.11。

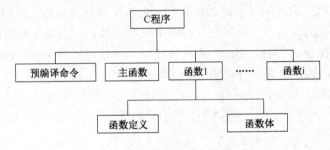

图 1.11　C 程序基本结构

一个 C51 源程序由一个或若干个函数组成，每一个函数完成相对独立的功能，相当于其他语言中的"子程序"或"过程"的概念。每个 C 程序都必须有（且仅有）一个主函数 main()，调用其他函数后返回主函数 main()，不管 main() 函数放于何处，程序总是从 main() 函数开始执行，执行到 main() 函数结束则整个程序结束。在 main() 函数中调用其他函数，其他函数也可以相互调用，但 main() 函数只能调用其他的功能函数，而不能被其他的函数所调用。C51 函数的定义与 ANSI C 相似，唯一不同的就是有时在函数的后面需要带上若干个 C51 的专用关键字。

在 C51 中，函数定义的一般格式如下：

```
返回值类型  函数名（形参表）[函数模式]  [reentrant]  [interrupt m]  [using n]
{
    声明语句;
    执行语句 1;
    ……
    执行语句 n;
    return 函数返回值;
}
```

C51 中的函数包括普通函数和中断函数。此处只对部分属性进行必要的、简单的介绍，其他属性的使用将在项目 2 中讲完中断后再专门介绍。

一个函数由两部分组成：函数定义和函数体。上述函数示例中第一行为函数定义部分，下面的花括号中内容是函数体部分。

当返回值是整型（int）时，可省略；当函数没有返回值时应写成 void（空类型）。

函数名可以是以字母或下画线打头，由字母、数字、下画线组成的字符串，注意：C51 是区分大小写的。函数名后面必须跟一对圆括号，里面是函数的形式参数表，有的函数不需要参数，所以可以没有形参表，但依然不能省略这对圆括号。

函数体由一对花括号"{ }"括起来。如果一个函数内有多个花括号，则最外层的一对"{ }"标明函数体的内容。函数体内包含若干语句，一般由两部分组成：声明语句和执行语句。声明语句用于对函数中用到的变量进行定义；也可能对函数体中调用的函数进行声明。执行语句由若干语句组成，用来完成一定功能。当然也有的函数体仅有一对"{ }"，其中内部既没有声明语句，也没有执行语句。这种函数称为空函数。

温馨小贴士：

● C 语言程序中可以有预处理命令，预处理命令通常放在源程序的最前面。为了方便用户，C51 编译器提供了大量的功能函数，我们一般称其为标准函数，也叫库函数，用户自己编写的函数我们一般称其为自定义函数。在调用标准函数前，必须先在程序开头用 C51 预处理命令中的文件包含命令"#include"将包含该标准函数说明的头文件包含进来。C51 编译器提供了大量的库函数，对其进行说明的头文件一般存放在 keil\c51\inc 文件夹中。

● 函数所执行的步骤在{ }中列出，这些步骤称为"语句"。这些语句共同组成函数的主体。大多数函数都有几个连续执行的语句。当运行 C 语言程序时，计算机执行 main 函数主体中包含的语句。

● C51 程序在书写时格式十分自由，一条语句可以写成一行，也可以写成几行；还可以一行内写多条语句；但每条语句后面必须以分号";"作为结束符。

（2）第一个 C51 源程序

我们以实现一个发光二极管闪烁控制的程序设计为例介绍第一个 C51 源程序。原理图参见图 1.12。为了便于说明在每行代码前加了行号，实际编程时这么写是不可以的，要注意。

```
1   //程序：project1_1.c
2   //功能：控制一个信号灯闪烁程序
3   #include <reg51.h>        /*包含头文件 REG51.H，在该头文件中定义了 51 单片机的
4   特殊功能寄存器*/
5   sbit P1_0=P1^0;           //定义位名称 P1_0 等价于 P1.0 引脚
6   void delay(unsigned char i);   //延时函数声明
7   void main()               //主函数
8   {
9       while（1）//一直循环执行以下花括号中的语句
10      {
```

```
11              P1_0=0;delay(200);       //点亮信号灯，调用延时函数，实际变量为200
12              P1_0=1;delay(200);       //熄灭信号灯，调用延时函数，实际变量为200
13         }
14 }
15 //函数名：delay
16 //函数功能：实现软件延时
17 //形式参数：unsigneD. char i;
18 //  i控制空循环的外循环次数，共循环i*255次
19 //返回值：无
20 void delay(unsigned char i)//延时函数，无符号字符型变量i为形式参数
21 {
22      unsigned char j, k;          //定义无符号字符型变量j和k
23      for(k=0;k<i;k++)    //双重for循环语句实现软件延时
24          for(j=0;j<255;j++);
25 }
```

第1、2行：对程序进行简要说明，包括程序名称和功能。C语言中注释的加法有两种："//"为单行注释符号，第2、6、7、8、9、10以及各语句后均是这种情况的注释；若注释需要占据多行，要把注释写在"/*"与"*/"之间，如3、4行。为了提高程序的可读性，在编程时我们最好养成为程序加注释的习惯。

第3行：#include <reg51.h>是文件包含语句。该语句引入的头文件包含了对51子系列单片机各个特殊功能寄存器以及各个专有位名称的定义，这样我们在下面的程序中就可以直接使用这些特殊功能寄存器和位名称了。本程序中有了这句就相当于通知C51编译器，程序中所用的符号P1是指51单片机的P1口。另外如果需要使用reg51.h文件中没有定义的特殊功能寄存器和位名称，可以自行在该文件中添加定义，也可以在源程序中用sfr（用于定义特殊功能寄存器的关键字）和sbit（用于定义位名称的关键字）定义，如第5行。

第6句为对延时函数的声明。在C语言中，其他函数位于主函数之后定义时，要主函数之前先进行声明。如果源程序中定义了很多函数，通常在主函数的前面先进行声明，然后在主函数后一一定义，以提高程序的可读性，调理也更清楚，易于理解。

第20~25行：自定义函数delay()，其功能是延时，用于控制发光二极管的闪烁速度。发光二极管闪烁过程实际上就是发光二极管交替亮、灭掉过程，单片机运行一条指令的时间只有几微秒，由于人眼的视觉暂留效应，根本无法分辨，因此亮、灭的时间都要延长到人眼能分辨为止。延时函数在很多程序设计中都会用到，这里使用了双重循环，外循环的循环次数由形式参数i提供，总的循环次数是255×i，循环体为空操作，空操作不执行任何动作，但仍占用一定的操作时间，编程时常以执行大量空操作来实现延时。

四、任务实施

（一）任务实训工单

表 1.13 为任务一的实训工单，在实训前要提前填写好各项内容，最好用铅笔填，以方便实训过程中修改。

表 1.13　任务一实训工单

【项目名称】	项目一　多彩霓虹灯控制系统
【任务名称】	任务一　控制一个发光二极管闪烁
【任务目标】 1. 实现一个发光二极管不停闪烁控制的硬件电路； 2. 实现一个发光二极管不停闪烁控制的软件程序； 3. 实现一个发光二极管闪烁控制的简单单片机应用系统。	
【硬件电路原理】 实现一个发光二极管闪烁控制的单片机系统的硬件电路如图 1.12 所示，包括单片机、复位电路、时钟电路、电源电路以及一个发光二极管发光电路。其中单片机选用 AT89C52 芯片；复位电路由一个 10kΩ 电阻及一个 10 微法的电解电容组成；时钟电路包括一个 12MHz 的晶振和 2 个 30pF 电容。EA 引脚接+5V，表示程序将下载到单片机内部程序存储器中；VCC 引脚接+5V、GND 引脚接地构成电源电路；P1.0 引脚接 LED 的阴极，LED 的阳极通过一个限流电阻接+5V，当 P1.0 引脚输出高电平时，发光二极管熄灭，输出低电平时，发光二极管点亮。 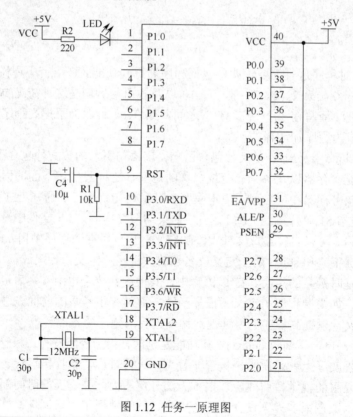 图 1.12　任务一原理图	
【软件程序】 程序流程如图 1.13：	

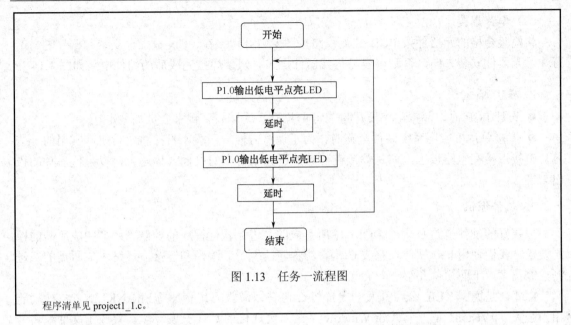

图 1.13　任务一流程图

程序清单见 project1_1.c。

（二）任务调试过程

单片机应用系统的调试步骤如下：

第一步：将硬件电路按设计好的电路原理图进行组装。

第二步：用 keil 软件将 C 语言源程序翻译成机器语言程序并连接生成可执行文件（扩展名为.hex）。

第三步：将生成的可执行文件写入单片机应用系统的程序存储器中。

具体操作过程详述如下：

1．硬件电路组装

为了方便以后各项目的制作与调试，我们可以设计一块主板、二块副板。主板和其中一块副板为采用 Protel99 设计软件绘制的印制电路板，主板主要是将单片机 AT89S51 的 4 个 I/O 口资源引出到 4 个 DIP10 接插口上（多出的 2 个脚是电源和地，以方便为副板提供电源），另外，还将在线下载电路也安排在了主板上（选择 AT89S51 的目的是因为它具有 ISP 在线下载功能，使用起来方便快捷；副板上安装了 8 个发光二极管（这为了本项目后面几个任务使用，在本任务中我们只要能控制其中任意一个即可），并且将 8 个二极管的阳极引到 1 个 DIP10 接插口上，以方便可靠地与主板连接。如此设计后，以后各项目均根据各项目需要设计各自副板即可。

在焊接各元器件之前，一般要对主要的元器件进行检测，然后再进行装配。

（1）制作工具与仪器设备

● 电路焊接工具：电烙铁（20～35W）、烙铁架、焊锡丝、松香。

● 机加工工具：剪刀、剥线钳、尖嘴钳、平口钳、螺丝刀、套筒扳手、镊子、电钻。

● 测试仪器仪表：万用表、逻辑测试笔等。

（2）元器件检测（用万用表检测）

● 逻辑电平开关。查看开关是否接错，是否将两个相通的引脚错接了。

● 电阻的检测。检测电阻的阻值。

● 二极管检测。检测二极管是否单向导电。

（3）电路焊接

将检验合格的元器件按 PCB 装配线路板图安装并焊接在 PCB 板上。安装元器件时，千万注意元器件安装方向，否则很容易将元器件烧毁。组装焊接完成后的硬件电路如图 1.14。

温馨小贴士：
- 设计 PCB 时，晶振电路要尽量靠近单片机，这样晶振频率会更加稳定。
- 焊接单片机应用系统硬件电路时，为了调试方便，一般不直接将单片机和常用的一些芯片直接焊接在电路板上，而是焊接在与芯片引脚相对应的直插式插座上，以方便芯片的拔出与插入。

2. 软件调试

焊接好的硬件电路必须在 ROM 中所存放的二进制软件程序的控制下才能完成所需的控制要求，我们使用 keil 软件来完成 C 语言源程序的编辑、编译和连接，最终生成所需的二进制控制程序。下面简单介绍一下 keil 软件。

Keil C 是德国 KEIL 公司开发的单片机 C 语言编译器。其前身是 FRANKLIN C51，功能相当强大。μVision2 是一个"for Windows"的、集成化的 C51 开发环境。集成了文件编辑处理、项目管理、编译链接、软件仿真调试等多种功能，是强大的 C51 开发工具。

在后面的讨论中，对 Keil C 和 μVision2 两个术语不做严格的区分，一般多称呼为 Keil C51。

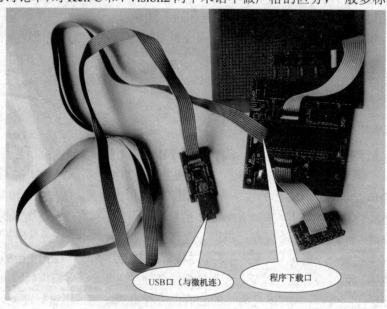

图 1.14 焊接后的线路板

Keil C 的编译器和链接器包括 C51、A51、L51 和 BL51。

C51 是 C 语言编译器，其功能是将 C 源代码编译生成可重新定位的目标模块。

A51 是汇编语言编译器，其功能是将汇编源代码编译生成可重新定位的目标模块。

L51 是链接/定位器，其功能是将汇编源代码和 C 源代码生成的可重定位的目标模块文件（.OBJ），与库文件链接、定位生成绝对目标文件。

对于刚刚开始使用 Keil 的用户来讲，可按照下面的流程来完成开发任务。

（1）启动 Keil 软件，界面如图 1.15 所示。

项目一 多彩霓虹灯控制系统

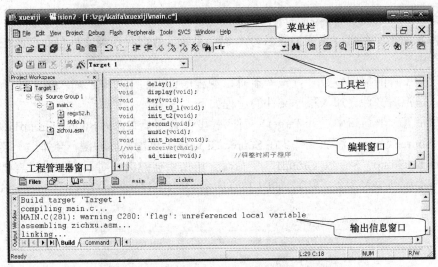

图 1.15 Keil C51 在编辑状态下的操作界面

（2）建立工程：单击"Project"→"New project"后，出现如图 1.16 所示的"Create New Project"对话框。

图 1.16 建立工程文件

选择好工程文件的存放位置，起好工程文件名后，单击"保存"按钮后出现如图 1.17 所示的"Select Device for 'Target1'"对话框，此时可为工程选择目标器件（例如选择 ATMEL 的 AT89C51）。

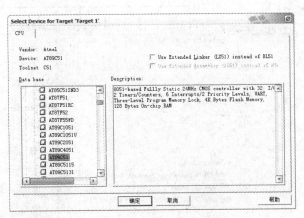

图 1.17 选择目标 CPU

（3）建立 C 语言源程序文件："File"→"New"后，开始编辑输入 C 源程序，界面如

· 025 ·

图 1.18 所示。

程序输入完毕后存盘,注意扩展名为".c",系统一般会将该类文件自动存放在工程文件所在的文件中。

(4)设置工程的配置参数。首先,添加 C 源程序到当前工程中。加入的文件可以是 C 文件,也可以是汇编文件。加入程序文件的过程如下。

1)在项目管理器窗口中展开 Target1 文件夹,可以看到子文件夹 Source Group1,见图 1.19。

2)向 Source Group1 添加文件。在 Source Group1 上单击鼠标右键,会弹出一菜单,选择"Add Files to Group'Source Group1'"命令,单击后会弹出一对话框,选择需要加入的程序文件(一次可以加入多个文件)。如图 1.20 所示的"Add Files to Group'Source Group 1'"对话框。

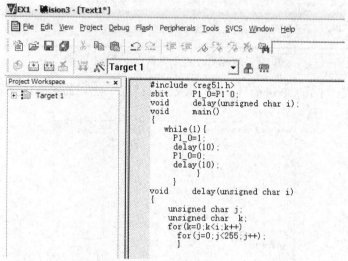

图 1.18 文本编辑窗口

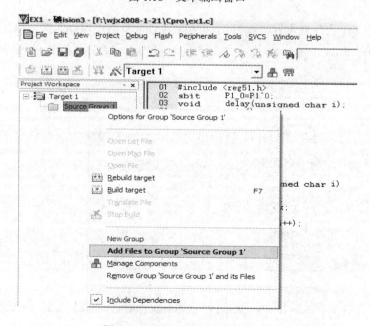

图 1.19 增加文件到组中的选项

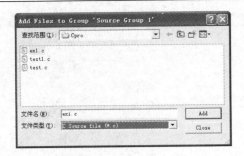

图 1.20 增加文件到组中

3) 移除项目：在欲移除的文件上单击鼠标右键，在弹出的菜单中选择"Remove File '***'"命令即可。

其次，配置工程文件属性。

在工程管理器窗口中的"Target 1"上单击鼠标右键，出现如图1.21（a）所示"Option for Target 'Target1'"对话框，进行相应的设置。在对话框中当前为"Target"选项卡，在"Xtal （MHz）"后输入单片机的工作频率；在对话框中单击"Output"选项卡，会出现如图1.21（b）所示的界面，在"Creat Hex" 前面的多选框中打勾，其他选项按默认设置即可，最后单击确定。

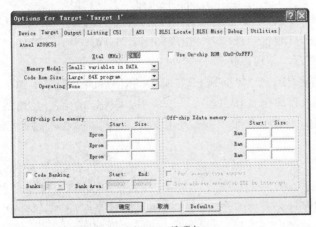

(a) Target 选项卡

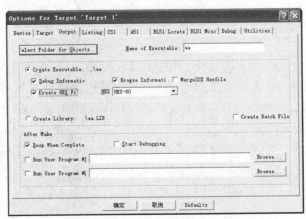

(b) Output 选项卡

图 1.21 配置工程文件属性

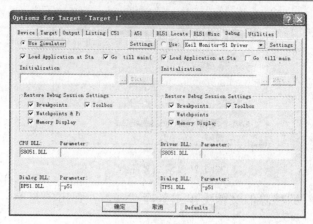

(c) Debug 选项卡

图 1.21 配置工程文件属性（续）

（5）编译链接：使用 Project 菜单下的 Build target 命令或 Rebuild all target Files 命令，或者直接单击工具栏中对应的按钮。编译链接结果：若有错误则不能通过，并且会在信息窗口给出相应的错误信息，重新修改程序后再进行编译链接即可。编译链接通过后，会产生一 .hex 目标文件。

（6）对程序中某些纯软件的部分使用软件仿真验证。Keil C51 集成开发环境为用户提供了软件仿真调试功能，单击"Debug"选项卡，出现如图 1.21（c）所示的界面，选中"Use Simulator"后，单击"确定"按钮后，就可以仿真了。

程序调试。在主界面中，单击"Debug"菜单项，在出现的下拉菜单中单击"Start/Stop Debug Session"选项即可进入程序仿真状态。可以以单步、跟踪、断点、全速运行等方式进行调试，此时可以通过主界面的"View"菜单观察单片机的资源状态，如跟踪寄存器、特殊功能寄存器及 I/O 端口的状态等。

Keil C51 内建了一个仿真 CPU 来模拟执行程序，该仿真 CPU 功能强大，可以在没有硬件和仿真器的情况下进行程序的调试，而且生成的目标代码效率非常之高。不过，软件模拟与真实的硬件执行程序还是有区别的，其中最明显的就是时序，具体表现在程序执行的速度和用户使用的计算机有关，计算机性能越好，运行速度越快。因此，我们还是要在实际的单片机应用系统中进行调试，将生成的 Hex 文件烧写到 ROM 中运行测试即可。

3. 程序下载

将二进制的机器语言程序下载到单片机中的方法有很多种。AT89S51、AT89S52 等单片机具有 ISP 在线下载能力，不过现在的笔记本包括台式机都渐渐地舍弃了并口、串口，我们这里利用一种现在比较流行的 USB ISP 下载线进行程序下载（关于 USB ISP 下载线制作方法可参见本项目的知识拓展二）。

将 USB ISP 下载线一端接在副板上，另一端插到 PC 的 USB 口上，等 PC 提示发现新 USB 设备后，安装驱动程序，此时设备可以使用了。

运行 PROGISP1.6.6 后，出现如图 1.22 所示界面。

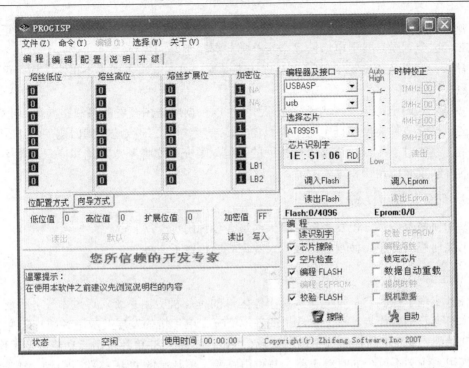

图 1.22　运行 PROGISP1.6.6 后的界面

在"编程器及接口"下的选择框中选 USBASP，在"选择芯片"里选 AT89S52。（注意：此处本应选 S51，但选 S52 才能正常读写，这是软件设计问题）出现如图 1.23 所示对话框，选择"是"。

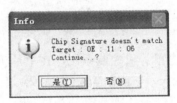

图 1.23　芯片选择确认对话框

最后，单击"读出 Flash"钮，接着点"调入 Flash"选择生成的 HEX 文件，单击下面的"自动"，此时若红色的发光管在不停地闪烁着，说明大功告成！

4. 软硬件联合调试

当系统不能完成预期的逻辑功能时，就称系统有故障，产生故障的原因大致可以归纳为以下四个方面：硬件电路设计有问题、软件设计不当、操作不当（如布线错误等）、元器件使用不当或功能不正常。

在检查硬件电路设计、软件设计均没有问题的情况下，再查所有元器件都是否完好，若二者均无问题，一般从以下几点查找电路故障的原因（由于前提是元器件都是好的，那么电路肯定有问题）：

① 查电源：可能是电源和地的原因，电源和地一定不能短接，检查电源是否为标准的 +5V，每个芯片的电源是否接上，各个接地点是否可靠接地。

② 查焊接故障：包括电路虚焊、错焊、漏焊等。

- 虚焊：表现为焊点质量非常差，是所有故障中最难查找的。表现为电路有时正常，有时不正常，这个时候需要用电烙铁逐个修补那些焊得不好的焊点。
- 错焊：包括电路短路、断路以及焊接错误等，通常电路表现为不正常工作，可以依据电路图逐步找到故障点。
- 漏焊：这时电路也表现为不正常工作，可以依据电路图查看哪条线路漏焊，补焊即可。

总之，检查故障需要依据电路工作原理一步一步、耐心细致地找到问题症结所在。需要强调的是，经验对于故障检查是大有帮助的，但只要充分掌握基本理论和原理，就不难用逻辑思维的方法较好地判断和排除故障。

（三）任务扩展与提高

（1）如何修改程序，使发光二极管大约每 2 秒钟闪烁一次。

（2）如何修改程序，使发光二极管大约每亮 2 秒钟灭 1 秒钟。

五、任务小结

本任务实现了控制一个发光二极管不停闪烁的单片机应用系统，通过本任务了解了单片机的基本概念及结构特点、典型单片机的基本情况、单片机的发展及应用领域、51 单片机内部结构和功能、单片机的存储器结构的特点、性能；掌握了 51 单片机引脚功能以及工作方式、单片机应用系统必不可少的时钟电路、复位电路等、单片机的 C 语言程序特点、延时函数等典型程序的设计方法、单片机的基本开发方法和开发工具；理解了单片机应用系统组成与设计流程。

【任务二　控制八个发光二极管闪烁】

一、任务描述

设计一个使八个彩灯闪烁的单片机控制系统，在单片机的 P1 口上接八个发光二极管 L1~L8，使 L1~L8 不停地一亮一灭，时间间隔大约为 1 秒。

二、任务教学目标

表 1.14 为本任务的任务目标。

表 1.14　控制八个发光二极管闪烁的任务目标

授课任务名称		控制八个发光二极管闪烁
教学目标	知识目标	1. 了解 51 单片机 I/O 口结构和功能； 2. 掌握 51 单片机 I/O 口的使用方法； 3. 掌握 C 语言中的基本数据类型及存储方式； 4. 掌握 C 语言中常量的数据类型； 5. 掌握 C 语言中符号常量的定义方法； 6. 掌握 C51 中变量的定义方法； 7. 掌握 C 语言数据类型与定义方法； 8. 掌握 C 语言中各种运算符的使用方法； 9. 掌握 C 语言的复合语句使用方法； 10. 掌握 C 语言空语句使用方法。

续表

授课任务名称		控制八个发光二极管闪烁	
教学目标	能力目标	1. 灵活使用 I/O 口连接单片机与被控对象的能力； 2. 初步使用 C51 变量来解决实际问题的能力； 3. 初步使用 C51 基本语句程序来解决实际问题的能力； 4. 初步使用 C51 基本运算符来解决实际问题的能力； 5. 初步使用基本 C 语言结构语句编写简单程序来解决实际问题的能力； 6. 进一步熟悉单片机应用系统分析和软硬件设计的基本方法； 7. 根据所要解决问题的需要灵活使用常量与变量的能力； 8. 进一步培养良好的职业素养、沟通能力及团队协作精神。	
知识重点	51 单片机 I/O 口的使用方法；C 语言中的基本数据类型及存储方式，C 语言中常量的数据类型、符号常量的定义、运算符、C 语言中变量的定义方法；复合语句、空语句的使用。	知识难点	51 单片机 I/O 口结构、C 语言中常量的数据类型、C 语言中变量的定义、复合语句的使用。

三、任务资讯

（一）单片机内与被控对象间的纽带——I/O 口

51 单片机有 32 根 I/O 线，分别属于 4 个 8 位并行 I/O 口 P0、P1、P2 和 P3。每个口都可以用作输入和输出，均既可以按字节访问，又可以按位访问。其中 P0 和 P2 口在存储器扩展时又可作为地址和数据总线使用，P3 口是一个双功能口，在应用中以第二功能为主。

按理说，使用 C51 不必掌握 I/O 口的内部结构，但是了解一下端口的结构对于今后的单片机系统应用还是相当有好处的。

1. P0 口

P0 口是一个三态双向口，可作为通用 I/O 端口，也可作为地址/数据分时复用口。其结构原理如图 1.24 所示。P0 口的输出级具有驱动 8 个 LSTTL 负载的能力，即输出电流不大于 800μA。

P0 口由 8 个这样的电路组成。锁存器起输出锁存作用，8 个锁存器构成了特殊功能寄存器 P0；场效应管（FET）V1、V2 组成输出驱动器，以增大带负载能力；三态门 1 是引脚输入缓冲器；三态门 2 用于读锁存器端口；与门 3、反相器 4 及模拟转换开关 MUX 构成了输出控制电路。

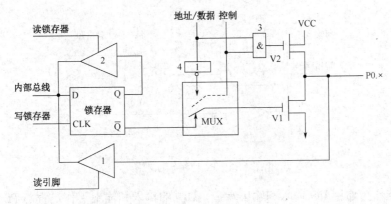

图 1.24　P0 口结构原理图

（1）P0 口作为通用 I/O 口

当 P0 口作为通用 I/O 口使用，在 CPU 向端口输出数据时，控制线信号为 0，转换开关 MUX 把输出级与锁存器 $\overline{Q}$ 端接通，同时因与门 3 输出为 0 使 V2 截止，此时，输出级是漏极开路电路。当写脉冲加在锁存器时钟端 CLK 上时，与内部总线相连的 D 端数据由 $\overline{Q}$ 端输出，经输出 V1 反相，在 P0.× 引脚上输出的数据正好是内部总线的数据。当要从 P0.× 口输入数据时，引脚信息仍经输入缓冲器进入内部总线。

P0 口在输出数据时，由于 V2 截止，输出级是漏极开路电路，要使"1"信号正常输出，必须外接上拉电阻。

P0 口作为通用 I/O 口使用时，是准双向口。其特点是在输入数据时，应先把端口置位，此时锁存器的 $\overline{Q}$ 端为 0，则输出级的两个场效应管 V1、V2 均截止，引脚处于悬浮状态，才可作为高阻输入。因为，从 P0.× 口引脚输入数据时，V2 一直处于截止状态，引脚上的外部信号既加在三态缓冲器 1 的输入端，又加在 V1 的漏极。假定在此之前曾输出锁存过数据 0，则 V1 是导通的，这样引脚上的电位就始终被钳位在低电平，使输入高电平无法读入。因此，在输入数据时，应人为地先向端口写"1"，使 V1、V2 均截止，方可高阻输入。所以说 P0 口作为通用 I/O 口使用时，是准双向口。

（2）P0 口作为地址/数据复用总线

当 P0 口作为地址/数据分时复用总线时，可分为从 P0 口输出低 8 位地址或数据和从 P0 口输入数据两种情况。

在访问片外存储器，需从 P0 口输出低 8 位地址或数据信号时，控制线信号为高电平"1"，使转换开关 MUX 把反相器 4 的输出端与 V1 接通，同时把与门 3 打开。当地址或数据为"1"时，经反相器 4 使 V1 截止，而经与门 3 使 V2 导通，P0.× 引脚上输出相应的高电平"1"；当地址或数据为"0"时，经反相器 4 使 V1 导通而 V2 截止，引脚上输出相应的低电平"0"。这样就将地址/数据的信号输出。

在 P0 以地址/数据分时复用功能连接外部存储器时，由于访问外部存储器期间，CPU 会自动向 P0 口的锁存器写入 0FFH，对用户而言，P0 口此时则是真正的三态双向口。

2. P1 口

P1 口也是一个准双向口，其结构原理如图 1.25 所示。

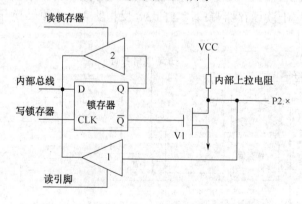

图 1.25　P1 口结构原理图

P1 口只能作为通用 I/O 输入和输出端口，数据的输入和输出工作过程与 P0 口相似，输入引脚数据时，先将锁存器置位，然后通过读引脚指令将数据读入内部总线。读锁存器操作由"读 修改 写"指令完成，它不需要向锁存器写"1"，过程同 P0 口输出数据。由于 P1 口的位结构中含有上拉电阻，因此不需要外接上拉电阻。P1 口具有驱动 4 个 LSTTL 负载的能力。

3．P2 口

P2 口也是一个准双向口，其结构原理如图 1.26 所示。P2 口可作为通用 I/O 端口，也可作为地址/数据分时复用口。

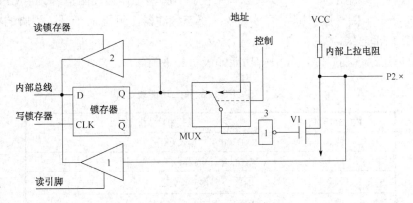

图 1.26　P2 口结构原理图

当作为准双向通用 I/O 口使用时，其工作原理及负载能力与 P1 相同。输入引脚数据时，先将锁存器置位，然后通过读引脚指令将数据读入内部总线。读锁存器操作由"读 修改 写"指令完成，它不需要向锁存器写"1"，过程同 P0 口输出数据。由于 P2 口的位结构中也带有上拉电阻，因此不需要外接上拉电阻。

当作为外部扩展存储器的高 8 位地址总线使用时，控制信号使转换开关接向右侧地址线，高 8 位地址经反相器 3 和 V1 两次取反在 P2.× 上输出。在上述情况下，端口锁存器的内容不受影响。所以，在访问外部存储器后，由于转换开关又接至左侧锁存器，输出驱动器与锁存器 $\overline{Q}$ 端相连，引脚上将恢复原来的数据。

4．P3 口

P3 口是一个多功能端口，其结构原理如图 1.27 所示。

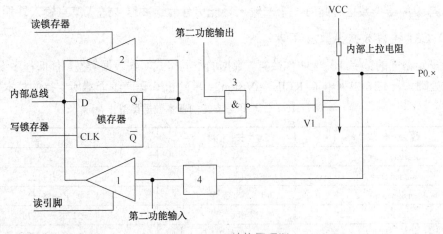

图 1.27　P3 口结构原理图

对比 P1 口的结构图可见，P3 口比 P1 口在结构上多了"与非门"3 和缓冲器 4。"与非门" 3 实际上是一个开关，决定是输出锁存器上的数据还是输出第二功能的信号。

当 CPU 对 P3 口进行访问时，由内部硬件自动将第二功能输出线置 1，打开"与非门" 3，D 锁存器输出端 Q 的状态可通过"与非门" 3 由场效应管输出，这是 P3 作为通用 I/O 口输出的情况。

当 P3 口作为输入使用时，同 P0～P2 口一样，由软件将锁存器置"1"，使 D 锁存器 Q 端为"1"，"与非门" 3 输出为"0"，场效应管截止，引脚端可作为高阻输入。当 CPU 发出读命令时，使缓冲器 1 上的"读引脚"信号有效，三态缓冲器 1 开通。于是，引脚的状态经缓冲器 4 送到 CPU 内部总线。

当 P3 口启用第二功能时，各引脚功能如表 1.15 所示。

表 1.15 P3 口的第二功能表

P3 口的引脚	第 二 功 能
P3.0	RXD（串行口输入）
P3.1	TXD（串行口输出）
P3.2	$\overline{INT0}$（外部中断 0 输入）
P3.3	$\overline{INT1}$（外部中断 1 输入）
P3.4	T0（定时器 T0 的外部输入）
P3.5	T1（定时器 T1 的外部输入）
P3.6	$\overline{WR}$（片外数据存储器写选通控制输出）
P3.7	$\overline{RD}$（片外数据存储器读选通控制输出）

当 P3 口启用第二功能（输出）时，第二输出功能端可为串行口输出 TXD，片外数据存储器写选通控制输出 $\overline{WR}$ 和片外数据存储器读选通控制输出 $\overline{RD}$，控制信号状态通过"与非门" 3 和场效应管输出到引脚端。

当 P3 口启用第二功能输入时，由于 D 锁存器 Q 端被置位，第二功能线不用于第二功能输出时也保持为"1"，所以场效应管截止，使该位引脚为高阻输入状态，此时，第二功能输入可为串行口输入 RXD，外部中断 0 输入 $\overline{INT0}$、外部中断 1 输入 $\overline{INT1}$、定时器 T0 的外部输入 T0 和定时器 T1 的外部输入 T1。由于端口不作为通用 I/O 口，因此，"读引脚"信号无效，三态缓冲器 1 截止。此时，第二输入功能信号经缓冲器 4 送入第二输入功能端。

（二）C51 语言数据类型及存储

具有一定格式的数字或数值叫作数据，数据的不同格式叫作数据类型。任何程序设计都离不开数据的处理。表 1.16 中列出了 KEIL、uVision2、单片机 C 语言编译器所支持的基本数据类型。

表 1.16 C51 语言支持的基本数据类型

数 据 类 型	长 度	值 域
unsigned char	单字节	0～255
signed char	单字节	-128～+127
unsigned int	双字节	0～65535
signed int	双字节	-32768～+32767
unsigned long	四字节	0～4294967295

续表

数据类型	长度	值域
signed long	四字节	-2147483648～+2147483647
float	四字节	±1.175494E-38～±3.402823E+38
*	1～3 字节	对象的地址
bit	位	0 或 1
sfr	单字节	0～255
sfr16	双字节	0～65535
sbit	位	0 或 1

在标准 C 语言中基本的数据类型为 char，int，short，long，float 和 double，而在 C51 编译器中 int 和 short 相同，float 和 double 相同，这里就不列出说明了。下面来看看它们的具体定义。

1. char 字符类型

char 类型的长度是一个字节，通常用于定义处理字符数据的变量或常量。分无符号字符类型 unsigned char 和有符号字符类型 signed char，默认值为 signed char 类型。unsigned char 类型用字节中所有的位来表示数值，所能表达的数值范围是 0～255。signed char 类型用字节中最高位字节表示数据的符号，"0" 表示正数，"1" 表示负数，负数用补码表示（正数的补码与原码相同，负二进制数的补码等于它的绝对值按位取反后加 1）。所能表示的数值范围是-128～+127。unsigned char 常用于处理 ASCII 字符或用于处理小于或等于 255 的整型数。

unsigned char 可以用来存放无符号数，也可以存放西文字符，一个西文字符占一个字节，在计算机内部用 ASCII 码存放。

国际上普遍采用 ASCII 编码（American Standard Code for Information Interchange，美国信息交换标准代码） 作为通用的字符在计算机中的编码。

ASCII 码大致可以分为非打印控制字符和打印字符。非打印控制字符用于控制如打印机等一些外围设备（参见附录 A 中 ASCII 码值 0～31 和 127）。打印字符分配给了能在键盘上找到的字符，当用户查看或打印文档时就会出现（参见附录 A 中 ASCII 码值 32～126）。

0～32 及 127(共 34 个)是控制字符或通信专用字符（其余为可显示字符），控制字符有：LF（换行）、CR（回车）、FF（换页）、DEL（删除）、BS（退格）、BEL（振铃）等；通信专用字符有：SOH（文头）、EOT（文尾）、ACK（确认）等。它们并没有特定的图形显示，但会依不同的应用程序，而对文本显示有不同的影响。

为了满足对更多字符的需求，又扩展了 ASCII 字符集，其中包含 ASCII 码字符集中已有的 128 个字符（数字 0～32 显示在下图中），又增加了 128 个字符，总共是 256 个。

2. int 整型

int 整型长度为两个字节，用于存放一个双字节数据。分有符号 int 整型数 signed int 和无符号整型数 unsigned int，默认值为 signed int 类型。signed int 表示的数值范围是-32768～+32767，字节中最高位表示数据的符号，"0" 表示正数，"1" 表示负数。unsigned int 表示的数值范围是 0～65535。

3. long 长整型

long 长整型长度为四个字节，用于存放一个四字节数据。分有符号 long 长整型 signed

long 和无符号长整型 unsigned long，默认值为 signed long 类型。signed int 表示的数值范围是-2147483648～+2147483647，字节中最高位表示数据的符号，"0"表示正数，"1"表示负数。unsigned long 表示的数值范围是 0～4294967295。

4. float 浮点型

float 浮点型在十进制中具有 7 位有效数字，是符合 IEEE-754 标准的单精度浮点型数据，占用四个字节。因浮点数的结构较复杂，我们尽量少用。

5. 指针型

指针型本身就是一个变量，在这个变量中存放的是指向另一个数据的地址。这个指针变量要占据一定的内存单元，对不一样的处理器长度也不尽相同，在 C51 中它的长度一般为 1～3 个字节。指针变量也具有类型，在以后的项目中会专门探讨，这里就不多说了。

6. bit 位标量

bit 位标量是 C51 编译器的一种扩充数据类型，利用它可定义一个位标量，但不能定义位指针，也不能定义位数组。它的值是一个二进制位，不是 0 就是 1，类似一些高级语言中的 Boolean 类型中的 True 和 False。

7. sfr 特殊功能寄存器

sfr 也是一种扩充数据类型，占用一个内存单元，值域为 0～255。利用它能访问 51 单片机内部的所有特殊功能寄存器。如用"sfr P1 = 0x90"这一句定义 P1 为 P1 端口在片内的寄存器，在后面的语句中就可以用 P1 = 255（对 P1 端口的所有引脚置高电平）之类的语句来操作特殊功能寄存器。

8. sfr16 16 位特殊功能寄存器

sfr16 占用两个内存单元，值域为 0～65535。sfr16 和 sfr 一样用于操作特殊功能寄存器，所不一样的是它用于操作占两个字节的寄存器，如定时器 T0 和 T1。

9. sbit 可寻址位

sbit 同样是 C51 语言中的一种扩充数据类型，利用它能访问芯片内部的 RAM 中的可寻址位或特殊功能寄存器中的可寻址位。如先前定义了

```
sfr  P1  =  0x90;     //定义 P1 为 端口的寄存器
sbit P1_1 = P1^1;     //P1_1 为 P1 中的 P1.1 引脚
```

同样我们能用 P1.1 的地址去写，如"sbit P1_1 = 0x91;"，这样在以后的程序语句中就能用 P1_1 来对 P1.1 引脚进行读写操作了。通常这些代码语句能直接使用系统供给的预处理文件，里面已定义好各特殊功能寄存器的简单名字，直接引用能省去一点时间。

温馨小贴士：

● 51 系列单片机只有 bit 和 unsigned char 两种数据类型支持机器指令，而其他类型的数据都需要转换成 bit 或 unsigned char 型进行存储。

● 为了减少单片机的存储空间和提高运行速度，要尽可能地使用 unsigned char 型数据。

● 当程序中出现表达式或变量赋值运算时，若运算对象的数据类型不一致，数据类型可以自动进行转换，转换按以下优先级别自动进行：

bit →char→ int →long →float

unsigned→ signed

● 在 C51 中，为了增加程序的可读性，允许用户为系统固有的数据类型说明符用 typedef 起别名，格式如下：

typedef C51 固有的数据类型说明符　别名；

定义别名后，就可以用别名代替数据类型说明符对变量进行定义。别名可以用大写，也可以用小写，为了区别一般用大写字母表示。

【例 1-1】　typedef 的使用。

```
typedef  unsigned int  WORD;
typedef  unsigned char  BYTE;
BYTE     a1=0x12;
WORd     a2=0x1234;
```

（三）C51 语言的语句——变量定义语句

一个 C 程序是一个函数的集合。函数所执行的步骤在{}中列出，这些步骤称为"语句"。这些语句共同组成函数的主体。大多数函数都有几个连续执行的语句。当运行 C 语言程序时，计算机执行 main 函数主体中包含的语句。C51 语句可分为以下六类：变量定义语句、表达式语句、函数调用语句、空语句、复合语句、流程控制语句。下面我们分别予以介绍。

变量定义语句用来定义程序中使用的各种能存放数据的对象。

在此之前先看一下 C 语言的常量与变量。常量就是在程序运行过程中不能改变值的量，而变量是能在程序运行过程中不断变化的量。

1. C51 中的常量

常量可用在不必改变值的场合，如固定的数据表，字库等。C51 的常量包括数值型常量和符号常量。

（1）数值型常量

数值型常量包括整型常量、浮点型常量、字符型常量、字符串型常量和位标量。

整型常量：整型常量能表示为十进制如 123，0，-89 等。十六进制则以 0x 开头，如 0x34，-0x3B 等。长整型就在数字后面加字母 L，如 104L，034L，0xF340 等，在 Keil C51 中数不能直接以二进制形式赋值，虽然在 8051 的汇编中是可以的。

浮点型常量：浮点型常量可分为十进制和指数表示形式。十进制由数字和小数点组成，如 0.888，3345.345，0.0 等，整数或小数部分为 0 时能省略，但必须有小数点。指数表示形式为：

[±]数字[.数字]e[±]数字

[ ]中的内容为可选项，其中内容根据具体情况可有可无，但其余部分必须有，如 125e3，7e9，-3.0e-3。

字符型常量：字符型常量是用单引号' '引起的字符，如'a'、'1'、'F'等。可以是可显示的 ASCII 字符，也可以是不可显示的控制字符。对不可显示的控制字符须在前面加上反斜杠"\"组成转义字符。利用它可以完成一些特殊功能和输出时的格式控制。常用的转义字符如表 1.17 所示。

表 1.17　常用转义字符表

转 义 字 符	含　　义	ASCII 码（16/10 进制）
\0	空字符（NULL）	00H/0

续表

转义字符	含 义	ASCII 码（16/10 进制）
\n	换行符（LF）	0AH/10
\r	回车符（CR）	0DH/13
\t	水平制表符（HT）	09H/9
\b	退格符（BS）	08H/8
\f	换页符（FF）	0CH/12
\'	单引号	27H/39
\"	双引号	22H/34
\\	反斜杠	5CH/92

字符串型常量：字符串型常量由双引号内的字符组成，如"test"，"OK"等。当引号内没有字符时，为空字符串。在使用特殊字符时，同样要使用转义字符如双引号。在 C51 中字符串常量是作为字符类型数组来处理的，在存储字符串时系统会在字符串尾部加上\0 转义字符以作为该字符串的结束符。字符串常量"A"和字符常量'A'是不一样的，前者在存储时多占用一个字节的字间。

位标量：位标量的值是以一个二进制形式表示的。

（2）符号常量定义

符号常量是指在程序中用标识符来代表的常量，使用之前必须先定义，定义格式如下：

#define 符号名 数值

例如：

```
#define CONST 2
```

2. C51 中的变量定义语句

变量是在程序运行过程中其值可以改变的量。一个变量由两部分组成：变量名和变量值。C51 中的变量可以分成一般变量和 C51 专有变量。

（1）一般变量

在 C51 中，变量在使用前必须进行定义，指出变量的数据类型和存储模式。以便编译系统为它分配相应的存储单元。定义的格式如下：

[存储种类] 数据类型说明符 [存储器类型] 变量名 1[=初值]，变量名 2[=初值]…；

● 数据类型说明符：在定义变量时，必须通过数据类型说明符指明变量的数据类型，指明变量在存储器中占用的字节数。常量的数据类型只有整型、浮点型、字符型、字符串型和位标量，而变量的定义能使用所有 C51 编译器支持的数据类型。当定义一个变量为特定的数据类型时，在程序使用该变量不应使它的值超过数据类型的值域。

● 变量名：变量名是 C51 区分不同变量，为不同变量取的名称。在 C51 中规定变量名可以由字母、数字和下画线三种字符组成，且第一个字母必须为字母或下画线。变量名有两种：普通变量名和指针变量名。它们的区别是指针变量名前面要带"*"号。

● 存储种类：存储种类是指变量在程序执行过程中的作用范围。C51 变量的存储种类有四种，分别是自动（auto）、外部（extern）、静态（static）和寄存器（register）。

auto：使用 auto 定义的变量称为自动变量，其作用范围在定义它的函数体或复合语句内部，当定义它的函数体或复合语句执行时，C51 才为该变量分配内存空间，结束时占用的内存空间释放。自动变量一般分配在内存的堆栈空间中。定义变量时，如果省略存储种类，则该变量默认为自动（auto）变量。

extern：使用 extern 定义的变量称为外部变量。在一个函数体内，要使用一个已在该函数体外或别的程序中定义过的外部变量时，该变量在该函数体内要用 extern 说明。外部变量被定义后分配固定的内存空间，在程序整个执行时间内都有效，直到程序结束才释放。

static：使用 static 定义的变量称为静态变量。它又分为内部静态变量和外部静态变量。在函数体内部定义的静态变量为内部静态变量，它在对应的函数体内有效，一直存在，但在函数体外不可见，这样不仅使变量在定义它的函数体外被保护，还可以实现当离开函数时值不被改变。外部静态变量上在函数外部定义的静态变量。它在程序中一直存在，但在定义的范围之外是不可见的。如在多文件或多模块处理中，外部静态变量只在文件内部或模块内部有效。

register：使用 register 定义的变量称为寄存器变量。它定义的变量存放在 CPU 内部的寄存器中，处理速度快，但数目少。C51 编译器编译时能自动识别程序中使用频率最高的变量，并自动将其作为寄存器变量，用户可以无需专门声明。

● 存储器类型：存储器类型用于指明变量所处的单片机的存储器区域情况。存储器类型与存储种类完全不同。C51 编译器能识别的存储器类型有以下几种，如表 1.18 所示。

表 1.18　Keil C51 编译器的存储器类型

存储器类型	说　　明
data	直接访问内部数据存储器（128 字节），访问速度最快
bdata	可位寻址内部数据存储器（16 字节），允许位与字节混合访问
idata	间接访问内部数据存储器（256 字节），允许访问全部内部地址
pdata	分页访问外部数据存储器（256 字节），用 MOVX @Ri 指令访问
xdata	外部数据存储器（64K 字节），用 MOVX @DPTR 指令访问
code	程序存储器（64K 字节），用 MOVC@A+DPTR 指令访问

定义变量时也可以省略"存储器类型"，省略时 C51 编译器将按编译模式默认存储器类型。

【例 1-2】变量定义存储种类和存储器类型相关情况。

```
char  datav arl;
/*在片内 RAM 低 128B 定义用直接寻址方式访问的字符型变量 var1*/
int  idata var2;
/*在片内 RAM256B 定义用间接寻址方式访问的整型变量 var2*/
auto  unsigned  long  data var3;
/*在片内 RAM128B 定义用直接寻址方式访问的自动无符号长整型变量 var3*/
extern  float  xdata var4;   /*在片外 RAM64KB 空间定义用间接寻址方式访问的外部实型
变量 var4*/
 int  code  var5; /*在 ROM 空间定义整型变量 var5*/
unsign  char bdata var6;
/*在片内 RAM 位寻址区 20H~2FH 单元定义可字节处理和位处理的无符号字符型变量 var6*/
```

● 存储模式：C51 编译器支持三种存储模式：SMALL 模式、COMPACT 模式和 LARGE

模式。不同的存储模式对变量默认的存储器类型不一样。

SMALL 模式。SMALL 模式称为小编译模式，在 SMALL 模式下，编译时，函数参数和变量被默认在片内 RAM 中，存储器类型为 data。

COMPACT 模式。COMPACT 模式称为紧凑编译模式，在 COMPACT 模式下，编译时，函数参数和变量被默认在片外 RAM 的低 256 字节空间，存储器类型为 pdata。

LARGE 模式。LARGE 模式称为大编译模式，在 LARGE 模式下，编译时函数参数和变量被默认在片外 RAM 的 64KB 字节空间，存储器类型为 xdata。

在程序中变量的存储模式的指定通过 "#pragma" 预处理命令来实现。函数的存储模式可通过在函数定义时后面带存储模式说明。如果没有指定，则系统都隐含为 SMALL 模式。

【例 1-3】变量的存储模式。

```
#pragma small                    /*变量的存储模式为 SMALL*/
char  k1;
int  xdata m1;
#pragma compact                  /*变量的存储模式为 COMPACT*/
char  k2;
int  xdata m2;
int  func1(int  x1, int  y1) large     /*函数的存储模式为 LARGE*/
{
return (x1+y1);
}
int  func2(int  x2, int  y2)            /*函数的存储模式隐含为 SMALL*/
{
return (x2-y2);
}
```

程序编译时，k1 变量存储器类型为 data，k2 变量存储器类型为 pdata，而 m1 和 m2 由于定义时带了存储器类型 xdata，因而它们为 xdata 型；函数 func1 的形参 x1 和 y1（关于函数的形参、实参等问题可参阅项目二任务一中"函数调用语句"的相关内容）的存储器类型为 xdata 型，而函数 func2 由于没有指明存储模式，隐含为 SMALL 模式，形参 x2 和 y2 的存储器类型为 data。

（2）C51 专有变量

为了便于对单片机硬件资源的控制，C51 提供了几种 51 单片机的专有变量，包括特殊功能寄存器变量和位变量等。

● 特殊功能寄存器变量：MCS-51 系列单片机片内有许多特殊功能寄存器，通过这些特殊功能寄存器可以控制 MCS-51 系列单片机的定时器、计数器、串口、I/O 及其他功能部件，每一个特殊功能寄存器在片内 RAM 中都对应于一个字节单元或两个字节单元。

在 C51 中，允许用户对这些特殊功能寄存器进行访问，访问时须通过 sfr 或 sfr16 类型说明符进行定义，定义时须指明它们所对应的片内 RAM 单元的地址。格式如下：

sfr 或 sfr16   特殊功能寄存器名=地址；

sfr 用于对 MCS-51 单片机中单字节的特殊功能寄存器进行定义，sfr16 用于对双字节特殊功能寄存器进行定义。特殊功能寄存器名一般用大写字母表示。地址一般用直接地址形式，具体特殊功能寄存器地址见前面内容。

【例 1-4】特殊功能寄存器的定义。

```
sfr      PSW=0xd0;
sfr      SCON=0x98;
sfr      TMOD=0x89;
sfr      P1=0x90;
sfr16    DPTR=0x82;
sfr16    T1=0x8C;
```

● 位变量：在 C51 中，允许用户通过位类型符定义位变量。位类型符有两个：bit 和 sbit。可以定义两种位变量。

bit 位类型符用于定义一般的可位处理的位变量。它的格式如下：

bit   位变量名；

在格式中可以加上各种修饰，但注意存储器类型只能是 bdata、data、idata。只能是片内 RAM 的可位寻址区，严格来说只能是 bdata。

【例 1-5】 bit 型变量的定义。

```
bit  data   a1;    /*正确*/
bit  bdata  a2;    /*正确*/
bit  pdata  a3;    /*错误*/
bit  xdata  a4;    /*错误*/
```

sbit 位类型符用于定义在可位寻址字节或特殊功能寄存器中的位，定义时须指明其位地址，可以是位直接地址，可以是可位寻址变量带位号，也可以是特殊功能寄存器名带位号。格式如下：

sbit 位变量名=位地址；

如位地址为位直接地址，其取值范围为 0x00~0xff；如位地址是可位寻址变量带位号或特殊功能寄存器名带位号，则在它前面须对可位寻址变量或特殊功能寄存器进行定义。字节地址与位号之间、特殊功能寄存器与位号之间一般用"^"作为间隔。

【例 1-6】sbit 型变量的定义。

```
sbit  OV=0xd2;
sbit  CY=0xd7;
unsigned char  bdata flag;
sbit  flag0=flag^0;
sfr   P1=0x90;
sbit  P1_0=P1^0;    //定义 P1_0 指向端口 P1.0
sbit  P1_1=P1^1;    //定义 P1_1 指向端口 P1.1
sbit  P1_2=P1^2;    //定义 P1_2 指向端口 P1.2
sbit  P1_3=P1^3;    //定义 P1_3 指向端口 P1.3
sbit  P1_4=P1^4;    //定义 P1_4 指向端口 P1.4
sbit  P1_5=P1^5;    //定义 P1_5 指向端口 P1.5
sbit  P1_6=P1^6;    //定义 P1_6 指向端口 P1.6
sbit  P1_7=P1^7;    //定义 P1_7 指向端口 P1.7
```

在 C51 中，为了用户处理方便，C51 编译器把 MCS-51 单片机的常用的特殊功能寄存器和特殊位进行了定义，放在一个名为"reg51.h"或"reg52.h"的头文件中，当用户要使用时，只需要在使用之前用一条预处理命令#include <reg52.h>把这个头文件包含到程序中，然后就可使用殊功能寄存器名和特殊位名称。

（四）C51语言的语句——表达式语句

表达式是由运算符和运算对象组成的、具有特定含义的式子，C语言是一种表达式语言，表达式后面加上";"就构成了表达式语句。执行表达式语句就是计算表达式的值。

C语言中运算符的数量之多，在高级语言中是少见的。正是丰富的运算符和表达式使C语言功能十分完善。这也是C语言的主要特点之一。

我们首先介绍在C51编程中经常用到的运算符及表达式。

1. 赋值运算符与赋值表达式

赋值运算符"="，在C51中，它的功能是将一个数据的值赋给一个变量，如x=10。利用赋值运算符将一个变量与一个表达式连接起来的式子称为赋值表达式，在赋值表达式的后面加一个分号";"就构成了赋值语句，一个赋值语句的格式如下：

变量=表达式；

执行时先计算出右边表达式的值，然后赋给左边的变量。例如：

```
x=8+9;       /*将8+9的值赋给变量x*/
x=y=5;       /*将常数5同时赋给变量x和y*/
```

在C51中，允许在一个语句中同时给多个变量赋值，赋值顺序自右向左。

2. 算术运算符与表达式

C51中支持的算术运算符有：

+   加或取正值运算符
-    减或取负值运算符
*   乘运算符
/   除运算符
%   取余运算符
++   自增运算符
--   自减运算符

加、减、乘运算相对比较简单，而对于除运算，如相除的两个数为浮点数，则运算的结果也为浮点数，如相除的两个数为整数，则运算的结果也为整数，即舍余取整。如25.0/20.0结果为1.25，而25/20结果为1。

对于取余运算，则要求参加运算的两个数必须为整数，运算结果为它们的余数。例如：x=5%3，结果x的值为2。

3. 自增减运算

C51提供自增运算"++"和自减运算"--"，使变量值自动加1或减1。应当注意的是，"++"和"--"的结合方向是"自右向左"。

例如：

```
++i;    //在使用i之前，先使i值加1
--i;    //在使用i之前，先使i值减1
i++;    //在使用i之后，再使i值加1
i--;    //在使用i之后，再使i值减1
```

自增运算符++使其操作数递增1，自减运算符使其操作数递减1。++与--这两个运算符特殊的地方主要表现在：它们既可以用作前缀运算符（用在变量前面，如++i），也可以用作后缀运算符（用在变量后面，如i++）。在这两种情况下，其效果都是将变量i的值加1。但是，它们之间有一点不同。表达式++i先将i的值递增1，然后再使用变量i的值，而表达式i++则是先使用变量i的值，然后再将i的值递增1。也就是说，对于使用变量i的值的上下文来说，++i和i++的效果是不同的。如果i的值为5，那么"x = i++;"执行后的结果是将x的值置为5，而"x = ++i;"将x的值置为6。这两条语句执行完成后，变量i的值都是6。

自增与自减运算符只能作用于变量，类似于表达式"(i+j) ++"是非法的。在不需要使用任何具体值且仅需要递增变量的情况下，前缀方式和后缀方式的效果相同。

4. 关系运算符与关系表达式

C51中有6种关系运算符：

>　　大于
<　　小于
>=　 大于等于
<=　 小于等于
==　 等于
!=　 不等于

关系运算用于比较两个数的大小，用关系运算符将两个表达式连接起来形成的式子称为关系表达式。关系表达式通常用来作为判别条件构造分支或循环程序。关系表达式的一般形式如下：

表达式1　关系运算符　表达式2

关系运算的结果为逻辑量，成立为真（1），不成立为假（0）。其结果可以作为一个逻辑量参与逻辑运算。

例如：5>3，结果为真（1），而10==100，结果为假（0）。

温馨小贴士：
- 若关系运算符由两个字符构成时，书写时中间不能有空格。
- "小于等于"可以说成是"不大于"，"大于等于"可以说成是"不小于"。
- 字符型数据的比较是按字符的ASCII码进行的，其实质也是数值比较。
- 关系运算符等于"=="由两个"="组成。

5. 逻辑运算符与逻辑表达式

C51有3种逻辑运算符：

||　　逻辑或
&&　 逻辑与
!　　逻辑非

关系运算符用于反映两个表达式之间的大小关系，逻辑运算符则用于求条件式的逻辑值，用逻辑运算符将关系表达式或逻辑量连接起来的式子就是逻辑表达式。

- 逻辑与。格式：条件式1 && 条件式2

当条件式1与条件式2都为真时结果为真（非0值），否则为假（0值）。

- 逻辑或。格式：条件式1 || 条件式2

当条件式1与条件式2都为假时结果为假（0值），否则为真（非0值）。

● 逻辑非。格式：！条件式

当条件式原来为真（非 0 值），逻辑非后结果为假（0 值）。当条件式原来为假（0 值），逻辑非后结果为真（非 0 值）。

例如：若 a=8，b=3，c=0，则！a 为假，a&&b 为真，b&&c 为假。

6. 位运算符

C51 语言能对运算对象按位进行操作，它与汇编语言使用一样方便。位运算是按位对变量进行运算，但并不改变参与运算的变量的值。如果要求按位改变变量的值，则要利用相应的赋值运算。C51 中位运算符只能对整数进行操作，不能对浮点数进行操作。C51 中的位运算符有：

    &   按位与

    | 按位或

    ^   按位异或

    ~   按位取反

    <<   左移

    >>   右移

例如，设 a=0x54=01010100B，b=0x3b=00111011B，则 a&b、a|b、a^b、~a、a<<2、b>>2 分别为多少？

    a&b=00010000b=0x10

    a|b=01111111B=0x7f

    a^b=01101111B=0x6f

    ~a=10101011B=0xab

    a<<2=01010000B=0x50

    b>>2=00001110B=0x0e

7. 复合赋值运算符

C51 语言中支持在赋值运算符 "=" 的前面加上其他运算符，组成复合赋值运算符。下面是 C51 中支持的复合赋值运算符：

    +=   加法赋值   −=   减法赋值

    *=   乘法赋值   /=   除法赋值

    %=   取模赋值   &=   逻辑与赋值

    |=   逻辑或赋值   ^=   逻辑异或赋值

    ~=   逻辑非赋值   >>=   右移位赋值

    <<=   左移位赋值

复合赋值运算的一般格式如下：

    变量   复合运算赋值符   表达式

处理过程：先把变量与后面的表达式进行某种运算，然后将运算的结果赋给前面的变量。其实这是 C51 语言中简化程序的一种方法，大多数二目（目是指运算符所需操作数的个数，二目就是需二个操作数，此处还有单目与多目运算）运算都可以用复合赋值运算符简化表示。例如：a+=6 相当于 a=a+6；a*=5 相当于 a=a*5；b&=0x55 相当于 b=b&0x55；x>>=2 相当于 x=x>>2。

8. 逗号运算符

在 C51 语言中，逗号","是一个特殊的运算符，可以用它将两个或两个以上的表达式连接起来，称为逗号表达式。逗号表达式的一般格式为：

表达式 1，表达式 2，……，表达式 n

程序执行时对逗号表达式的处理：按从左至右的顺序依次计算出各个表达式的值，而整个逗号表达式的值是最右边的表达式（表达式 n）的值。例如：x=（a=3, 6*3），结果 x 的值为 18。

9. 条件运算符

条件运算符"?:"是 C51 语言中唯一的一个三目运算符，它要求有三个运算对象，用它可以将三个表达式连接在一起构成一个条件表达式。条件表达式的一般格式为：

逻辑表达式？表达式 1：表达式 2

其功能是先计算逻辑表达式的值，当逻辑表达式的值为真（非 0 值）时，将计算的表达式 1 的值作为整个条件表达式的值；当逻辑表达式的值为假（0 值）时，将计算的表达式 2 的值作为整个条件表达式的值。例如：条件表达式 max=(a>b)?a:b 的执行结果是将 a 和 b 中较大的数赋值给变量 max。

10. 强制数据类型转换运算

（1）数据类型自动转换

C 语言算术表达式的计算，在计算过程中，每一步计算所得结果的数据类型由参与运算的运算对象决定，相同数据类型的两个对象运算，结果数据类型不变，不同数据类型的运算对象进行运算，结果的数据类型由高精度的运算对象决定（精度的高低：double>float>int）。

需要注意的是，数据类型的转换是在计算过程中逐步进行的，它总是先转换类型再进行计算，整个表达式结果的数据类型一定与表达式中出现的精度最高的数据相同，但是具体得到数据值是逐步得到的，例如：int x=1,y=3; double k=1573.267;

"x / y * k"这个表达式计算结果的数据类型是 double，计算结果的答案是 0.0。因为在第一步（x/y）的计算中，结果是一个整型数据（0）；第二步计算（0 * 1573.267）结果是一个 double 类型的数据，但数值是 0.0。也就是说，算术表达式计算结果的数据类型与运算的优先级没有关系，而是一定具有表达式中精度最高的数据类型，但是具体得到数据结果数值，与优先级可就有关系啦。

（2）强制类型转换

格式：（数据类型）表达式；

比如有个 int 型的变量，其值为 99，将它转换为 unsigned int 和 char，还有 float，和 long int 型后其数值各为多少？

答：unsigned int 还是 99，因为是无符号整形输出；Char 是'c'，因为 char 是输出字符；float 是 99.0，因为是浮点数；long int 是 99L 因为有 long 所以变量后面加 L。

11. 指针与地址运算符

指针是 C51 语言中的一个十分重要的概念，在 C51 的数据类型中专门有一种指针类型。指针为变量的访问提供了另一种方式，变量的指针就是该变量的地址，还可以定义一个专门指向某个变量的地址的指针变量。为了表示指针变量和它所指向的变量地址之间的关系，C51

中提供了两个专门的运算符：
* 　　指针运算符
& 　　取地址运算符

指针运算符"*"放在指针变量前面，通过它实现访问以指针变量的内容为地址所指向的存储单元。例如：指针变量 p 中的地址为 2000H，则*p 所访问的是地址为 2000H 的存储单元的内容，x=*p，实现把地址为 2000H 的存储单元的内容送给变量 x。

取地址运算符"&"放在变量的前面，通过它取得变量的地址，变量的地址通常送给指针变量。例如：设变量 x 的内容为 12H，地址为 2000H，则&x 的值为 2000H，如有一指针变量 p，则通常用 p=&x，实现将 x 变量的地址送给指针变量 p，指针变量 p 指向变量 x，以后可以通过*p 访问变量 x。

12. 运算符的优先级和结合性

如表 1.19 所示，C51 的运算符按照优先级大小由上向下排列，在同一行的运算符具有相同优先级。

表 1.19　C51 的运算符

运　算　符	解　释	结合方式
()、[]	括号（函数等），数组，两种结构成员访问	由左向右
!、~、++、--、+-、*、&、（类型）、sizeof	否定，按位否定，增量，减量，正负号，间接，取地址，类型转换，求大小	由右向左
*、/、%	乘，除，取模	由左向右
+、-	加，减	由左向右
<<、>>	左移，右移	由左向右
<、<=、>=、>	小于，小于等于，大于等于，大于	由左向右
==、!=	等于，不等于	由左向右
&	按位与	由左向右
^	按位异或	由左向右
|	按位或	由左向右
&&	逻辑与	由左向右
||	逻辑或	由左向右
?:	条件	由右向左
=、+=、-=、*=、/=、&=、^=、|=、<<=、>>=	各种赋值	由右向左
,	逗号（顺序）	由左向右

由上表也可以看出一定规律，括号优先级最高，单目运算符（如!）高于双目、多目运算符。注意当我们在弄不清运算符优先级的情况下，最好加括号来明确运算优先级。

（五）C51 语言的语句——空语句

在 C 语言中有一个特殊的表达式语句，称为空语句。空语句中只有一个分号"；"，程序执行空语句时需要占用一条指令的执行时间，但是什么也不做。在 C51 程序中常常把空语句作为循环体，用于消耗 CPU 时间，实现延时的目的。

它不产生任何操作运算，只作为形式上的语句，有时还可以用来作为被转向点被填充到控制结构中。

四、任务实施

（一）任务实训工单

表 1.20 为任务二的实训工单。

表 1.20　任务二实训工单

【项目名称】	项目一　多彩霓虹灯控制系统
【任务名称】	任务二　控制八个发光二极管闪烁
【任务目标】	1. 实现对八盏 LED 彩灯闪烁控制的硬件电路设计； 2. 实现对八盏 LED 彩灯闪烁控制的软件程序设计； 3. 根据电路要求在任务一的基础上设计电路印制板； 4. 进行程序调试； 5. 按装配流程设计安装步骤，进行电路元器件安装、调试，直至成功。
【硬件电路原理】	将 P1 口的八位引脚分别接八个 LED，当 P1 口清 0，点亮八个 LED；当 P1 口全置 1，熄灭八个 LED，见图 1.27。 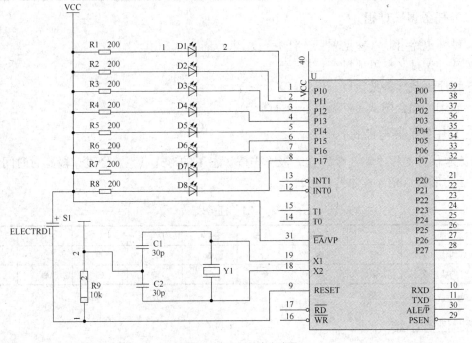 图 1.28　任务二仿真电路图

【软件程序】	//程序：project1_2.c
	//功能：控制八个信号灯闪烁程序
	#include <reg51.h>　　　　//包含头文件 REG51.H，定义了 MCS-51 单片机的特殊功能寄存器
	void delay（unsigned char i）；　　//延时函数声明

```
void main()              //主函数
{
    while（1）{
        P1=0x00;          //将 P1 口的八位引脚清 0，点亮八个 LED
        delay（200）;      //延时
        P1=0xff;          //将 P1 口的八位引脚置 1，熄灭八个 LED
        delay（200）;      //延时
    }
}
//函数名：delay
//函数功能：实现软件延时
//形式参数：unsigneD．char i;
//i 控制空循环的外循环次数，共循环 i*255 次
//返回值：无
void delay（unsigned char i）//延时函数，无符号字符型变量 i 为形式参数
{
    unsigned char j, k;   //定义无符号字符型变量 j 和 k
    for（k=0;k<i;k++）     //双重 for 循环语句实现软件延时
        for（j=0;j<255;j++）;
}
```

（二）任务调试过程

1．硬件电路组装（参见项目一任务一）
2．软件调试（参见项目一任务一）
3．程序下载（参见项目一任务一）
4．软硬件综合调试（参见项目一任务一）

（三）任务扩展与提高

修改本任务的程序使 8 个发光二极管先按状态 1 的形式点亮，经过一段延时时间后，再按状态 2 的形式点亮，具体见表 1.21。

表 1.21 任务表

P1 口引脚	P1.7	p1.6	P1.5	P1.4	P1.3	P1.2	P1.1	P1.0
对应灯的状态 1	○	●	○	●	○	●	○	●
对应灯的状态 2	●	○	●	○	●	○	●	○

注：●表示灭   ○表示亮

五、任务小结

本任务实现了控制八个发光二极管闪烁的单片机应用系统。通过本任务介绍了 51 单片机 I/O 口结构和功能及使用方法，详细讲述了 C 语言中的基本数据类型及存储方式、常量的数据类型；掌握 C 语言中符号常量的定义方法以及 C51 中变量的定义方法。

【任务三 流水灯控制】

一、任务描述

设计一个使八个彩灯流水的单片机控制系统，在单片机的 P1 口上接八个发光二极管 L1~L8，使 L1~L8 一个接一个地点亮，时间间隔大约为 1 秒，循环往复。

二、任务教学目标

表 1.22 为本任务的任务目标。

表 1.22　流水灯控制的任务目标

授课任务名称		流水灯控制		
教学目标	知识目标	1. 掌握的顺序程序设计方法； 2. 掌握 C 语言选择语句使用方法； 3. 掌握简单分支程序设计方法； 4. 掌握 C 语言循环语句使用方法； 5. 掌握循掌握循环程序的设计方法。		
	能力目标	1. 通过本任务进一步理解，单片机应用系统"硬件是基础，软件是灵魂"的本质； 2. 深刻理解复合语句的作用； 3. 初步使用基本 C 语言结构语句编写简单程序来解决实际问题的能力； 4. 继续培养简单单片机应用系统的安装、调试与检测能力； 5. 培养良好的职业素养、沟通能力及团队协作精神。		
知识重点	顺序程序、分支程序、循环程序、流程结构控制语句、选择结构控制语句、if 语句、switch 语句；循环结构控制语句、流程转向控制语句、限定转向语句 break、continue、return 语句，无条件转向语句 goto。		知识难点	流程结构控制语句、分支程序、循环程序、do while 语句、while 语句、for 语句、限定转向语句 break、continue、return 语句。

三、任务资讯

（一）C51 语言的语句——复合语句

复合语句是由若干条语句组合而成的一种语句，在 C51 中，用一个大括号"{ }"将若干条语句括在一起就形成了一个复合语句，复合语句最后不需要以分号";"结束，但它内部的各条语句仍须以分号";"结束。复合语句的一般形式为：

```
{
局部变量定义；
语句 1；
语句 2；
}
```

复合语句在执行时，其中的各条单语句按顺序依次执行，整个复合语句在语法上等价于一条单语句，因此在 C51 中可以将复合语句视为一条单语句。通常复合语句出现在函数中，实际上，函数的执行部分（即函数体）就是一个复合语句；复合语句中的单语句一般是可执行语句，此外还可以是变量的定义语句（说明变量的数据类型）。在复合语句内部语句所定义的变量,称为该复合语句中的局部变量,它仅在当前这个复合语句中有效。利用复合语句将多条单语句组合在一起,以及在复合语句中进行局部变量定义是C51语言的一个重要特征。

(二)C51语言的语句——流程控制语句

1. 结构化程序

C 语言就是一种结构化的计算机设计语言。结构化程序设计的概念是一位荷兰学者在1965年提出的,结构化程序设计方法就是只采用三种基本的程序控制结构来编制程序,层次分明,结构清晰,有效地改善了程序的可靠性。这三种基本结构就是顺序结构、选择结构和循环结构,由它们经过反复组合,嵌套构成的程序称为结构化程序,任意基本结构都具有唯一入口和唯一出口。

2. 流程控制语句

流程控制语句用于控制程序的流程,以实现结构化程序的各种分支和循环结构。流程控制语句按功能可划分为流程结构控制语句(如选择结构控制语句:if语句、switch语句;循环结构控制语句:do while语句、while语句、for语句)和流程转向控制语句(如限定转向语句break、continue、return,无条件转向语句goto)两大类。

下面我们首先看一下这三种基本结构及其相关的C控制语句。首先看一下顺序结构结构。

顺序结构是最基本、最简单的结构,在这种结构中,程序由低地址到高地址依次执行,图1.29给出顺序结构流程图,程序先执行A操作,然后再执行B操作。

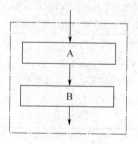

图1.29 顺序结构流程图

3. 选择结构

选择结构可使程序根据不同的情况,选择执行不同的分支,在选择结构中,程序先对一个条件进行判断。当条件成立,即条件语句为"真"时,执行一个分支,当条件不成立时,即条件语句为"假"时,执行另一个分支。见图1.30,当条件P成立时,执行分支A,当条件P不成立时,执行分支B。

4. 选择结构控制语句

选择结构控制语句包括if语句和switch语句。

if语句:if语句是C51中的一个基本条件选择语句,它通常有三种格式:

格式1: if (表达式){语句;}

格式2: if (表达式){语句1;} else {语句2;}

格式3：if （表达式1）   {语句1；}
　　　else if （表达式2）   （语句2；）
　　　else if （表达式3）   （语句3；）
　　　……
　　　else if （表达式n-1）（语句n-1；）
　　　else {语句n}

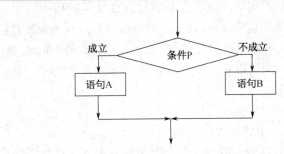

图1.30　分支程序结构流程图

【例1-7】　if语句的用法。

```
if （x!=y) printf（"x=%d, y=%d\n", x, y）；
```

执行上面语句时，如果x不等于y，则输出x的值和y的值。

```
if （x>y) max=x；
else max=y；
```

执行上面语句时，如x大于y成立，则把x送给最大值变量max，如x大于y不成立，则把y送给最大值变量max。使max变量得到x、y中的大数。

```
if （score>=90) printf（"Your result is an A\n"）；
else if （score>=80) printf（"Your result is an B\n"）；
else if （score>=70) printf（"Your result is an C\n"）；
else if （score>=60) printf（"Your result is an D\n"）；
else printf（"Your result is an E\n"）；
```

执行上面语句后，能够根据分数score分别打出A、B、C、D、E五个等级。

● switch/case 语句：if 语句通过嵌套可以实现多分支结构，但结构复杂。switch 是 C51 中提供的专门处理多分支结构的多分支选择语句。它的格式如下：

```
switch （表达式）
{
case 常量表达式1：{语句1；}break；
case 常量表达式2：{语句2；}break；
……
case 常量表达式n：{语句n；}break；
default：{语句n+1；}
}
```

说明如下：

（1）switch 后面括号内的表达式，可以是整型或字符型表达式。

（2）当该表达式的值与某一"case"后面的常量表达式的值相等时，就执行该"case"后面的语句，遇到 break 语句时，将退出 switch 语句。若表达式的值与所有 case 后的常量表达式的值都不相同，则执行 default 后面的语句，然后退出 switch 结构。

（3）每一个 case 常量表达式的值必须不同，否则会出现自相矛盾的现象。

（4）case 语句和 default 语句的出现次序对执行过程没有影响。

（5）每个 case 语句后面可以有"break"，也可以没有。有 break 语句，执行到 break 则退出 switch 结构，若没有，则会顺次执行后面的语句，直到遇到 break 或结束。

（6）每一个 case 语句后面可以带一个语句，也可以带多个语句，还可以不带。语句可以用花括号括起，也可以不括。

（7）多个 case 可以共用一组执行语句。

【例 1-8】 switch/case 语句的用法。

学生成绩已被划分为 A~D 四个等级，每个等级对应不同的百分制分数，要求根据不同的等级打印出它的对应的百分制分数。可以通过下面的 switch/case 语句实现。

```
#include  <reg52.h>     //包含特殊功能寄存器库
#include  <stdio.h>     //包含 I/O 函数库
Void main (void)        //主函数
{
int grade;              //定义整型变量 grade
SCON=0x52;              //串口初始化，其作用将项目二中介绍
TMOD=0x20;
TH1=0xF3;
TR1=1;
scanf("%d", & grade);   //输入分数等级
switch (grade)
{
case 'A': printf("90~100\n"); break;  //若是等级 A，则打印"90~100"
case 'B': printf("80~90\n"); break;   //若是等级 B，则打印"80~90"
case 'C': printf("70~80\n"); break;   //若是等级 A，则打印"70~80"
case 'D': printf("60~70\n"); break;   //若是等级 A，则打印"60~70"
case 'E': printf("<60\n"); break;     //若是等级 A，则打印"<60"
default:   printf("error"\n)          //若不是这四个等级之一，则打印"error"
}
}
```

注意：关于 scanf 与 printf 两函数的用法可参阅项目二中"C51 的库函数"的相关内容。

5. 循环结构

在程序处理过程中，有时需要某一段程序重复执行多次，这时就需要用循环结构来实现，循环结构就是能够使程序段重复执行的结构。循环结构又分为两种：当（while）型循环结构和直到（do…while）型循环结构。

（1）当型循环结构

当型循环结构见图 1.31（a），当条件成立（为"真"）时，重复执行循环部分，当条件不成立（为"假"）时才停止重复，执行后面的程序。

（2）直到型循环结构

直到型循环结构见图 1.31（b），先执行循环部分，再判断条件，当条件成立（为"真"）时，再重复执行循环部分，直到条件不成立（为"假"）时才停止重复，执行后面的程序。

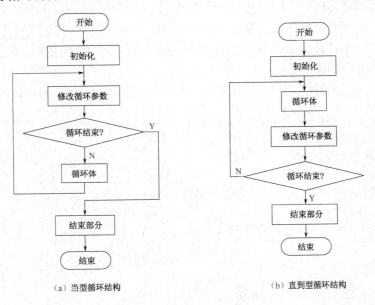

图 1.31 循环结构流程图

图 1.30（a）是典型的当型循环结构，控制语句在循环体之前，所以在结束条件已具备的情况下，循环体程序可以一次也不执行，C51 提供了 while 和 for 语句实现这种循环结构。

图 1.30（b）其控制部分在循环体之后，因此，即使在执行循环体程序之前结束条件已经具备，循环体程序至少还要执行一次，因此称为直到型循环结构，C51 提供了 do-while 语句实现这种循环结构。

循环程序一般包括如下四个部分：

1）初始化：置循环初值，即设置循环开始的状态，比如设置地址指针，设定工作寄存器，设定循环次数等。

2）循环体：这是要重复执行的程序段，是循环结构的基本部分。

3）循环控制：循环控制包括修改指针、修改控制变量和判断循环是结束还是继续，修改指针和变量是为下一次循环判断做准备，当符合结束条件时，结束循环；否则，继续循环。

4）结束：存放结果或进行其他处理。

在循环程序中，有两种常用的控制循环次数的方法。

● 一种是循环次数已知，这时把循环次数作为循环计算器的判定值，当计数器的值加至此值或由此值减为 0 时，即结束循环；否则，继续循环。

● 另一种是循环次数未知，这时可根据给定的问题条件来判断是否继续。

6. 循环结构相关语句

构成循环结构的语句主要有：while、do……while、for、goto 等。

（1）while 语句

while 语句在 C51 中用于实现当型循环结构，它的格式如下：

```
    while（表达式）
    {语句；}           /*循环体*/
```

while 语句后面的表达式是能否循环的条件，后面的语句是循环体。当表达式为非 0（真）时，就重复执行循环体内的语句；当表达式为 0（假），则中止 while 循环，程序将执行循环结构之外的下一条语句。它的特点是：先判断条件，后执行循环体。在循环体中对条件进行改变，然后再判断条件，如条件成立，则再执行循环体，如条件不成立，则退出循环。如条件第一次就不成立，则循环体一次也不执行。

【例 1-9】 下面程序是通过 while 语句实现计算并输出 1~100 的累加和。

```
#include <reg52.h>        //包含特殊功能寄存器库
#include <stdio.h>        //包含 I/O 函数库
Void main (void)          //主函数
{
int  i, s=0;              //定义整型变量 i 和 s
i=1;
SCON=0x52;                //串口初始化
TMOD=0x20;
TH1=0xF3;
TR1=1;
while (i<=100)            //累加 1~100 之和并赋给 s
{
s=s+i;
i++;
}
printf ("1+2+3…+100=%d\n", s);//打印结果
while (1);
}
```

程序执行的结果：

```
1+2+3…+100=5050
```

（2）do…while 语句

do while 语句在 C51 中用于实现直到型循环结构，它的格式如下：

```
    do
    {语句；}           /*循环体*/
    while（表达式）；
```

它的特点是：先执行循环体中的语句，后判断表达式。如表达式成立（真），则再执行循环体，然后又判断，直到有表达式不成立（假）时，退出循环，执行 do…while 结构的下一条语句。在执行时，循环体内的语句至少会被执行一次。

【例 1-10】通过 do…while 语句实现计算并输出 1~100 的累加和。

```
#include <reg52.h>        //包含特殊功能寄存器库
#include <stdio.h>        //包含 I/O 函数库
Void main (void)          //主函数
{
int  i, s=0;              //定义整型变量 i 和 s
i=1;
SCON=0x52;                //串口初始化
```

```
TMOD=0x20;
TH1=0xF3;
TR1=1;
do                      //累加1~100之和在s中
{
s=s+i;
i++;
}
while (i<=100);
printf ("1+2+3……+100=%d\n", s);  //打印结果
while (1);
```

程序执行的结果：

```
1+2+3……+100=5050
```

(3) for 语句

在 C51 语言中，for 语句是使用最灵活、用得最多的循环控制语句，同时也最为复杂。它可以用于循环次数已经确定的情况，也可以用于循环次数不确定的情况。它完全可以代替 while 语句，功能最强大。它的格式如下：

```
for (表达式1；表达式2；表达式3)
{语句；}           /*循环体*/
```

for 语句后面带三个表达式，它的执行过程见图 1.32。

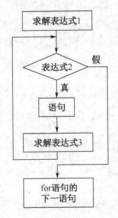

图 1.32　for 语句执行流程图

1）求解"变量赋初值"表达式 1。
2）求解"循环继续条件"表达式 2。如果其值非 0，执行第 3 步；否则，转至第 4 步。
3）执行循环体语句组，并求解"循环变量增值"表达式 3，然后转向第 2 步。
4）执行 for 语句的下一条语句。

温馨小贴士：

● 当循环体语句组仅由一条语句构成时，可以不使用复合语句形式，即花括号可以省略。
● "循环变量赋初值"表达式 1，既可以是给循环变量赋初值的赋值表达式，也可以是与此无关的其他表达式（如逗号表达式）。

- "循环继续条件"部分是一个逻辑量,除一般的关系(或逻辑)表达式外,也允许是数值(或字符)表达式。
- "变量赋初值"、"循环继续条件"和"循环变量增值"部分甚至全部均可按默认值进行,但其间的分号不能省略。在循环变量已赋初值时,可省去表达式 1。如省去表达式 2 或表达式 3 则将造成无限循环, 这时应在循环体内设法结束循环。

如:

```
for (;表达式;表达式)      //省去了表达式 1
for (表达式;;表达式)      //省去了表达式 2
for (表达式;表达式;)      //省去了表达式 3
for (;;)                  // 省去了全部表达式
```

【例 1-11】 for 语句中各表达式省略测试

```
#include <reg52.h>      //包含特殊功能寄存器库
#include <stdio.h>      //包含 I/O 函数库
void main (void)        //主函数
{
int a=0, n;             //定义整型变量 a 和 n
SCON=0x52;              //串口初始化
TMOD=0x20;
TH1=0xF3;
TR1=1;
printf ("\n input n: ");
scanf ("%d", &n);  //表达式 1 省略必须在循环体外对循环变量赋初始值
for (;n>0;)// for 语句中表达式 1 与表达式 3 均省略
{  a++;n--;  //表达式 3 省略必须在循环体内进行循环变量的修改
printf ("%d", a*2);
}
}
```

【例 1-12】 用 for 语句实现计算并输出 1~100 的累加和。

```
#include <reg52.h>      //包含特殊功能寄存器库
#include <stdio.h>      //包含 I/O 函数库
void main (void)        //主函数
{
int  i, s=0;            //定义整型变量 i 和 s
SCON=0x52;              //串口初始化
TMOD=0x20;
TH1=0xF3;
TR1=1;
for (i=1;i<=100;i++) s=s+i;    //累加 1~100 之和在 s 中
printf ("1+2+3……+100=%d\n", s);
while (1);
}
```

程序执行的结果:
1+2+3……+100=5050

在一个循环的循环体中允许又包含一个完整的循环结构,这种结构称为循环的嵌套。外面的循环称为外循环,里面的循环称为内循环,如果在内循环的循环体内又包含循环结构,

就构成了多重循环。

在 C51 中，允许三种循环结构相互嵌套。例如，下面几种都是合法的形式：

```
(1) while ( )
    {…
        while ( )
        {…}
    }
(2) do
    {…
        do
        {… }
        while ( ) ;
    }
    while ( ) ;
(3) for (;;)
    {
        for (; ;)
        {…}
    }
(4) while ( )
    {…
        do
        {…}
        while ( ) ;
    …
    }
(5) for (; ;)
    {…
        while ( )
        { }
    …
    }
(6) do
    {
    …
        for (; ;)
        { }
    }
    while ( ) ;
```

【例 1-13】 用嵌套结构构造一个延时程序。

```
void delay (unsigned int x)
{
unsigned char j;
while (x--) //外循环
```

```
    {
    for (j=0;j<125;j++);//内循环
    }
    }
```

这里，用内循环构造一个基准的延时，调用时通过参数设置外循环的次数，这样就可以形成各种延时关系。

7. 转移语句

如果需要改变程序的正常流向，可以使用转移语句。

C51 提供了 4 种转移语句：

goto，break，continue 和 return。

其中的 return 语句只能出现在被调函数中，用于返回主调函数。

（1）goto 语句

goto 语句也称为无条件转移语句，其一般格式如下：

goto 语句标号；

其中语句标号是按标识符规定书写的符号，放在某一语句行的前面，标号后加冒号（:）。语句标号起标识语句的作用，与 goto 语句配合使用。如：

```
    label: i++;
    loop: while (x<7);
```

在结构化程序设计中一般不主张使用 goto 语句，以免造成程序流程的混乱。

【例 1-14】 统计从键盘输入一行字符的个数。

```
#include <reg52.h>      //包含特殊功能寄存器库
#include <stdio.h>      //包含 I/O 函数库
void main (void)        //主函数
{
int n=0;                //定义整型变量 n
SCON=0x52;              //串口初始化
TMOD=0x20;
TH1=0xF3;
TR1=1;
printf ("input A. string\n");
loop: if (getchar()!='\n')//判断字符输入是否结束
{ n++;
goto loop;//输入下一个字符
}
printf ("%d", n);
}
```

（2）break 和 continue 语句

break 和 continue 语句通常用于循环结构中，用来跳出循环结构。但是二者又有所不同，下面分别介绍。

● break 语句：前面已介绍过用 break 语句可以跳出 switch 结构，使程序继续执行 switch 结构后面的一个语句。使用 break 语句还可以从循环体中跳出循环，提前结束循环而接着执行循环结构下面的语句。它不能用在除了循环语句和 switch 语句之外的任何其他语句中。

【例 1-15】下面一段程序用于计算圆的面积,当计算到面积大于 100 时,由 break 语句跳出循环。

```
for (r=1; r<=10; r++)
{
area=pi*r*r; //面积公式
if (area>100) break; //条件判断
printf("%f\n", area);
}
```

● **continue 语句**:continue 语句用在循环结构中,用于结束本次循环,直接进行下一次是否执行循环的判定。

continue 语句和 break 语句的区别在于:continue 语句只是结束本次循环而不是终止整个循环;break 语句则是结束整个循环,不再进行条件判断。

【例 1-16】 输出 100~200 间不能被 3 整除的数。

```
for (i=100; i<=200; i++)
{
if (i%3==0) continue;//如果 i 能被 3 整除则直接进入下一次循环
printf("%d"; i); //如果 i 不能被 3 整除,则打印出来
}
```

在程序中,当 i 能被 3 整除时,执行 continue 语句,结束本次循环,跳过 printf()函数,只有能被 3 整除时才执行 printf()函数。

四、任务实施

(一)任务实训工单

表 1.23 为任务三的实训工单。

表 1.23 任务三实训工单

【项目名称】	项目一 多彩霓虹灯控制系统
【任务名称】	任务三 流水灯控制
【任务目标】	1. 能实现对八盏 LED 彩灯的流水控制的硬件电路设计(硬件部分与任务二相同); 2. 能实现对八盏 LED 彩灯的流水控制的软件程序设计; 3. 进行电路测试与调整; 4. 进行程序调试;在任务二的硬件电路的基础上进行软硬件综合调试,直至成功。
【硬件电路】	同任务二。

【软件程序】	//程序:project1_3.c
	 //功能:流水灯控制程序
	 #include <reg51.h>
	 Voidd elay (unsigned char i); //延时函数声明
	 voidmain() //主函数

```c
{
    while（1）{
        P1=0xfe;              //点亮第1个发光二极管
        delay（200）;          //延时
        P1=0xfd;              //点亮第2个发光二极管
        delay（200）;          //延时
        P1=0xfb;              //点亮第3个发光二极管
        delay（200）;          //延时
        P1=0xf7;              //点亮第4个发光二极管
        delay（200）;          //延时
        P1=0xef;              //点亮第5个发光二极管
        delay（200）;          //延时
        P1=0xdf;              //点亮第6个发光二极管
        delay（200）;          //延时
        P1=0xbf;              //点亮第7个发光二极管
        delay（200）;          //延时
        P1=0x7f;              //点亮第8个发光二极管
        delay（200）;          //延时
    }
}
//函数名：delay
//函数功能：实现软件延时
//形式参数：unsigned char i;
//         i控制空循环的外循环次数，共循环i*255次
//返回值：无
void delay（unsigned char i）//延时函数，无符号字符型变量i为形式参数
{
    Unsigned char j, k;      //定义无符号字符型变量j和k
    for（k=0;k<i;k++）        //双重for循环语句实现软件延时
        for（j=0;j<255;j++）;
}
```

或

```c
//程序：project1_3.c
//功能：采用循环结构实现的流水灯控制程序
#include <reg51.h>           //包含头文件REG51.H
void delay（unsigned char i）;  //延时函数声明
voidmain()                   //主函数
{
    unsigned char i, w;
    while（1）{
        w=0x01;              // 信号灯显示字初值为01H
        for（i=0;i<8;i++）
```

续表

```
        {
           P1=~w;              // 显示字取反后，送 P1 口
           delay（200）;        // 延时
            w<<=1;              // 显示字左移一位
        }
             }
}
//函数名：delay
//函数功能：实现软件延时
//形式参数：unsigned char i;
//          i 控制空循环的外循环次数，共循环 i*255 次
//返回值：无
void delay（unsigned char i）//延时函数，无符号字符型变量 i 为形式参数
{
    unsigned char j, k;        //定义无符号字符型变量 j 和 k
    for（k=0;k<i;k++）         //双重 for 循环语句实现软件延时
      for（j=0;j<255;j++）;
}
```

（二）任务调试过程

1. 硬件电路组装（参见项目一任务一）
2. 软件调试（参见项目一任务一）
3. 程序下载（参见项目一任务一）
4. 软硬件综合调试（参见项目一任务一）

（三）任务扩展与提高

设计一个使八个彩灯流水的单片机控制系统，在单片机的 P1 口上接八个发光二极管 L1~L8，使 L1~L8 一个接一个地熄灭，时间间隔大约为 1 秒，循环往复。

五、任务小结

本任务实现了实现控制八个发光二极管流水控制的单片机应用系统。通过本任务掌握了顺序程序设计方法、简单分支程序设计方法、简单循环程序的设计方法、C 语言数据类型与定义方法、C 语言的各种运算、C 语言的各种运算的优先级。

【任务四　多彩霓虹灯控制系统】

一、任务描述

设计一个可使八个彩灯以多种模式闪烁的单片机控制系统，用户选择哪种模式，就可以哪种模式运行。下面是本任务能实现的几种模式。

模式一：按下 1 号键，八个发光二极管忽亮忽灭；

模式二：按下 2 号键，八个发光二极管由左向右流水；

模式三：按下 3 号键，八个发光二极管由中心向两边流水；
模式四：按下 4 号键，八个发光二极管每四个交替亮灭。

二、任务教学目标

表 1.24 为本任务的任务目标。

表 1.24 控制一个发光二极管闪烁的任务目标

授课任务名称		多彩霓虹灯控制系统		
教学目标	知识目标	1. 掌握简单函数的编写方法； 2. 掌握函数和调用方法； 3. 掌握单片机与键盘接口方法； 4. 掌握单片机对键盘的控制方法； 6. 了解单片机开发过程中的操作技巧和注意事项。		
	能力目标	1. 初步使用单片机键盘的能力； 2. 通过本任务进一步理解单片机应用系统中"硬件是基础，软件是灵魂"的本质； 3. 继续培养简单单片机应用系统的安装、调试与检测能力； 4. 继续培养良好的职业素养、沟通能力及团队协作精神。		
知识重点	键盘及键盘接口的种类；键盘特性；消抖；键盘识别；独立式键盘；矩阵式键盘；键盘接口；行扫描法；行列反转法。		知识难点	消抖；键盘识别矩阵式键盘；键盘接口；行扫描法；行列反转法。

三、任务资讯

（一）键盘特性

1. 键盘及键盘接口的种类

键盘是一组开关的集合，是单片微型计算机系统中最常用的一种输入设备，单片机应用系统中常用的按键如图 1.33。

（a）　　（b）　　（c）　　（d）　　（e）

图 1.33 单片机应用系统中常用的按键

键盘按不同接口标准有不同分类方法，按键盘接口是否进行硬件编码可分成非编码方式和编码方式；按键盘排布，可分成独立方式（一组相互独立的按键）和矩阵（以行列组成矩阵）方式；按读入键方式，可分成直读方式和扫描方式；按 CPU 响应方式可分成查询方式和中断控制方式。

2. 键盘的特性及其键盘输入中要解决的问题

从按一个键到键的功能被执行主要包括两项工作：一是键的识别，即在键盘中找出被按的是哪个键,二是键功能的实现。第一项工作是使用接口实现的,而第二项工作则通过执行中断服务或子程序来完成。键盘接口应完成的操作功能常是以软硬件结合的方式来完成,具体哪些由硬件完成哪些由软件完成,要看接口电路的情况。一般来说,硬件复杂软件就简单,硬件简单软件就会复杂一些。

3. 键的特性

键盘由若干独立的键组成,每一个按键就是一个机械开关,其结构见图 1.34,键被按下时,由于机械触点的弹性及电压突跳等原因,在触点闭合或断开的瞬间会出现电压抖动。当键按下,按键从开始接上至接触稳定要经过数毫秒的弹跳时间,弹跳会引起一次按键被读入多次的情况。键松开时也有同样的问题。如图 1.35 所示为按键抖动信号波形。

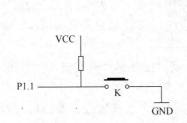

图 1.34　按键抖动信号波形

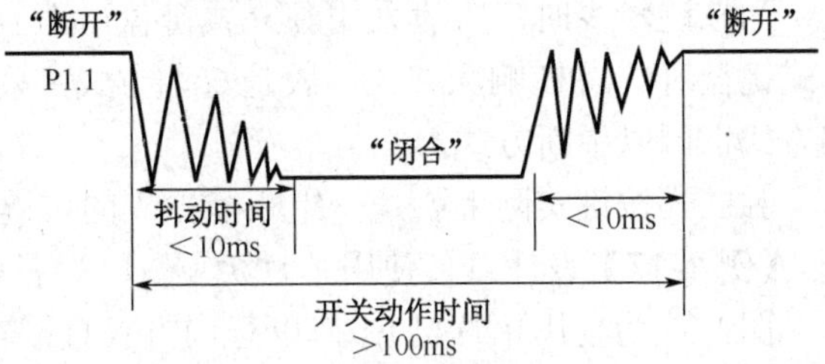

图 1.35　键合断时的电压抖动

抖动必须消除,去抖动的方法主要有以下两种:硬件去抖动和软件去抖动。

如图 1.36 所示为常用的硬件去抖动电路,通常在键数较少时,可用硬件去抖动。图中两个"与非"门构成一个 RS 触发器。当按键未按下时,输出为 1,当键按下时,输出为 0。此时即使由于按键的机械性能,使按键因弹性抖动而产生瞬时断开(抖动跳开 B),双稳态电路的状态也不改变,输出保持为 0,不会产生抖动的波形。也就是说,即使 B 点的电压波形是抖动的,但经双稳态电路之后,其输出也为正规的矩形波。这一点通过分析 RS 触发器的工作过程很容易得到验证。

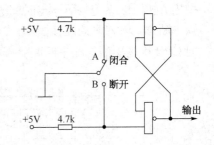

图 1.36　常用的硬件去抖动电路

如果按键较多,常用软件方法去抖,即检测出键闭合后执行一个延时程序,产生 5ms～10ms 的延时,让前沿抖动消失后,再一次检测键的状态,如果仍保持闭合状态电平,则确认为真正有键按下。当检测到按键释放时,也要给 5ms～10ms 的延时,待后沿抖动消失后,再一次检测键的状态,如果仍保持断开状态电平,则确认为按键真正释放。

4. 键盘的识别

除了要用一定的方法消除按键抖动外,还必须解决以下一些问题:
- 检测是否有键按下。
- 若有键按下,判定是哪一个键。
- 确定被按键的含义。
- 不管一次按键持续的时间有多长,仅认为按下按键一次。
- 防止串键,对于同时有一个以上的键被按下而造成编码出错称为串码,有二种处理办法。

一种方法是：对"两键同时按下"的情况，最简单的处理方法是当只有一个键按下时才读取键盘的输出，并且认为最后仍被按下的键是有效的按键。这种方法常用于软件扫描键盘场合。

另一种方法是：当第一个键未松开时，按第二个键不起作用。这种方法常借助于硬件来实现。

第三种方法是：当有"n 个键同时按下"，处理这种情况时，或者不理会所有被按下的键，直至只剩下一个键按下时为止，或者将按键的信息存入内部键盘输入缓冲器，逐个处理。

（二）独立式键盘接口

当按键较少时，一般采用独立式键盘，而当按键较多时采用矩阵（行列）键盘。采用矩阵式键盘时，CPU 响应方式一般是查询方式，采用独立式键盘时，CPU 响应方式既可以是查询方式也可以中断方式。

独立式按键实际上就是一组相互独立的按键，这些按键一端直接与单片机的输入端连接。

【例 1-17】设计直接使用单片机 I/O 口扩展 8 个键盘独立式键盘的接口。

图 1.37 为使用单片机 P1 口以查询方式直接输入时的连接图，每个按键独占一条 I/O 口线，单片机的输入口线经电阻接+5V 电源，键盘的另一端接地，无键按下时，单片机的输入口线状态皆为高电平，当某键按下时，该键对应单片机的输入口变为低电平，即可判定按键的值。

为了提高 CPU 的效率，可以采用中断扫描工作方式，即只有在键盘有键按下时才产生中断申请，CPU 响应中断，进入中断服务程序进行键盘扫描，并做相应处理。也可以采用定时扫描方式，即系统每隔一定时间进行键盘扫描，并做相应处理。图 1.38 为使用单片机 P1 口以中断方式输入时的连接图，几个按键中只要有键按下，与门输出就为低电平，通过引脚 $\overline{INT0}$ 向 CPU 申请中断，在中断服务程序中，进行按键识别。

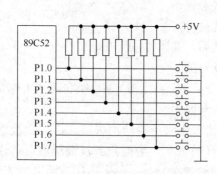

图 1.37　按键查询方式连接图

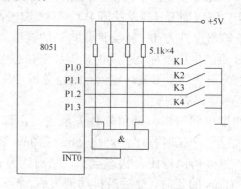

图 1.38　键盘中断方式连接图

优点：电路简单；

缺点：键数较多时，要占用较多的 I/O 线。

【例 1-18】查询方式的键盘程序。

```
#include<reg52.h>
void key()
{   unsigned char k;
    P1=0xff;                //输入时 P1 口置全 1
    k=P1;                   //读取按键状态
```

```
    if(k==0xff)          //无键按下,返回
        return;
    delay20ms();         //有键按下,延时去抖
  k=P1;
    if(k==0xff)          //确认键按下
        return;          //抖动引起,返回
    while(P1!=0xff);     //等待键释放
    switch(k)
    {
        case:0xfe
        …                //0号键按下时执行程序段
        break;
        case:0xfd
        …                //1号键按下时执行程序段
        break;
        …                //2~6号键程序省略
        case:0x7f
        …                //7号键按下时执行程序段
        break;
    }
}
```

(三)矩阵式键盘接口

若采用独立式键盘占用 I/O 口线太多,此时可采用矩阵式键盘。矩阵式键盘上的键按行列构成矩阵,在行列的交点上都对应有一个键。行列方式是用 m 条 I/O 线组成行输入口,用 n 条 I/O 线组成列输出口,在行列线的每一个交点处,设置一个按键,组成一个 m×n 的矩阵,如图 1.39 所示,矩阵键盘所需的连线数为行数+列数,如 4×4 的 16 键矩阵键盘需要 8 条线与单片机相连。一般键盘的按键越多,这种键盘占 I/O 口线少的优点就越明显,因此,在单片机应用系统中较为常见。

矩阵式键盘识别按键的方法有两种:一是行扫描法, 二是线反转法。

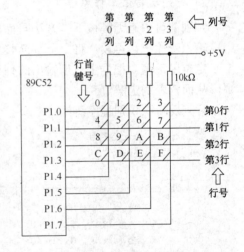

图 1.39 4×4 矩阵键盘接口

1. 行扫描法工作原理

判别键盘中有无键按下。向行线输出全 0,读入列线状态。如果有键按下,总有一列线被拉至低电平,从而使列输入不全为 1。

查找按下键所在位置。依次给行线送低电平,查列线状态。全为 1,则所按下的键不在此行;否则所按下的键必在此行且是在与零电平列线相交的交点上的那个键。

对按键位置进行编码。找到所按下按键的行列位置后,对按键进行编码,即求得按键键值。程序清单如下:

```c
#include<reg52.h>
char key()
{
    char row, col, k =-1;              //定义行、列、返回值
    P1=0xf0;
    if ((P1&0xf0) ==0xf0)
        return k;                       //无键按下，返回
    delay20ms();                        //延时去抖
    if ((P1&0xf0) ==0xf0)
        return k;                       //抖动引起，返回
    for (row=0;row<4;row++)             //行扫描
    {   P1=~(1<<row);                   //扫描值送P1
        k=P1&0xf0;
        if(k!=0xf0)                     //列线不全为1，
        {   while (k&(1<<(col+4)))      //所按键在该列
            col++;                      //查找为0列号
            k=row*4+col;                //计算键值
            P1=0xf0;
            while ((P1&0xf0)!=0xf0);    //等待键释放
            break;
        }
    }
    return k;                           //返回键值
}
```

2. 行列反转法工作原理

判别键盘中有无键按下（方法同行扫描法）。

输入变输出，再读。将上一步读取到的列线输入值从列线输出，读取行线值。

定位求键值。根据上一步输出的列线值和读取到的行线值就可以确定所按下键所在的位置，从而查表确定键值。

行列反转法识别程序清单：

```c
#include<reg52.h>
char key()
{
    char code keycode[]= {
        0xee, 0xde, 0xbe, 0x7e,
        0xed, 0xdd, 0xbd, 0x7d,
        0xeb, 0xdb, 0xbb, 0x7b,
        0xe7, 0xd7, 0xb7, 0x77
    }                //键盘表，定义16个按键的行列组合值
    char row, col, k=-1, i;
    //定义行、列、返回值、循环控制变量
    P1=0xf0;
    if ((P1&0xf0) ==0xf0)
        return k;                       //无键按下，返回-1
    delay20ms();                        //延时去抖
    if ((P1&0xf0) ==0xf0)
        return k;                       //抖动引起，返回-1
```

```
    P1=0xf0;
    col=P1&0xf0;              //行输出全0,读取列值
    P1=col|0x0f;
    row=P1&0x0f;              //列值输出,读取行值
//查找行列组合值在键盘表中位置
    for(i=0;i<16;i++)
        if((row|col)==keycode[i])   //找到,i即为键值,
        {                           //否则,返回-1
            key=i;                  //对重复键,该方法
            break;                  //处理为无键按下
        }
    P1=0xf0;
    while((P1&0xf0)!=0xf0);         //等待键释放
    return  k;                      //返回键值
}
```

3. 中断扫描方式

矩阵式键盘也可以采用中断方式,接口电路见图1.40。

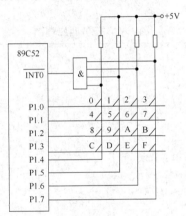

图1.40 矩阵式键盘中断方式连接图

程序可在学习中断后试着自己编写。

四、任务实施

(一) 任务工单

表1.25为任务四的实训工单。

表1.25 任务四实训工单

【项目名称】	项目一 多彩霓虹灯控制系统
【任务名称】	任务四 多彩霓虹灯控制系统
【任务目标】	
设计一个可使八个彩灯以多种模式变换的霓虹灯控制系统:	
模式一:按下1号键,八个发光二极管忽亮忽灭;	
模式二:按下2号键,八个发光二极管由左向右流水;	
模式三:按下3号键,八个发光二极管由中心向两边流水;	
模式四:按下4号键,八个发光二极管每四个交替亮灭。	

续表

【硬件电路】

图 1.41 为本任务的原理图。

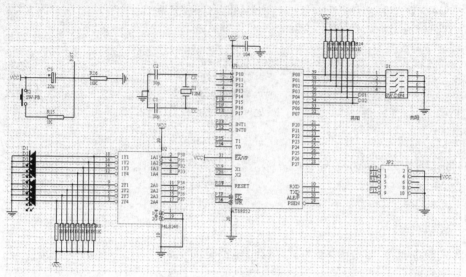

图 1.41 任务四原理图

【软件程序】

```
//程序：project1_4.c
//功能：多彩霓虹灯控制系统程序
#include<reg52.h>
void key()
{ unsigned char k;
  P1=0xff;              //输入时 P1 口置全 1
  k=P1;                 //读取按键状态
  if (k==0xff)          //无键按下，返回
  return
  delay20ms();          //有键按下，延时去抖
k=P1;
  if (k==0xff)          //确认键按下
      return;           //抖动引起，返回
  while (P1!=0xff);     //等待键释放
  switch (k)
  {
      case:0xfe
      modle1();                    //1 号键按下时执行程序段
      break;
      case:0xfd
      modle2();                    //2 号键按下时执行程序段
      break;
case:0xfb
      modle3();                    //3 号键按下时执行程序段
      break;
case:0xf7
```

```
            modle3();                    //4号键按下时执行程序段
            break;
    }
}
void modle1()
{略}
void modle2()
{略}
void modle3()
{略}
void modle4()
{略}
```

（二）任务调试过程

1. 硬件电路组装（参见项目一任务一）
2. 软件调试（参见项目一任务一）
3. 程序下载（参见项目一任务一）
4. 软硬件综合调试

将生成的 HEX 文件下载到单片机中后，8 个二极管一直处于灭的状态。这时，若按下 1 号键，系统按模式一运行，即八个发光二极管忽亮忽灭；若按下 2 号键，系统按模式二运行，即八个发光二极管由左向右流水；若按下 3 号键，系统按模式三运行，即八个发光二极管由中心向两边流水；若按下 4 号键，系统按模式四运行，即八个发光二极管每四个交替亮灭。

（三）任务扩展与提高

简易秒表设计：采用单片机控制 8 个发光二极管，要求 8 个发光二极管按照 BCD 码循环显示 00~59，时间间隔大约为 1s，见图 1.42。

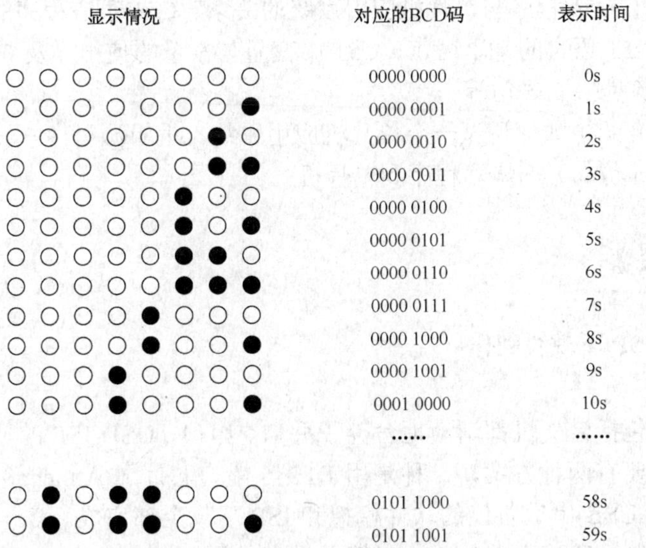

显示情况	对应的BCD码	表示时间
○○○○○○○○	0000 0000	0s
○○○○○○○●	0000 0001	1s
○○○○○○●○	0000 0010	2s
○○○○○○●●	0000 0011	3s
○○○○○●○○	0000 0100	4s
○○○○○●○●	0000 0101	5s
○○○○○●●○	0000 0110	6s
○○○○○●●●	0000 0111	7s
○○○○●○○○	0000 1000	8s
○○○○●○○●	0000 1001	9s
○○○●○○○○	0001 0000	10s
……	……	……
○●○●●○○○	0101 1000	58s
○●○●●○○●	0101 1001	59s

图 1.42　简易秒表示意图

五、任务小结

本任务实现了一个多彩的霓虹灯控制系统。通过本任务掌握了简单函数的编写方法、函数和调用方法、单片机与键盘接口方法、单片机对键盘的控制方法；了解单片机开发过程中的操作技巧和注意事项。

【项目总结】

本项目内容较多，首先介绍了计算机应用系统的几种常用构成方式、单片机的概念与特点、单片机的发展、常用单片机系列产品、单片机的应用等。

单片机是在一块芯片上集成中央处理器、随机存储器、只读存储器、定时/计数器及 I/O 接口电路等部件，构成的一个芯片级微型计算机。

80C51 单片机芯片的硬件结构及工作特性。它由一个 8 位 CPU、128B 内部 RAM、21 个特殊功能寄存器、4 个 8 位并行 I/O 口、两个 16 位定时器/计数器、两个外部中断申请输入端、一个串行 I/O 接口和时钟电路等组成。其内部工作寄存器分为 4 组，每组的寄存器编号分别为 R1~R7。用程序状态字寄存器中的 RS1 和 RS0 来选择寄存器的组号。80C51 单片机有 3 个不同的存储空间，分别是 64KB 的程序存储器（ROM）、64KB 的外部数据存储器（RAM）和 256B 的片内 RAM。需要用不同的 C 语句实现对存储空间的操作。80C51 单片机有 4 个 8 位并行 I/O 口，它们在结构和特性上基本相同。当其片外扩展 RAM 和 ROM 时，P0 口既用于 8 位数据线也用于低 8 位地址线，P2 口用于高 8 位地址线，P3 口常用于第二功能。通常情况下只有 P1 口用作一般的 I/O 引脚。4 个接口均有通用的 I/O 接口功能。

控制单片机节拍的是时钟脉冲，执行指令均按一定的时序进行。在单片机的时序中，有振荡周期、时钟周期、机器周期和指令周期之分。必须掌握节拍、状态的概念，了解时钟电路、复位电路。

在单片机应用系统中，键盘是关键的部件，它是构成人机对话的一种基本方式。键盘可分为独立式按键和矩阵式（也叫行列式）按键两种。

本项目还介绍了 C51 程序与单片机应用系统的关系、C51 语言程序的特点、C51 语言源程序程序的结构、C51 语言的基本语句、C51 中变量与常量的使用以及 C 语言的运算符与表达式、C51 语言的流程控制语句等。

本项目还详细介绍了如何调试一个单片机应用系统。编辑源程序→编译源程序，生成十六进制文件→程序（仿真）→烧写程序到单片机。

【项目知识拓展】

单片机 USB-ISP 下载线制作

现在的笔记本包括台式机都渐渐地舍弃了并口、串口，USB-ISP 的使用势在必行，制作 USB-ISP 下载线主要有两种方案，一种是用 FT245 串口芯片加 Atmega8 的方案，另一种是只用 Atmega8 进行 USB 串口协议的软件模拟和 ISP 下载全部完成。第一种稳定，但成本高，电路复杂，不便自制。我们本着低成本、简单易做的原则就用单个 Atmega8 来做。电路见图 1.43。

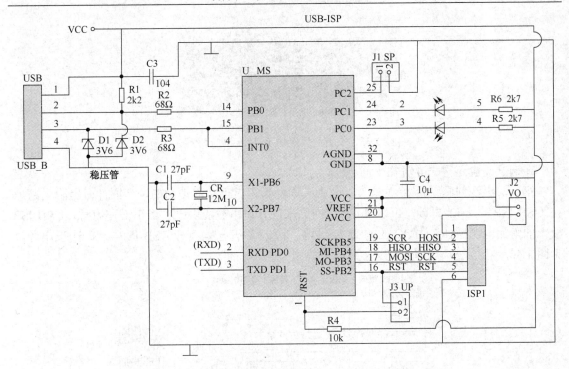

图 1.43　USB-ISP 下载线制作原理图

在制作前首先要搞清楚几点，第一，这个 USB 下载线本身就是一个 AVR 单片机，在制作完成后首先也得通过其他并或串口 ISP 下载线给它下载程序，这样它才能工作。第二先得大概了解一下这个 AVR 单片机 M8 的基本资料。这样才能对电路有个了解，从而便于调试。注意，原先用的并口（或串口）ISP 下载线在这里还得起着关键的作用，可别扔掉啊！图 1.44 为制作过程示意图。

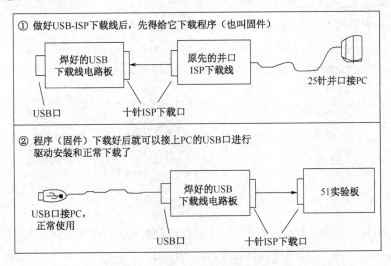

图 1.44　USB 下载线制作过程示意图

按照图 1.43 的电路图制作 PCB 版，安装焊接好元器件后如图 1.45 所示。

图 1.45　安装并焊接好元器件后的下载线

在调试前也还得先弄清几个问题：

第一，电源问题：J2 跳线是为了区别装固件和正常下载而使用的，装固件时另附电源加在 USB-ISP 上，J2 短接，可以过 J2 口向原来的并口下载线供电。当正常使用时，USB-ISP 板上的附加电源撤掉，由 PC 的 USB 口供电，将 J2 断开，隔离开 USB-ISP 板和 51 板电源，见图 1.46。

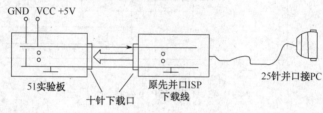

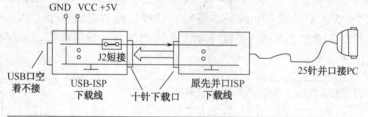

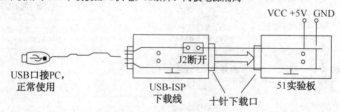

图 1.46　电源短接示意图

J1 是降速跳线，短接时慢速，在装固件时要求在慢速下。J3 是 M8 复位跳线，装固件时要求 M8 在复位状态。正常使用时就断开这三个跳线了。

第二，ISP 接口问题：得弄清下载接口的对应接线，MOSI、MISO、RST、SCK 要一一对应不能弄错。也就是说原先并口下载线的并口各功能线与十针的 ISP 接口及 USB-ISP 下载线的接口要对得上。

第三，不同的 PC 端下载软件对并口脚的定义是不同的，这一点一定要弄清楚，否则是不可能正常下载的。有的软件有配置文件，可以根据用户要求设置并口的某个脚为什么功能。可以通过修改这些 MOSI、MISO、SCK、RST、OE、LE 等功能输出的并口脚号以适应自己的下载线。

第四，向 Atmega8 中下载固件程序。将原来的并口（或串口）下载线按图 1.44 连接起来，运行原来留下来的 PC 的下载程序 ISP-Flash Programmer3.0a，出现如图 1.47 所示界面。

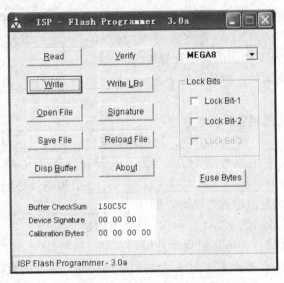

图 1.47　ISP- Flash Programmer3.0a 运行界面

在器件选项里选"MEGA8"。单击"Open file"然后选择"*.hex"，单击"Write"写程序。然后单击"Fuse Bytes（熔丝字节）"，在图 1.48 所示的"SUT0"和"CKSEL0"前打勾。

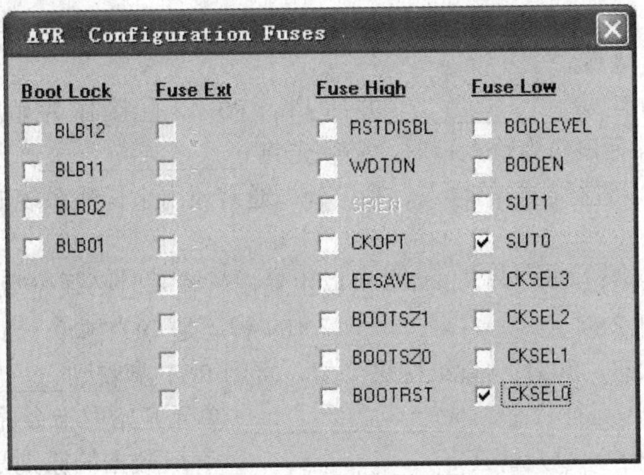

图 1.48　AVR 配置对话框

接着回到主界面单击 Write LBs。写完之后把三个跳线一拔，如果绿色发光管此时亮起，说明 M8 的程序运行了，这样 USB 下载板的固件就算装好了，可以用它进行在线程序下载了。若具体细节还有不清楚的地方，可上网查询相关资料。

【项目训练与提高】

项目知识训练与提高

一、填空

1．单片机应用系统由_____和_____组成。
2．单片机是将_____、一定容量的 RAM 和_____以及_____口、定时器等电路集成在一块芯片上而构成的微型计算机。
3．除了单片机和电源外，单片机最小系统包括_____电路和 XTAL2_____、复位电路。
4．8051 单片机的内部硬件结构包括了：_____、_____、_____、_____、_____等部件，这些部件通过_____相连接。
5．在进行单片机应用系统设计时，除了电源和地线引脚外，_____、_____、_____、_____引脚信号必须连接相应电路。
6．51 系列单片机的复位电路有两种，即_____和_____。
7．MCS-51 系统单片机的 XTAL1 和 XTAL2 引脚是_____引脚。在单片机硬件设计时，晶振在 PCB 设计中应尽量离单片机_____一些。
8．51 系统单片机的存储器主要由 4 个物理存储空间，即片内数据存储器、片内程序存储器、片外_____、_____组成。
9．MCS-51 系统单片机的应用程序一般存放在_____中。在 89C51 中，只有当 EA 引脚接_____电平时，CPU 才访问片内的 Flash ROM。PC 用于存放_____，具有_____特性。
10．片内 RAM 低 128 单元，按其用途划分为_____、_____和_____3 个区域。
11．8051 内部有_____并行口，P0 口直接作为输出口时，必须外接_____；并行口作为输入口时，必须先将_____，才能读入外设的状态。P0 口和 P2 口除了可以进行数据的输入、输出外，通常还用来构建系统的_____和_____。
12．51 单片机的并行口均是准双向口，所以由输出转输入时必须先写入_____。
13．8051 的引脚 RST 是_____（IN 脚还是 OUT 脚），当其端出现_____电平时，8051 进入复位状态。8051 一直维持这个值，直到 RST 脚收到_____电平，8051 才脱离复位状态，进入程序运行状态，从_____单元开始取指令并翻译和执行。
14．8051 的堆栈区一般开辟在_____，存取数据的原则是_____。堆栈寄存器 SP 是_____位寄存器，存放_____。
15．51 布尔处理机的存储空间是_____。
16．若由程序设定 RS1、RS0=01，则工作寄存器 R0～R7 的直接地址为_____。
17．当 CPU 访问片外的存储器时，其低八位地址由_____口提供，高八位地址由_____口提供，8 位数据由_____口提供。
18．在 89C51 中，片内 RAM 分为地址为_____的真正 RAM 区，和地址为_____的特殊功能寄存器（SFR）区两个部分。

19．片内 RAM 可进行位寻址的空间位地址范围是＿＿＿＿＿＿＿＿。
20．51 单片机内部的 SFR 共有＿＿＿＿＿＿＿＿＿个。
21．51 系列单片机内部数据存储器，即内 RAM 中位寻址区的地址范围是＿＿＿＿＿＿。
22．程序状态标志字寄存器 PSW 中的 PSW.4 与 PSW.3 的作用是＿＿＿＿＿＿＿。
23．89C51 是＿＿＿＿＿＿＿＿公司的产品。
24．在 89C51 中，通用寄存器区共分为＿＿＿＿＿＿组，每组＿＿＿＿＿＿个工作寄存器，当 CPU 复位时，第＿＿＿＿＿＿组寄存器为当前的工作寄存器。
25．在 89C51 中，一个机器周期包括＿＿＿＿＿＿个振荡周期，而每条指令都由一个或几个机器周期组成，分为单周期指令、双周期指令和＿＿＿＿＿＿＿＿＿＿指令。当振荡脉冲频率为 12MHz 时，一个机器周期为＿＿＿＿＿＿＿＿＿；当振荡脉冲频率为 6MHz 时，一个机器周期为＿＿＿＿＿＿＿。
26．当系统处于正常工作状态且振荡稳定后，在 RST 引脚上加一个＿＿＿＿＿＿＿电平并维持＿＿＿＿个机器周期，可将系统复位。
27．单片机的内部 RAM 区中，可以位寻址的地址范围是＿＿＿＿＿＿＿＿＿，特殊功能寄存器中，可位寻址的地址是＿＿＿＿＿＿＿＿。
28．8051 单片机的存储器的最大特点是＿＿＿＿＿＿＿＿＿＿＿与＿＿＿＿＿＿＿＿＿分开编址。
29．单片机 89C51 复位后，其 I/O 口锁存器的值为＿＿＿＿＿＿＿＿，堆栈指针的值为＿＿＿＿＿＿，SBUF 的值为＿＿＿＿＿＿＿＿，内部 RAM 的值＿＿＿＿＿＿＿＿＿，而其余寄存器的值全部为＿＿＿＿＿＿＿＿。
30．键盘可分为＿＿＿＿＿＿式和＿＿＿＿＿＿式两类；又可分为＿＿＿＿＿＿＿式和＿＿＿＿＿＿式两类。
31．求十进制数-102 的补码（以 2 位 16 进制数表示），该补码为＿＿＿＿＿＿＿。
32．真值 1001001B 的反码为＿＿＿＿＿＿；其补码为＿＿＿＿＿＿。
33．设 X=5AH，Y=36H，则 X 与 Y "或"值为＿＿＿＿＿＿＿，X 与 Y 的"异或"值为＿＿＿＿＿＿＿。
34．若机器的字长为 8 位，X=17，Y=35，则 X＋Y=＿＿＿＿＿，X－Y=＿＿＿＿＿（要求结果写出二进制形式）。
35．C51 的变量存储器类型是指＿＿＿＿＿＿＿＿＿＿＿＿＿＿＿＿＿＿＿＿＿。C51 变量的存储类别有＿＿＿＿＿＿＿、＿＿＿＿＿＿＿、＿＿＿＿＿＿＿、＿＿＿＿＿＿＿和＿＿＿＿＿＿＿。
36．C51 中的字符串总是以＿＿＿＿＿＿＿＿＿作为串的结束符，通常用字符串组来存放。
37．在单片机 C 语言程序设计中，＿＿＿＿＿＿＿＿类型数据经常用于处理 ASCII 字符或用于处理小于等于 255 的整型数，在存储时占＿＿＿＿＿＿＿个内存单元。
38．作用于%运算符的运算数必须是＿＿＿＿＿＿型数据。
39．设 int x=30；char y=60；则表达式 x/y 的值是＿＿＿＿＿＿＿。
40．若 int k=7,i=2；赋值表达式 "k+= i-1" 的运算结果是＿＿＿＿＿＿。
41．请写出定义语句＿＿＿＿＿＿＿＿，定义一个名为 top 的、具有 20 个 float 类型元素的数组，同时给每个元素赋初值 0。
42．一个 C 源程序至少应包括一个＿＿＿＿＿＿＿＿＿＿＿＿函数。＿＿＿＿＿＿＿是 C

语言的基本单位。

43．一个函数由两部分组成，即_____说明部分_____和____语句部分_____。

44．C51 中定义一个可以寻址的变量 FLAG 访问 P3 口 P3.1 引脚的方法是_____。

45．用 C51 编程访问 MCS-51 单片机的并行 I/O 端口时，可以按_____寻址操作，还可以按_____操作。

46．C51 扩充的数据类型_____用来访问 MCS-51 单片机内部的所有特殊功能的寄存器。

47．结构化程序的三种基本结构_____、_____和_____。

48．表达式语句由_____组成。

49．switch 语句与_____语句连用才能起到"多路开关"的作用。

50．case 和 default 是语句还是标号？_____。

51．break 语句的作用是_____。

52．_____语句一般用作单一条或分支数目较少的场合，如果编写超过 3 个以上分支的程序，可用多分支选择的_____语句。

53．While 语句和 do-while 语句的区别在于_____语句是先执行，后判断，而_____语句是先判断，后执行。

54．下面的 while 循环执行了_____次空语句。

```
i=3;
while (i!=0);
```

55．下面的延时函数 delay() 执行了_____次空语句。

```
{
int   i;
for (i=0; i<1000;i++);
}
```

56．下列函数的功能是：找出数组中的最大值。请填空完成之。

```
int fmax (int a[], int n)
{
int i, max=a[0];
for (i=0;  ①  ;i++) if (a[i]>max) max=   ②  ;
return (  ③  );
}
```

57．设变量 n 为 char 型，且已赋初值，能使 n 的高 6 位不变，低 2 位反转的语句是_____。

58．能使 1 字节变量 x 的奇数位保持不变，偶数位全部置 1 的表达式是_____。

59．若要测试 char 型变量 ch 最高位（左起第 1 位）的状态：当最高位为 1 时，表达式为"真"，否则表达式为"假"。能实现此功能的语句为_____。

60．设有如下语句：

```
Unsigned x, y;
scanf ("%d%dt", &x, &y);
x=x^y;
```

且 x，y 中已正确读入数值。通过赋值语句"x=x^y;"已改变了 x 的值，若要求还原出 x 中原始输入的数值，正确的赋值语句应是_____。

61．以下程序的功能是将两字节的 unsigned 类型变量 n 中的高、低字节内容进行对调，请填空。
```
    main ( )
    {
Unsigned n, s1, s2;
    scanf ("%d", &n);
    s1=n<<8;
    s2=___n>>8___;  n=__s1|s2 或 s2|s1__;
    printf ("%d\n", n);
}
```

62. Keil C51 软件中，工程文件的扩展名是_____，编译连接后生成可烧写的文件扩展名是_____。

二、单项选择题

1. MCS-51 系列单片机的 CPU 主要由（　　）组成。
   A．运算器、控制器　　　　　　B．加法器、寄存器
   C．运算器、加法器　　　　　　D．运算器、译码器
2. 单片机中的程序计数器 PC 用来（　　）。
   A．存放指令　　　　　　　　　B．存放正在执行的指令地址
   C．存放下一条指令地址　　　　D．存放上一条指令地址
3. 单片机 8031 的 EA 引脚（　　）。
   A．必须接地　　　　　　　　　B．必须接+5V 电源
   C．可悬空　　　　　　　　　　D．以上三种视需要而定
4. 外部扩展存储器时，分时复用作数据线和低 8 位地址线的是（　　）。
   A．P0 口　　　B．P1 口　　　C．P2 口　　　D．P3 口
5. PSW 中的 RS1 和 RS0 用来（　　）。
   A．选择工作寄存器组　　　　　B．指示复位
   C．选择定时器　　　　　　　　D．选择工作方式
6. MCS-51 单片机的复位信号是（　　）有效。
   A．高电平　　　B．低电平　　　C．脉冲　　　D．下降沿
7. 单片机上电复位后，PC 的内容为（　　）。
   A．0000H　　　B．0003H　　　C．000BH　　　D．0800H
8. 若 MCS-51 单片机使用晶振频率为 6MHz 时，其复位持续时间应该超过（　　）。
   A．2μs　　　B．4μs　　　C．8μs　　　D．1ms
9. Intel8051 单片机的 CPU 是（　　）位的。
   A．16　　　B．4　　　C．8　　　D．准 16 位
10. 程序是以（　　）形式存放在程序存储器中的。
    A．C 语言源程序　B．汇编程序　C．二进制编码　D．BCD 码
11. 8051 单片机的程序计数器 PC 为 16 位计数器，其寻址范围是（　　）。
    A．8KB　　　B．16KB　　　C．32KB　　　D．64KB
12. 单片机的 ALE 引脚是以晶振振荡频率的（　　）固定频率输出正脉冲，因此它可作为外部时钟或外部定时脉冲使用。
    A．1/2　　　B．1/4　　　C．1/6　　　D．1/12

13. 片内 RAM 的 20H～2FH 为位寻址区，所包含的位地址是（　　）。
    A．00H～20H　　　B．00H～7FH　　　C．20H～2FH　　　D．00H～FFH
14. MCS-51 系列的单片机中片内 RAM 的字节大小可能的是（　　）。
    A．128MB　　　B．128KB　　　C．128B　　　D．64B
15. 89S51 的单片机的堆栈指针（　　）。
    A．只能位于内部 RAM 低 128B 字节范围内
    B．可位于内部 RAM 低 256 字节范围内
    C．可位于内部 EPRAM 内
    D．可位于内部 RAM 或外部 RAM 内
16. 当 MCS-51 单片机接有外部存储器，P2 口可作为（　　）。
    A．数据输入口　　　　　　　　　　B．数据的输出口
    C．准双向输入／输出口　　　　　　D．输出高 8 位地址
17. MCS-51 系列单片机的 4 个并行 I/O 端口作为通用 I/O 端口使用，在输入数据时，必须外接上拉电阻的是（　　）。
    A．P0 口　　　B．P1　　　C．P2　　　D．P3
18. 当 MCS-51 系列单片机应用系统需要扩展外部存储器或其他接口芯片时，（　　）可作为低 8 位地址总线使用。
    A．P0　　　B．P1　　　C．P2　　　D．P0 口和 p2 口
19. 当 MCS-51 系列单片机应用系统需要扩展外部存储器或其他接口芯片时，（　　）可作为高 8 位地址总线使用。
    A．P0　　　B．P1　　　C．P2　　　D．P0 和 P2 口
20. 按键开关的结构通常是机械弹性元件，在按键按下和断开时，触点在闭合和断开瞬间会产生接触不稳定，为消除抖动引起的不良后果常采用的方法有（　　）。
    A．硬件去抖动　　　　　　　　　　B．软件去抖动
    C．硬、软件两种方法　　　　　　　D．单稳态电路去抖方法
21. 行列式（矩阵式）键盘的工作方式主要有（　　）。
    A．编程扫描方式和中断扫描方式　　B．独立查询方式和中断扫描方式
    C．中断扫描方式和直接访问方式　　D．直接输入方式和直接访问方式
22. 某一应用系统需要扩展 10 个功能键，通常采用（　　）方式更好
    A．独立式按键　　B．矩阵式键盘　　C．动态键盘　　D．静态键盘
23. C51 语言提供的合法的数据类型关键字是（　　）。
    A．sfr　　　B．BIT　　　C．Char　　　D．integer
24. 片内 RAM 的位寻址区，位于地址（　　）处。
    A．00H～1FH　　B．20H～2FH　　C．30H～7FH　　D．80H～FFH
25. 间接寻址片内数据存储区（256 字节）所用的存储类型是（　　）。
    A．data　　　B．bdata　　　C．idata　　　D．xdata
26. MCS-51 单片机上电复位的信号是（　　）。
    A．下降沿　　　B．上升沿　　　C．低电平　　　D．高电平
27. 可以将 P1 口的低 4 位全部置高电平的表达式是（　　）。
    A．P1&=0x0f　　B．P1|=0x0f　　C．P1^=0x0f　　D．P1=~P1

28. 51 单片机的___口的引脚，还具有外中断、串行通信等第二功能。
   A. P0　　　　B. P1　　　　C. P2　　　　D. P3
29. 单片机应用程序一般存放在（　　）。
   A. RAM　　　B. ROM　　　C. 寄存器　　　D. CPU
30. MCS-51 单片机复位操作的主要功能是把 PC 初始化为（　　）。
   A. 0100H　　B. 2080H　　C. 0000H　　D. 8000H
31. 51 单片机外部有 40 个引脚，其中地址锁存允许控制信号引脚是（　　）。
   A. ALE　　　B. $\overline{PSEN}$　　C. $\overline{EA}$　　D. RST
32. 51 单片机的并行 I/O 口信息有两种读取方法：一种是读引脚，还有一种是（　　）。
   A. 读锁存器　　B. 读数据库　　C. 读累加器 A　　D. 读 CPU
33. C 语言中最简单的数据类型包括（　　）。
   A. 整型、实型、逻辑型　　　　　B. 整型、实型、字符型
   C. 整型、字符型、逻辑型　　　　D. 整型、实型、逻辑型、字符型
34. 当 51 单片机接有外部存储器，P2 口可作为（　　）。
   A. 数据输入口　　　　　　　　　B. 数据的输出口
   C. 准双向输入／输出口　　　　　D. 输出高 8 位地址
35. 下列描述中正确的是（　　）。
   A. 程序就是软件
   B. 软件开发不受计算机系统的限制
   C. 软件既是逻辑实体，又是物理实体
   D. 软件是程序、数据与相关文档的集合
36. 下列计算机语言中，CPU 能直接识别的是（　　）。
   A. 自然语言　　B. 高级语言　　C. 汇编语言　　D. 机器语言
37. 51 单片机的堆栈区设置在（　　）中。
   A. 片内 ROM 区　　　　　　　　B. 片外 ROM 区
   C. 片内 RAM 区　　　　　　　　D. 片外 RAM 区
38. 片内 RAM 的 20H～2FH 为位寻址区，所包含的位地址是（　　）。
   A. 00H～20H　　B. 00H～7FH　　C. 20H～2FH　　D. 00H～FFH
39. 数据的存储结构是指（　　）。
   A. 存储在外存中的数据　　　　　B. 数据所占的存储空间量
   C. 数据在计算机中的顺序存储方式　D. 数据的逻辑结构在计算机中的表示
40. 下列关于栈的描述中错误的是（　　）。
   A. 栈是先进后出的线性表
   B. 栈只能顺序存储
   C. 栈具有记忆作用
   D. 对栈的插入和删除操作中，不需要改变栈底指针
41. 能够用紫外光擦除 ROM 中程序的只读存储器称为（　　）。
   A. 掩膜 ROM　　B. PROM　　C. EPROM　　D. EEPROM
42. 下面叙述不正确的是（　　）。
   A. 一个 C 源程序可以由一个或多个函数组成

B．一个 C 源程序必须包含一个函数 main()
C．在 C 程序中，注释说明只能位于一条语句的后面
D．C 程序的基本组成单位是函数

43．以下说法中正确的是（　　）。
　　A．C 程序运行时，总是从第一个定义的函数开始执行
　　B．C 程序运行时，总是从 main() 函数开始执行
　　C．C 源程序中的 main() 函数必须放在程序的开始部分
　　D．一个 C 函数中只允许出现一对花括号

44．在一个 C 程序文件中，main() 函数的位置（　　）。
　　A．必须在开始　　　　　　　　B．必须在最后
　　C．必须在系统调用库函数之后　　D．可以任意

45．C51 源程序的基本单位是（　　）。
　　A．过程　　　B．函数　　　C．程序段　　　D．子程序

46．C 程序总是从（　　）开始执行的。
　　A．主函数　　B．主程序　　C．子程序　　　D．主程序

47．最基本的 C 程序语句是（　　）。
　　A．赋值语句　B．表达式语句　C．子程序　　　D．主过程

48．以下不能定义为用户标识符的是（　　）。
　　A．Main　　　B．_0　　　　C．_int　　　　D．sizeof

49．下选项中，不能作为合法常量的是（　　）。
　　A．1.234e04　B．1.234e0.4　C．1.234e+4　　D．1.234e0

50．若 PSW.4=0，PSW.3=1，要想把寄存器 R0 的内容入栈，应使用（　　）指令。
　　A．PUSH R0　　　　　　　　　B．PUSH @R0
　　C．PUSH 00H　　　　　　　　D．PUSH 08H

51．以下程序的输出结果是（　　）。
```
main（）
{ char s=0x18;
printf（"%x\n", s>>2）;
}
```
　　A．9　　　　B．6　　　　C．12　　　　D．7

52．设字符型变量 a 中的二进制数为 11011001，若要保留这一字节中的中间 4 位，而将高、低 2 位清零，则以下能实现此功能的表达式是（　　）。
　　A．a^0x3c　　B．a|0x3c　　C．a&0x3c　　D．a|0x73

53．设有定义语句"int a=3124，b=a;"，则以下选项中结果为零的表达式是（　　）。
　　A．a&b　　　B．a|b　　　C．a^b　　　D．a||b

54．设有定义"int m=10;"，则下列选项中与语句 m=m<<2 等价的是（　　）。
　　A．m=m*2;　　B．m=m*4;　　C．m=m/2;　　D．m=m/4;

55．以下可以将 char 型变量 SS 中的大小写字母进行转换（即：大写变小写，小写变大写）的语句是（　　）。
　　A．ss=ss^32;　B．ss=ss&32;　C．ss=ss|32;　D．ss=ss+32;

56. 以下不能将变量 n 清零的表达式是（　　）。
   A. n=n & 0   B. n=n & ~n   C. n=n^n   D. n=n|n

57. 在 C51 的数据类型中，unsigned char 型的数据长度和值域为（　　）。
   A. 单字节，-128~127   B. 双字节，-32768~+32767
   C. 单字节，0~255   D. 双字节，0~65535

58. 以下程序的输出结果是（　　）。
```
main（ ）
{ unsigned c1=0xff, c2=0x00;
  c1=c2 | c1>>2;   c2=c1^0236;
  printf（"%x, %x\n", c1, c2）;
}
```
   A. 0x3f, 0xal   B. 3f, a1   C. ffff, 61   D. 3f, al

59. 设 int x=1, *p=&x;则下列值不为 1 的表达式是（　　）。
   A. *p   B. *x   C. *&x   D. x

60. 有以下程序段，其中 x 为整型变量，以下选项中叙述正确的是（　　）。
```
x=0;
while（!x!=0）x++;
```
   A. 退出 while 循环后，x 的值为 0   B. 退出 while 循环后，x 的值为 1
   C. while 的控制表达式是非法的   D. while 循环执行无限次

61. 有以下程序段，其中 n 为整型变量，执行后输出结果是（　　）。
```
n=2;
while（n--）;
printf（"%d", n）;
```
   A. 2   B. 10   C. -1   D. 0

62. 有以下程序段，其中 x、y 为整型变量，程序的输出结果是（　　）。
```
for（x=0, y=0;（x<=1）&&（y=1）;x++, y--）;
printf（"x=%d, y=%d", x, y）;
```
   A. x=2, y=0   B. x=1, y=0   C. x=1, y=1   D. x=0, y=0

63. 能正确描述当 a 小于 b, b 小于 c, 所以 a 必小于 c 为真的表达式是（　　）。
   A. a<b&&b<c   B. a<b<c   C. a<b||b<c   D. a<=b&&b<=c

64. 已有定义语句"int x=3, y=0, z=0;"，则值为 0 的表达式是（　　）。
   A. x&&y
   B. x||z
   C. x||z+2&&y-z
   D. !((x<y) &&!z|| y)

65. x 为奇数时值为"真"，x 为偶数时值为"假"的表达式是（　　）。
   A. !（x%2==1）   B. x%2==0   C. x%2   D. !（x%2）

66. 已有定义语句"int m=0, n=1;"，执行表达式（m=5<3）&&（n=7>9）后，n 的值是（　　）。
   A. 1   B. 2   C. 3   D. 4

67. 以下结构不正确的 if 语句是（　　）。
   A. if（x>y && x!=y）;   B. if（x=4）x+=y;
   C. if（x!=y）   D. if（0）{x++; y++; }

68. 已有定义语句"int x=6, y=4, z=5;",执行语句"if (x<y) z=x; x=y; y=z;"后,能正确表示 x、y、z 值的选项是（　　）。

  A. x=4, y=5, z=6　　　　　　　B. x=4, Y=6, z=6
  C. x=4, y=5, z=5　　　　　　　D. x=5, Y=6, z=4

69. 以下程序的输出结果是（　　）。
```
main()
{ int a=5, b=4, c=6, d;
printf (("%d\n", d=a>b?) (a>c? a:c) : (b));
}
```
  A. 5　　　　B. 4　　　　C. 6　　　　D. 不确定

70. 若 int i; 则以下循环语句的循环执行次数是（　　）。
```
for (i=2;i==0;) printf ("%d", i--);
```
  A. 无限次　　B. 0 次　　　C. 1 次　　　D. 2 次

71. 下面程序的输出结果为（　　）。
```
main()
{
int i;
   for (i=100;i<200;i++)
{
if (i%5==0) continue;
   printf ("%d\n", i);
   break;
}
}
```
  A. 100　　　B. 101　　　C. 无限循环　　D. 无输出结果

72. 有以下程序段,其中 t 为整型变量,以下选项中叙述正确的是（　　）。
```
t=1;
while (-1) {t--; if (t) break;}
```
  A. 循环 1 次也不执行　　　　　B. 循环执行 1 次
  C. 循环控制表达式（-1）不合法　D. 循环执行 2 次

73. 在 C51 程序中常常把（　　）作为循环体,用于消耗 CPU 时间,产生延时效果。
  A. 赋值语句　　B. 表达式语句　　C. 循环语句　　D. 空语句

74. 在 C51 语言的 if 语句中,用作判断的表达式为（　　）。
  A. 关系表达式　B. 逻辑表达式　　C. 算术表达式　D. 任意表达式

75. 在 C51 语言中,当 do-while 语句中的条件为（　　）时,结束循环。
  A. 0　　　　B. false　　　C. ture　　　D. 非 0

76. 下面的 while 循环执行了（　　）次空语句。
```
while (i=3);
```
  A. 无限次　　B. 0 次　　　C. 1 次　　　D. 2 次

77. 以下描述正确的是（　　）。
  A. continue 语句的作用是结束整个循环的执行
  B. 只能在循环体内和 switch 语句体内使用 break 语句

C. 在循环体内使用 break 语句或 continue 语句的作用相同

D. 以上三种描述都不正确

三、判断题

1. 我们所说的计算机实质上是计算机的硬件系统和软件系统的总称。（   ）
2. 51 单片机的程序存储器只能用来存放程序的。（   ）
3. 使用片内存储器时，$\overline{EA}$ 脚必须置低。（   ）
4. 当 MCS-51 上电复位时，堆栈指针 SP=00H。（   ）
5. 51 单片机的特殊功能寄存器分布在 60H~80H 地址范围内。（   ）
6. 当 89C51 的 EA 引脚接高电平时，CPU 只能访问片内的 4KB 空间。（   ）
7. 是读端口还是读锁存器是用指令来区别的。（   ）
8. 在 89C51 的片内 RAM 区中，位地址和部分字节地址是冲突的。（   ）
9. 工作寄存器组是通过置位 PSW 中的 RS0 和 RS1 来切换的。（   ）
10. 特殊功能寄存器可以当作普通的 RAM 单元来使用。（   ）
11. 堆栈指针 SP 的内容可指向片内 00H~7FH 的任何 RAM 单元，系统复位后，SP 初始化为 00H。（   ）
12. 程序计数器 PC 是一个可以寻址的特殊功能寄存器。（   ）
13. 单片机系统上电后，其内部 RAM 的值是不确定的。（   ）
14. P2 口既可以作为 I/O 使用，又可以作为地址/数据复用口使用。（   ）
15. 若一个函数的返回类型为 void，则表示其没有返回值。（   ）
16. SFR 中凡是能被 8 整除的地址，都具有位寻址能力。（   ）
17. 特殊功能寄存器的名字，在 C51 程序中，全部大写。（   ）
18. "sfr" 后面的地址可以用带有运算的表达式来表示。（   ）
19. #include <reg51.h> 与 #include "reg51.h" 是等价的。（   ）
20. sbit 不可以用于定义内部 RAM 的可位寻址区，只能用在可位寻址的 SFR 上。（   ）
21. C51 中，特殊功能寄存器一定要用大写。（   ）
22. bit 定义的变量一定位于内部 RAM 的位寻址区。（   ）
23. 采用单片机的 C 语言开发时，只能利用 C51 语言书写程序，不能嵌套汇编语言。（   ）
24. bit 和 sbit 都用来定义位变量，所以两者之间没有区别，可以随便替换使用。（   ）
25. 在对某一函数进行多次调用时，系统会对相应的自动变量重新分配存储单元。（   ）
26. 在 C 语言的复合语句中，只能包含可执行语句。（   ）
27. 自动变量属于局部变量。（   ）
28. Continue 和 break 都可用来实现循环体的终止。（   ）
29. 字符常量的长度肯定为 1。（   ）
30. 在 MCS-51 系统中，一个机器周期等于 1.5μs。（   ）
31. 若一个函数的返回类型为 void，则表示其没有返回值。（   ）
32. 所有定义在主函数之前的函数无需进行声明。（   ）

四、简答题

1. 单片机的特性主要有哪些？

2. 什么是单片机？它由哪些部分组成？什么是单片机应用系统？
3. 简述单片机的应用领域。
4. 画出 MCS-51 系列单片机时钟电路，并指出石英晶体和电容的取值范围。
5. 画电路图并说明 MCS-51 系列单片机常用的复位方法及其工作原理。
6. MCS-51 系列单片机内 RAM 的组成是如何划分的？各有什么功能？
7. MCS-51 系列单片机有多少个功能寄存器？它们分布在什么地址范围？
8. 简述程序状态寄存器 PSW 各位的含义，单片机如何确定和改变当前的工作寄存器组？
9. C51 编译器支持的存储器类型有哪些？
10. 当单片机外部扩展 RAM 和 ROM 时，P0 和 P2 口各起什么作用？
11. P3 口的第二功能是什么？
12. 简述在使用普通按键的时候，为什么要进行去抖动处理，如何处理。
13. 8051 引脚有多少 I/O 线？它们和单片机对外的地址总线和数据总线有什么关系？地址总线和数据总线各是几位？
14. C 语言有哪些特点？一个 C 语言程序由哪几部分组成？标准 C 语言程序主要的结构特点是什么？
15. 关键字与标识符的相同点和不同点是什么？（提示:从标识符的表示规则、关键字与标识符的用途入手）
16. 创建并运行 C 程序的过程需要经过哪些步骤？简述每个步骤的作用。
17. 简述单片机的 C51 语言的特点。
18. 简述使用 KeilC51 开发工具开发软件的流程。
19. 哪些变量类型是 51 单片机直接支持的？
20. 简述 C51 对 51 单片机特殊功能寄存器的定义方法。
21. 简述 C51 对 51 单片机位变量的定义方法。
22. break 和 continue 语句的区别是什么？
23. 独立式按键和矩阵式按键分别具有什么特点？适用于什么场合？

项目技能训练与提高

安装在汽车不同位置的信号灯是驾驶员之间及驾驶员向行人传递汽车行驶状况的语言工具。一般包括转向灯、刹车灯、倒车灯、雾灯等，其中汽车转向灯包括左转向灯、右转向灯，其显示状态如表 1.26 所示。

表 1.26 汽车转向灯显示状态

转向灯显示状态		驾驶员发出的命令
左转向	右转向	
灭	灭	驾驶员未发出命令
灭	闪烁	驾驶员发出右转显示命令
闪烁	灭	驾驶员发出左转显示命令
闪烁	闪烁	驾驶员发出汽车故障显示命令

设计软硬件，采用单片机制作一个模拟汽车左右转向灯的控制系统。

项目二 远程智能交通灯控制系统

【项目导入与描述】

十字路口车辆穿梭，行人熙攘，车行车道，人行人道，有条不紊，主要靠的就是交通信号灯的自动指挥系统，见图2.1。交通信号灯控制方式很多，本系统采用51系列单片机AT89S51为中心器件来设计交通灯控制器，项目实现用PC控制主机、单片机控制信号灯为从机的远程控制系统，图2.2为本项目的电路板。

图2.1 十字路口的交通信号灯

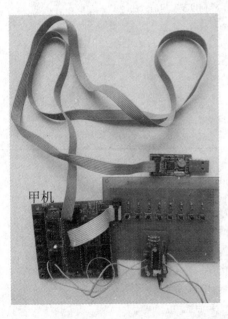

图2.2 项目二的电路板

【项目目标】

表2.1为本项目的项目目标。

表 2.1 远程智能交通灯控制系统项目目标

授课项目名称		远程智能交通灯控制系统
教学目标	知识目标	1. 了解定时/计数器的工作原理； 2. 掌握定时/计数器的控制寄存器、方式寄存器的使用方法； 3. 掌握 51 单片机中定时/计数器的工作方式、计数初值的设置方法； 4. 掌握定时/计数器在各种工作方式下的应用编程方法； 5. 掌握 C51 中函数的分类及定义方法； 6. 掌握 C51 函数中参数的传递方法； 7. 掌握 C51 函数的调用方法； 8. 掌握中断的概念、特点； 9. 了解中断系统的结构； 10. 了解中断源； 11. 掌握中断的开放和禁止； 12. 掌握中断优先级设置方法； 13. 了解中断处理过程； 14. 了解 LED 数码管结构及原理； 15. 掌握 LED 静态显示及动态显示的控制方法； 16. 掌握单片机与 LED 数码管接口方法； 17. 掌握一维数组的定义、初始化、存储以及引用的方法； 18. 了解串行通信基础知识； 19. 了解 MCS-51 的串行接口； 20. 掌握串口控制寄存器 SCON 的使用方法； 21. 掌握串口工作方式控制方法； 22. 掌握串口波特率的设置方法； 23. 了解 RS-232C 串行通信总线标准及接口方法。
	能力目标	1. 进一步掌握单片机应用系统分析和软硬件设计的基本方法； 2. 进一步建立单片机系统设计的基本概念； 3. 掌握 51 单片机中定时/计数器的使用方法； 4. 掌握 C51 中函数、一维数组的编程和使用方法； 5. 掌握握 LED 数码管的控制方法； 6. 掌握 51 单片机中中断系统的使用方法； 7. 掌握利用 51 单片机中串口的实现串行通信方法； 8. 进一步提高诊断单片机应用系统故障的能力； 9. 进一步提高常用逻辑电路及其芯片的检索与阅读能力； 10. 进一步提高简单单片机应用系统的安装、调试与检测能力； 11. 继续培养良好的职业素养、沟通能力及团队协作精神。

授课项目名称		远程智能交通灯控制系统	
教学知识点	定时/计数器的工作原理；控制寄存器 TCON；方式寄存器 TMOD；定时/计数器的工作方式；计数初值设置；定时/计数器的应用编程方法；C51 函数分类；C51 函数定义；C51 函数参数传递；C51 中函数调用；中断的概念、特点；51 单片机中中断系统的结构；51 单片机的中断源；中断的开放和禁止；中断优先级设置；中断处理过程；LED 数码管结构及原理；LED 静态显示；LED 动态显示；单片机与 LED 数码管接口；一维数组的定义、初始化方法、存储方法以及引用方法；串控制寄存器 SCON 的使用方法；MCS-51 的串口工作方式；MCS-51 的串口波特率的设置方法；MCS-51 的双机通信接口方法；RS-232C 串行通信总线标准；RS-232C 串行通信总线接口。	教学难点	定时/计数器的工作原理；控制寄存器 TCON；方式寄存器 TMOD；定时/计数器的工作方式；定时/计数器的应用编程方法；C51 函数参数传递；C51 中函数调用；51 单片机中中断系统的结构；51 单片机的中断源；中断的开放和禁止；中断优先级设置；中断处理过程；LED 动态显示；串口控制寄存器 SCON 的使用方法；串口波特率的设置方法；MCS-51 的双机通信接口方法。

【项目分解】

由于本项目所涉及的知识点太多，因此将其分解为多个任务，表 2.2 是对本项目的项目分解。

表 2.2　远程智能交通灯控制系统项目分解表

项目名称	分解成的任务名称
远程智能交通灯控制系统	任务一　简易交通灯控制系统
	任务二　智能交通灯控制系统
	任务三　带倒计时功能的智能交通灯控制系统
	任务四　远程智能交通灯控制系统

【任务一　简易交通灯控制系统】

一、任务描述

设计并实现单片机交通灯控制系统，在正常情况下双方轮流点亮交通灯，交通灯的状态如表 2.3 所示。

表 2.3　交通灯的状态表

东西方向（简称 A 方向）			南北方向（简称 B 方向）			状态说明
红灯	黄灯	绿灯	红灯	黄灯	绿灯	
灭	灭	亮	亮	灭	灭	A 方向通行，B 方向禁行
灭	灭	闪烁	亮	灭	灭	A 方向绿灯闪烁警告，B 方向禁行

续表

东西方向（简称A方向）			南北方向（简称B方向）			状态说明
红灯	黄灯	绿灯	红灯	黄灯	绿灯	
灭	亮	灭	亮	灭	灭	A方向黄灯亮警告，B方向禁行
亮	灭	灭	灭	灭	亮	A方向禁行，B方向通行
亮	灭	灭	灭	灭	闪烁	A方向禁行，B方向绿灯闪烁警告
亮	灭	灭	灭	亮	灭	A方向禁行，B方向黄灯亮警告

二、任务教学目标

表2.4为本任务的任务目标。

表2.4 简易交通灯控制系统任务目标

任务名称		简易交通灯控制系统
教学目标	知识目标	1. 了解定时/计数器的工作原理； 2. 掌握定时/计数器的控制寄存器的使用方法； 3. 掌握定时/计数器的方式寄存器的使用方法； 4. 掌握定时/计数器的工作方式的设置方法； 5. 掌握定时/计数器的计数初值的设置方法； 6. 掌握定时/计数器在各种工作方式下的应用编程方法； 7. 掌握C51中函数的分类； 8. 掌握C51中函数的定义方法； 9. 掌握C51函数中参数的传递方法； 10. 掌握C51中函数的调用方法。
	能力目标	1. 具备熟练使用51单片机中定时/计数器的能力； 2. 具备C51中函数的编程和能力； 3. 培养常用逻辑电路及其芯片的识别、选取、测试能力； 4. 培养诊断简单单片机应用系统故障的能力； 5. 培养常用逻辑电路及其芯片的检索与阅读能力； 6. 培养简单单片机应用系统的安装、调试与检测能力； 7. 培养良好的职业素养、沟通能力及团队协作精神。
知识重点	定时/计数器的工作原理、51单片机中定时/计数器的控制寄存器的使用方、51单片机中定时/计数器的方式寄存器的使用方法、51单片机中定时/计数器的工作方式的设置方法、51单片机中定时/计数器的计数初值的计算方法、51单片机中定时/计数器在各种工作方式下的应用编程方法；C51中函数的分类、C51中函数的定义方法、C51函数中参数的传递方法、C51中函数的调用方法。	知识难点	定时/计数器的工作原理、51单片机中定时/计数器的控制寄存器的使用方法、方式寄存器的使用方法；C51中函数的定义方法、C51函数中参数的传递方法。

三、任务资讯

（一）51系列单片机的定时/计数器

51子系列单片机内有两个可编程的定时/计数器T0和T1；52子系列中除这两个之外，

还有一个定时/计数器 T2。本任务主要介绍 MCS-51 的两个定时器的结构、原理、工作方式及其应用。

1. 定时/计数器的逻辑结构

定时/计数器的结构如图 2.3 所示。CPU 通过内部总线与定时/计数器交换信息。16 位的定时/计数器分别由两个 8 位专用寄存器组成：定时器 T0 由 TH0 和 TL0 构成；定时器 T1 由 TH1 和 TL1 构成。此外，其内部还有 2 个 8 位的专用寄存器 TMOD 和 TCON。其中 TMOD 是定时器的工作方式寄存器，TCON 是控制寄存器，主要用于定时/计数器管理与控制。

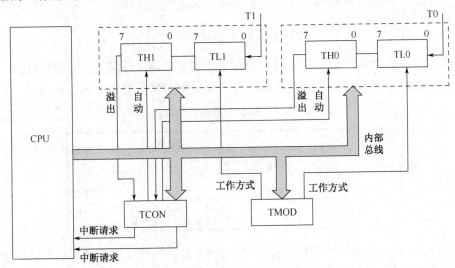

图 2.3　定时器/计数器的逻辑结构

2. 定时/计数器的工作原理

16 位的定时/计数器的核心是一个加 1 计数器，如图 2.3 所示。当设置为定时工作方式时，对机器周期计数。这时计数器的计数脉冲由振荡器的 12 分频信号（即振荡器频率的十二分之一）产生，即每经过一个机器周期，计数值加 1，直至计满溢出，将 TF 标志位置 1。若中断是开放的，这时可向 CPU 申请中断。当晶振频率 f_{osc}=12MHz 时，计数频率=1MHz，或计数周期=1μs。从开始计数到溢出的这段时间就是所谓"定时"时间。在机器周期固定的情况下，定时时间的长短与计数器事先装入的初值有关，装入的初值越大，定时越短。

当设置为计数工作方式时，通过引脚 T0（P3.4）和 T1（P3.5）对外部脉冲信号计数。当 T0 或 T1 脚上输入的脉冲信号出现由 1 到 0 的负跳变时，计数器值加 1。CPU 在每个机器周期的 S5P2 期间采样 T0 和 T1 引脚的输入电平，若前一个机器周期采样值为 1，后一个机器周期采样值为 0，则在紧跟着的再下一个周期的 S3P1 期间，计数器的计数值加 1。因此，检测一个从 1 到 0 的负跳变需要 2 个机器周期，即 24 个振荡周期。虽然对外部输入信号的占空比（即高电平在一个周期中所占有的时间比）没有特殊要求，但为了确保某个给定电平在变化前至少被采样一次，要求高电平（或低电平）保持至少 1 个完整的机器周期。

当通过 CPU 用软件设定了定时器 T0 或 T1 的工作模式后，定时器就会按设定的工作方式与 CPU 并行运行，不再占用 CPU 的操作时间，除非定时器计满溢出，才可能中断 CPU 的当前工作。

3. 定时/计数器工作方式与控制寄存器

（1）工作方式寄存器 TMOD

TMOD 用于定义 T0 和 T1 的工作模式、选择定时/计数工作方式以及启动方式等。格式如图 2.4 所示。

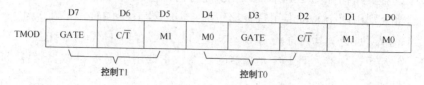

图 2.4 TMOD 各位的格式

其中低四位用于定义定时器 T0，高四位用于定义定时器 T1。各位的作用分述如下。

● M1 和 M0：工作方式选择位。由 M1M0 的 4 种组合状态确定 4 种工作方式，见表 2.5。

表 2.5 定时/计数器的工作模式

M1M0	工作方式	功 能 说 明
00	方式 0	13 位定时/计数器
01	方式 1	16 位定时/计数器
10	方式 2	自动再装入的 8 位定时/计数器
11	方式 3	T0 分为两个 8 位计数器，T1 停止计数

● C/$\overline{\text{T}}$：定时、计数功能选择位。当 C/$\overline{\text{T}}$=0 时，用作定时模式，对机器周期进行计数；当 C/$\overline{\text{T}}$=1 时，用作计数模式，对来自于外部引脚 T0（P3.4）和 T1（P3.5）的输入脉冲进行计数。

● GATE：门控位。用于选择定时器 T0 或 T1 的启动方式，即启动是否受外部引脚 $\overline{\text{INT0}}$ 或 $\overline{\text{INT1}}$ 的电平影响。当 GATE=0 时，只要通过软件使 TR0 或 TR1 置 1 就可启动定时器工作。

当 GATE=1 时，由外部引脚 $\overline{\text{INT0}}$ 或 $\overline{\text{INT1}}$ 和 TR0 或 TR1 共同控制定时/计数器的启动，即在 GATE=0 时，只有在 $\overline{\text{INT0}}$ 或 $\overline{\text{INT1}}$ 为高电平，且将 TR0 或 TR1 置 1 时，才能启动定时器/计数器 T0 或 T1 工作。

注意：TMOD 是特殊功能寄存器，在内部 RAM 中的地址为 89H，它不能按位寻址，只能用字节传送指令设置定时器的工作方式。复位时，TMOD 的所有位均清零。

（2）控制寄存器 TCON

TCON 是定时/计数器的控制寄存器，主要用于定时/计数器 T0 或 T1 的启、停控制，标志定时器的溢出和中断情况。TCON 各位的格式见图 2.5。

	D7	D6	D5	D4	D3	D2	D1	D0
TCON	TF1	TR1	TF0	TR0	IE1	IT1	IE0	IT0

图 2.5 TCON 各位的格式

● TF1（TCON.7）：定时器 T1 溢出标志。当 T1 溢出时，由硬件自动使 TF1 置 1，并可向 CPU 申请中断。当进入中断服务程序时，由硬件自动将 TF1 清 0。TF1 也可以由用户软件查询和软件清 0。

● TR1（TCON.6）：定时器 T1 运行控制位。由软件来置 1 或清 0。当 TR1=1 时，T1 启动工作；当 TR1=0 时，T1 停止工作。
- TF0（TCON.5）：定时器 T0 溢出标志。其功能和操作情况同 TF1。
- TR0（TCON.4）：定时器 T0 运行控制位。其功能和操作情况同 TR1。
- IE1（TCON.3）：外部中断 1（$\overline{INT1}$）请求标志。
- IT1（TCON.2）：外部中断 1 触发方式选择位。由软件来置 1 或清 0。
- IE0（TCON.1）：外部中断 0（$\overline{INT0}$）请求标志。
- IT0（TCON.0）：外部中断 0 触发方式选择位。由软件来置 1 或清 0。

TCON 中的低 4 位（IE1、IT1、IE0、IT0）与中断有关，其详细功能会在本项目任务二中详细讨论。

TCON 在内部 RAM 中的字节地址为 88H。它是可以位寻址的。当系统复位时，TCON 的所有位均被清 0。

(3) 定时/计数器的工作方式

定时/计数器 T0 和 T1 有 4 种工作方式，即方式 0、方式 1、方式 2 和方式 3，它是通过软件对 TMOD 中 M1、M0 位的设置选择的。这 4 种工作方式的本质区别是 T0（或 T1）的两个 8 位计数器 TH0、TL0（或 TH1、TL1）的计数范围和计数方式不同。在方式 0～方式 2 中，T0 和 T1 的用法基本一致，而方式 3 只有 T0 才有。

- 方式 0。方式 0 是一个 13 位的定时/计数器。定时/计数器 Tx（以下文中所述 x=0 或 1，如，Tx 对应定时/计数器 T0 或 T1）在方式 0 下的逻辑结构见图 2.6。

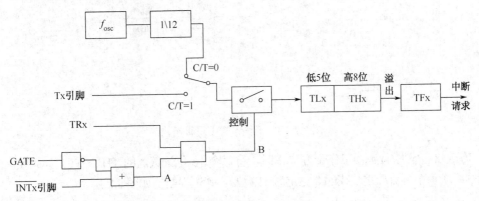

图 2.6 Tx 工作方式 0 逻辑结构

由图可见，在方式 0 下，由 TLx 的低 5 位（高 3 位未用）和 THx 的 8 位组成 13 位计数器。当 TLx 的低 5 位溢出时，向 THx 进位，而当 THx 溢出时，则将中断标志位 TFx 置位，并在中断允许时申请中断。

选择定时还是计数模式则受逻辑软开关 $C/\overline{T}$（TMOD 中的 $C/\overline{T}$ 位）控制。当 $C/\overline{T}=0$ 时，工作于定时器工作方式，计数器对机器周期计数，计数脉冲是由振荡器经 12 分频产生的。其定时时间按下式计算：

定时时间=（2^{13}-计数初值 TC）×机器周期

当 $C/\overline{T}=1$ 时，定时器工作于计数器工作方式，对外部输入端 T0 或 T1 的输入脉冲计数。当外部信号电平发生 1 到 0 跳变时，计数器加 1。其计数次数按下式计算：

计数次数=2^{13}-计数初值 TC

13 位的加 1 计数器的启、停受逻辑门控制，见图 2.6。

当 GATE=0 时,"或"门输出恒为 1,与 $\overline{INTX}$ 无关,只要 TRx=1,则与门输出为 1,控制开关接通计数器,允许 Tx 在原有值上做加 1 计数,直至溢出。溢出时,13 位计数器复 0,TFx 置 1,并申请中断,还可从 0 开始计数。若 TRx=0,则断开控制开关,停止计数。

当 GATE=1 时,计数器的启动同时受 TRx 和 $\overline{INTx}$ 控制。当 GATE=1 并且 TRx=1 时,则"或"门、"与"门输出仅受 $\overline{INTx}$ 控制。这时外部信号电平通过 $\overline{INTx}$ 引脚直接开启或关断计数通道,即当 $\overline{INTx}$ 从 0 变为 1 则开始计数;若 $\overline{INTx}$ 从 1 变为 0,停止计数。应用这种控制方法可以测量在 $\overline{INTx}$ 输入端出现的外部信号的脉冲宽度。

● 方式 1。定时/计数器工作于方式 1 时,为一个 16 位的计数器。其逻辑结构、操作及运行控制几乎与方式 0 完全一样,差别仅在于计数器的位数不同,方式 1 下定时/计数器 T0(T1)逻辑结构见图 2.7。在方式 1 中,TLx 和 THx 均为 8 位,TLx 和 THx 一起构成了 16 位计数据。用于定时工作方式 1 时,定时时间为:

定时时间=(2^{16}-计数初值 TC)×机器周期

用于计数器工作方式时,计数次数为:

计数次数=2^{16}-计数初值 TC

最大计数值为 2^{16}-0=65536。

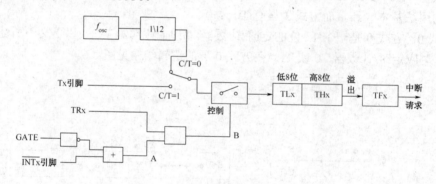

图 2.7　Tx 工作方式 1 逻辑结构

● 方式 2。定时/计数器工作于方式 2 时,将每个 16 位计数器的 THx、TLx 分成独立的两部分,分别组成一个可自动重装载的 8 位定时/计数器。其逻辑结构如图 2.8 所示。

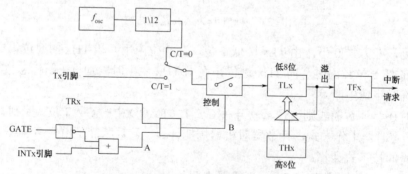

图 2.8　Tx 工作方式 2 逻辑结构

在方式 0 和方式 1 中,当计满溢出时,计数器 THx 和 TLx 的初值全部为 0,若要进行重复定时或计数,还须用软件向 THx 和 TLx 重新装入计数初值。而工作在方式 2 时,16 位计数器被拆成两个,TLx 用作 8 位计数器,THx 用以存放 8 位的计数初值。在程序初始化时,TLx 和 THx 由软件赋予相同的初值。计数过程中,若 TLx 计数溢出,系统一方面将 TFx 置 1,

请求中断；另一方面自动将 THx 中的初值重新装入 TLx 中，使 TLx 从初值开始重新计数。并可多次循环重装入，直到 TRx=0 才停止计数。

方式 2 的控制运行与方式 0、方式 1 相同。用于定时工作方式时，定时时间 t 为：

$t = (2^8 - 计数初值 TC) \times 机器周期$

方式 2 用于计数工作方式时，计数次数为：

计数次数 $= 2^8 - 计数初值 TC$

最大计数值（初值＝0 时）是 2^8。方式 2 特别适合于用作较精确的定时和脉冲信号发生器。

● 方式 3。方式 3 只适用于定时器 T0。在方式 3 下，T0 被分成两个相互独立的 8 位计数器 TL0 和 TH0，如图 2.9 所示。

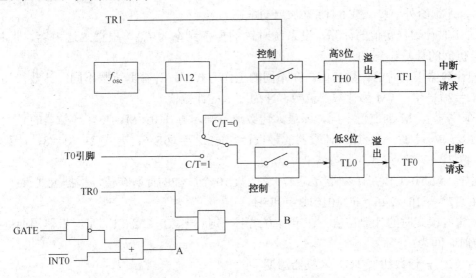

图 2.9 T0 工作方式 3 逻辑结构

当定时器 T0 工作于方式 3 时，TL0 使用 T0 本身的控制位、引脚和中断源：即 C/$\overline{T}$、GATE、TR0、TF0 和 T0（P3.4）引脚、$\overline{INT0}$（P3.2）引脚，并可工作于定时器模式或计数器模式。除仅用 8 位寄存器 TL0 外，其功能和操作情况同方式 0 和方式 1 一样。

由图可见，TH0 只能工作在定时器状态，对机器周期进行计数，并且占用了定时器 T1 的控制位 TR1 和 TF1，同时占用了 T1 的中断源。TH0 的启动和关闭仅受 TR1 的控制。方式 3 为定时器 T0 增加了一个额外的 8 位定时器。

定时器 T1 没有方式 3 状态，若设置为方式 3，其效果与 TR1=0 一样，定时器 T1 停止工作。

在定时器 T0 工作于方式 3 时，T1 仍可设置为方式 0～2。由于 TR1、TF1 和 T1 的中断源均被定时器 T0 占用，此时只能通过 T1 控制位 C/$\overline{T}$ 来切换定时或计数。在 T0 设置为方式 3 工作时，一般是将定时器 T1 作为串行口波特率发生器，或用于不需要中断的场合。

4. 定时/计数器的应用

定时/计数器是单片机应用系统中常用的重要部件，一旦启动，便可与 CPU 并行工作。因此，学习它的编程方法，灵活选择和运用其工作方式，对提高 CPU 的工作效率和简化外围电路大有益处。

（1）定时/计数器计数初始化

由于定时/计数器的各种功能是由软件来确定的，所以在使用它之前，应对其进行编程初始化。初始化的主要内容是对 TCON 和 TMOD 进行设置，计算和装载 T0 和 T1 的计数初值。初始化的步骤为：

- 分析定时/计数器的工作模式与工作方式，将方式字写入 TMOD 寄存器。
- 计算 T0 或 T1 中的定时计数初值，并将其写入 TH0、TL0 或 TH1、TL1 中。
- 根据需要开放 CPU 和定时/计数器的中断，即对 IE 和 IP 寄存器编程设置。
- 启动定时/计数器工作：若要求只用软件启动定时/计数器，在设置 TMOD 寄存器时，将 GATE 门控位清 0，再对 TCON 中的 TR0 或 TR1 置 1 即可启动；若由外部中断 $\overline{INT0}$ 引脚电平启动，则在设置 TMOD 寄存器时，将 GATE 门控位置 1，再对 TCON 中的 TR0 或 TR1 置 1 后，还须给外引脚（或 $\overline{INT1}$）加启动电平。

① 定时计数器初值的计算。设系统时钟的振荡频率为 f_{osc}，根据上述内容，现将定时/计数器初值的计算归纳如下：

- 计数器模式时的计数初值。在不同的工作方式下，计数器位数不同，计数器初值为：
TC＝2^M－N　（M 为计数器位数，N 为要求的计数值）

不同方式下 M 的取值不同，即最大计数值不同。方式 0：M＝13，计数器的最大计数值 2^{13}＝8192。方式 1：M＝16，计数器的最大计数值 2^{16}＝65536；方式 2：M＝8，计数器的最大计数值 2^8＝256；方式 3 同方式 2。

例如，设 T0 工作在计数器方式 2，求计数 10 个脉冲的计数初值，根据上式得：
TC＝2^8－10＝246＝11110101B＝0F5H

- 定时模式时的计数初值。在定时方式下，定时器 T0（或 T1）是对机器周期进行计数的。定时时间为：

t＝（2^M－计数初值 TC）×机器周期

则定时初值 $TC = 2^M - \dfrac{f_{osc} \times t}{12}$

M 为定时器位数，t 为要求的定时值，单位为秒，f_{osc} 为振荡频率，单位为 Hz。不同方式下，M 的取值不同。若系统时钟频率 f_{osc}＝12MHz，则方式 0：M＝13，定时器的最大定时值为 2^{13}×机器周期＝8192μs；方式 1：M＝16，定时器的最大定时值为 2^{16}×机器周期＝65536μs。方式 2：M＝8，定时器的最大定时值为 2^8×机器周期＝256μs；方式 3 同方式 2。

例如，若 f_{osc}＝6MHz，定时时间为 10ms，使用定时器 T0 工作于方式 1，依据式（2-3）有：$TC = 2^{16} - \dfrac{6000000 \times 0.01}{12} = 60536 = 0EC78H$

② 定时/计数器初始化举例

【例 2-1】要求定时器 T0 工作于方式 1，定时 50ms，由软件启动，允许中断。设系统时钟频率 f_{osc}＝6MHz，编写初始化程序段。

解：(1) 方式控制字为 00000001B＝01H

(2) 定时初值为 $TC = 2^{16} - \dfrac{6 \times 10^6 \times 50 \times 10^{-3}}{12} = 40536D = 9E58H$

T1 初始化程序段如下：

```
TMOD=0x#01；//写入工作方式字
TH0=0x9E；  //写入计数初值
```

```
    TL=0x58;
    ET0=1;      //开放 T0 中断
    EA=1;       //开放 CPU 中断
    TR0=1;      //启动 T0 工作
    ...
```

【例 2-2】 要求利用定时/计数器 T1 对 T1 引脚（P3.5）出现的脉冲计数，每计数 150 个脉冲向 CPU 申请中断，设由软件启动。编写初始化程序段。

解：（1）经分析，可设定时器 T1 工作于方式 2 计数，方式控制字为 01100000B=60H

（2）要求的计数值 N=150，则计数初值为 $TC=2^8-150=106$

初始化程序段如下：

```
TMOD=0x60;  //写入工作方式字
TH1=106;    //写入计数初值
TL1=106;
IE=0x88;    //开放 T1、CPU 中断
TR1=1;      //启动 T1 工作
...
```

在应用定时/计数器时，定时计数器是否溢出既可以通过用户程序查询 TFx 的状态，也可以通过中断来获悉。因此对计数溢出信息的处理有中断法和查询法两种，中断法在下一个任务再介绍。

查询法，即在定时器初始化并启动后，通过在程序中安排指令查询 TFx 的状态，来了解定时计数器是否溢出。

方法如下：

```
TR0=1;
while (!TF0);  //若 TF0 为 0，等待，若 TF0 为 1，将其清 0 后转后面的处理程序
TF0=0;
...
```

由于 51 单片机的定时/计数器是与 CPU 并行工作的，而查询法需占用 CPU 的时间，所以一般情况下应用定时/计数器时多采用中断法编程。

（二）C 语言的语句——函数调用语句

1. C51 的函数的定义

函数是 C51 程序的基本组成部分，C51 程序的全部工作都是由各式各样的函数完成的。现在我们介绍一下函数的定义、调用、参数的传递、变量的作用域等。在 C51 中，函数的定义与 ANSI C 中是相同的。唯一不同的就是有时在函数的后面需要带上若干个 C51 的专用关键字。C51 函数定义的一般格式如下：

```
返回类型  函数名（形参表）[函数模式] [reentrant] [interrupt m] [using n]
        {
            局部变量定义
            执行语句
        }
```

第一行为函数说明，C51 中所有函数与变量一样，在使用之前必须说明。所谓说明，是指说明函数是什么类型的函数。包括在一对花括号"{"和"}"中的是函数体，函数体为 C51 提供的库函数和语句以及其他用户自定义函数调用语句的组合。

下面对函数说明部分的各属性含义如下：

（1）函数类型：函数类型说明了函数返回值的类型，可以是以前介绍的整型（int）、长整型（long）、字符型（char）、单浮点型（float）、双浮点型（double）以及无值型（void），也可以是指针，包括结构指针。无值型表示函数没有返回值。

（2）函数名：函数名是用户为自定义函数取的名字以便调用函数时使用。

（3）形式参数表：小括号中的内容为该函数的形式参数说明。形式参数表用于在主调函数与被调用函数之间进行数据传递。形式参数的数据类型为 C51 的基本数据类型。函数定义时，可以只有数据类型而没有形式参数，也可以两者都有。

（4）函数模式：也就是编译模式、存储模式，可以为 small、compact 和 large。默认时使用文件的编译模式。

（5）reentrant：这个修饰符用于把函数定义为可重入函数。所谓可重入函数就是允许被递归调用的函数。函数的递归调用是指当一个函数正被调用尚未返回时，又直接或间接调用函数本身。一般的函数不能做到这样，只有重入函数才允许递归调用。

关于重入函数，注意以下几点：

● 用 reentrant 修饰的重入函数被调用时，实参表内不允许使用 bit 类型的参数。函数体内也不允许存在任何关于位变量的操作，更不能返回 bit 类型的值。

● 编译时，系统为重入函数在内部或外部存储器中建立一个模拟堆栈区，称为重入栈。重入函数的局部变量及参数被放在重入栈中，使重入函数可以实现递归调用。

● 在参数的传递上，实际参数可以传递给间接调用的重入函数。无重入属性的间接调用函数不能包含调用参数，但是可以使用定义的全局变量来进行参数传递。

（6）interrupt m：interrupt 是 C51 函数中非常重要的一个修饰符，这是因为中断函数必须通过它进行修饰。该属性在随后的中断系统中再详细说明。

（7）using n：选择工作寄存器组和组号，using 是 C51 定义的专用关键字。用于指定本函数内部使用的工作寄存器组，其中 n 的取值为 0~3，表示寄存器组号。

对于"using n"修饰符的使用，注意以下几点：

● 加入"using n"后，C51 在编译时自动在函数的开始处和结束处加入以下指令。

```
{
PUSH   PSW；    //标志寄存器入栈
MOV    PSW，#// 与寄存器组号相关的常量
    ……
POP    PSW；    //标志寄存器出栈
}
```

● "using n"修饰符不能用于有返回值的函数。如果函数有返回值，不能使用该属性，因为返回值存于寄存器中，函数返回时要恢复原来的寄存器组，这样将导致返回值错误。

温馨小贴士：

● 一般库函数的说明都包含在相应的头文件中，例如：标准输入输出函数包含在"stdio.h"中，非标准输入输出函数包含在"io.h"中，在使用库函数时必须先知道该函数的说明包含在什么样的头文件中，在程序的开头用"#include <*.h>"或"#include"*.h""说明。只有这样程序才可编译通过。

● 如果一个函数没有说明函数类型就被调用，编译程序并不认为出错，而将此函数默认为整型（int）函数。而当一个函数返回其他类型，又没有事先说明，编译时将会出错。

2. 函数的调用语句

函数调用语句的一般形式如下：

函数名（实参列表）；

对于有参数的函数调用，若实参列表包含多个实参，则各个实参之间用逗号隔开。

按照函数调用在主调函数中出现的位置，函数调用方式有以下三种：

（1）函数语句。把被调用函数作为主调用函数的一个语句。

（2）函数表达式。函数被放在一个表达式中，以一个运算对象的方式出现。这时的被调用函数要求带有返回语句，以返回一个明确的数值参加表达式的运算。

（3）函数参数。被调用函数作为另一个函数的参数。

3. 自定义函数的声明

在 C51 中，函数原型一般形式如下：

[extern] 函数类型 函数名（形式参数表）；

函数的声明是把函数的名字、函数类型以及形参的类型、个数和顺序通知编译系统，以便调用函数时系统进行对照检查。函数的声明后面要加分号。

如果声明的函数在文件内部，则声明时不用 extern，如果声明的函数不在文件内部，而在另一个文件中，声明时须带 extern，指明使用的函数在另一个文件中。

4. return 语句

有两种方法可以终止子函数运行并返回到调用它的函数中：一是执行到函数的最后一条语句后返回；一是执行到语句 return 时返回。前者当子函数执行完后仅返回给调用函数一个 0。若要返回一个值，就必须在函数体内用 return 语句，只需在 return 语句中指定返回的值即可，但这种方法只能返回一个参数。

return 语句一般放在函数的最后位置，用于终止函数的执行，并控制程序返回调用该函数时所处的位置。返回时还可以通过 return 语句带回返回值。return 语句格式有两种：

（1）return；

（2）return （表达式）；

如果 return 语句后面带有表达式，则要计算表达式的值，并将表达式的值作为函数的返回值。若不带表达式，则函数返回时将返回一个不确定的值。通常我们用 return 语句把调用函数取得的值返回给主调用函数。

5. C51 函数的参数和返回值的传递规则

C51 函数的参数传递分为调用时的参数传递和返回时函数返回值的传递。

（1）调用时参数的自动传递

分三种情况：少于等于 3 个参数时通过寄存器自动传递（寄存器不够用时通过存储区传递）；多于 3 个时有一部分通过自动存储区传递；对于重入函数参数通过堆栈自动传递。

通过寄存器传递速度最快。表 2.6 给出了第一种情况通过寄存器传递参数的规则。

表 2.6　C51 利用寄存器自动传递参数规则

参数号	char	int	long, float	一般指针
1	R7	R6, R7（低字节）	R4~R7	R1、R2、R3（R3 为存储区，R2 为高地址，R1 为低地址）
2	R5	R4, R5（低字节）	R4~R7 或存储区	R1、R2、R3 或存储区
3	R3	R2, R3（低字节）	存储区	R1、R2、R3 或存储区

（2）函数返回时返回值的自动传递

当函数有返回值时，通过相应的寄存器自动传递。表 2.7 列出了 C51 函数返回值自动传递规则。

表 2.7　C51 函数返回值自动传递规则

返回类型	使用的寄存器	说　明
bit	C（进位标志）	由进位标志位返回
char 或 1 字节指针	R7	由 R7 返回
int 或 2 字节指针	R6, R7	高字节在 R6，低字节在 R7
long	R4~R7	高字节在 R4，低字节在 R7
float	R4~R7	32 位 IEEE 格式
一般指针	R1~R3	R3 为存储区，R1 为低地址

（3）用全局变量实现参数、返回值的手动传递

如果将所要传递的参数定义为全局变量，可使变量在整个程序中对所有函数都可见。调用时的参数传递和返回时参数的传递都可以用全局变量。全局变量的数目受到限制，特别对于较大的数组更是如此。

【例 2-3】　以下示例程序中 m[10]数组是全局变量，数据元素的值在 disp()函数中被改变后，回到主函数中得到的依然是被改变后的值。

```c
#include<stdio.h>
Void disp(void);
int m[10];          /*定义全程变量*/
int main()
{
    int i;
    printf("In main before calling\n");
    for(i=0; i<10; i++)
{
    m[i]=i;
    printf("%3d", m[i]);    /*输出调用子函数前数组的值*/
```

```
            }
            disp();                    /*调用子函数*/
            printf ("\nIn main after calling\n");
            for (i=0; i<10; i++)
            printf ("%3d", m[i]);      /*输出调用子函数后数组的值*/
            getchar();
            return 0;
        }
Void disp (void)
    {
        int j;
        printf ("In subfuncafter calling\n");/*子函数中输出数组的值*/
        for (j=0; j<10; j++)
    {
        m[j]=m[j]*10;
        printf ("%3d", m[j]);
        }
    }
```

6. 函数的嵌套与递归

（1）函数的嵌套

在一个函数的调用过程中调用另一个函数，叫函数的嵌套。C51 编译器通常依靠堆栈来进行参数传递，堆栈设在片内 RAM 中，而片内 RAM 的空间有限，因而嵌套的深度比较有限，一般在几层以内。如果层数过多，就会导致堆栈空间不够而出错。

【例 2-4】 函数的嵌套调用。

```
#include <reg52.h>              //包含特殊功能寄存器库
#include <stdio.h>              //包含 I/O 函数库
extern serial_initial ( );
int max (int a, int b)          //函数 max
{
int z;
z=a>=b?a:b;
return (z);
}
int add (int c, int d, int e, int f)//函数 add
{
int result;
result=max (c, d) +max (e, f);        //调用函数 max
return (result);
}
Void main ( )          //主函数
{
int final;
serial_initial ( );
```

```
        final=add(7, 5, 2, 8);           //调用函数 add
        printf("%d", final);
        while(1);
    }
```

（2）函数的递归

递归调用是嵌套调用的一个特殊情况。如果在调用一个函数过程中又直接或间接调用该函数本身，则称为函数的递归调用。

在函数的递归调用中要避免出现无终止地自身调用，应通过条件控制结束递归调用，使得递归的次数有限。

下面是一个利用递归调用求 n!的例子。

【例 2-5】递归求数的阶乘 n!。

在数学计算中，一个数 n 的阶乘等于该数本身乘以数 n-1 的阶乘，即 n!=n×（n-1）!，用 n-1 的阶乘来表示 n 的阶乘就是一种递归表示方法。在程序设计中通过函数递归调用来实现。

程序如下：

```
#include <reg52.h>           //包含特殊功能寄存器库
#include <stdio.h>           //包含 I/O 函数库
extern serial_initial( );
int fac(int n) reentrant     //定义 fac(n)为可重入函数
{
int result;//定义变量 result 存放 n!
if (n==0)
result=1;//若 n=0 则 0!=1
else
result=n*fac(n-1);   //计算//n!=n*(n-1)!
return(result);//返回结果
}
Void main( )
{
int fac_result;
serial_initial( );
fac_result=fac(11);//调用递归函数 fac()求 11!
printf("%d\n", fac_result);//打印结果
}
```

注意：只有可重入函数才可以递归调用。

7. C51 的库函数——输入/输出函数的使用

C51 的输入和输出函数的形式虽然与 ANSI C 的一样，但实际意义和使用方法都大不一样，因此，有必要专门介绍一下 C51 的输入/输出函数。

在 C51 的 I/O 函数库中定义的 I/O 函数，都是以_getkey 和 putchar 函数为基础。这些 I/O 函数包括：字符输入/输出函数 getchar 和 putchar，字符串输入/输出函数 gets 和 puts，格式输入/输出函数 printf 和 scanf 等。

C51 的输入/输出函数，都是通过单片机的串行接口实现的。在使用这些 I/O 函数之前，必须先对单片机的串行口、定时/计数器 T1 进行初始化。假设单片机的晶振为 11.0592MHz，波特率为 9600bps，则初始化程序段为：

```
SCON=0x52;   //设置串口方式1收、发
TMOD=0x20;   //设置T1以模式2工作
TL1=0xfd;    //设置T1低8位初值
TH1=0xfd;    //设置T1自动重装初值
TR1=1;       //开T1
```

（1）基本输入函数 getkey

getkey 函数是基本的字符输入函数，原型为

char _getkey（void）

函数功能：从单片机串行口读入一个字符，如果没有字符输入则等待，返回值为读入的字符，不显示。它为可重入函数。

（2）字符输入函数 getchar()

功能：与 getkey 基本相同，唯一的区别：还要从串行口返回字符并显示。

（3）基本输出函数 putchar

putchar 函数是基本的字符输出函数，其原型为：

char   putchar（char）

函数功能：是从单片机的串行口输出一个字符，返回值为输出的字符。

putchar 为可重入函数。

（4）格式输出函数 printf

函数 printf 的格式如下：

printf（格式控制，输出参数表）

函数功能：通过单片机的串行口按指定格式，在标准输出设备上输出相应输出列表中的值。

格式控制的是用双引号括起来的字符串，也称为转换控制字符串，它包括三种信息：格式说明符、普通字符、转义字符。

● 格式说明符：由百分号"%"和格式字符组成，其作用是指明输出数据的格式，如%d、%c、%s 等，见表 2.8 与表 2.9。

● 普通字符：这些字符按原样输出，主要用来输出一些提示信息。

● 转义字符：由"\"和字母或字符组成，它的作用是输出特定的控制符，如转义字符"\n"的含义是输出换行，详细情况见表 2.10。

函数中的"输出表列"由需要输出的一些数据组成，它们可以是变量、常量、函数或表达式，这些数据应当与"格式控制"字符串中的格式说明符的类型一一对应，如果"输出表列"中有多项数据，则每个数据之间用逗号隔开。

表 2.8 printf()函数格式说明符

格式说明符	说　　明
%d 或%i	以十进制形式输出带符号整数（整数省略符号）
%o	以八进制形式输出无符号整数（不输出前导符 0）
%x	以十六进制形式输出无符号整数（不输出前导符 0x）

续表

格式说明符	说 明
%u	以十进制形式输出无符号整数
%f	以小数形式输出单、双精度实数，隐含输出 6 位小数
%e 或%E	以指数形式输出单、双精度实数
%g	选用%f 或%e 中输出宽度较短的一种格式输出单、双精度实数
%c	输出单个字符
%s	输出字符串
%%	输出一个%

表 2.9　printf()函数附加格式说明符表

附加格式说明符	说 明
字母 l	用于长整型数据，可加在 d、o、x、u 格式符前
m（代表一正整数）	指定输出数据所占宽度（含小数点），示范:%m.nd
n（代表一正整数）	对实数，表示输出 n 位小数；对字符串，表示截取的字符个数
+（通常省略）	右对齐，即输出的数字或字符在域内向右靠，左边填空格
-	左对齐，即输出的数字或字符在域内向左靠，右边填空格

表 2.10　C 语言转义字符表

转义字符	含 义	ASCII 码（16/10 进制）
\o	空字符（NULL）	00H/0
\n	换行符（LF）	0AH/10
\r	回车符（CR）	0DH/13
\t	水平制表符（HT）	09H/9
\v	垂直制表（VT）	0B/11
\a	响铃（BEL）	07/7
\b	退格符（BS）	08H/8
\f	换页符（FF）	0CH/12
\'	单引号	27H/39
\"	双引号	22H/34
\\	反斜杠	5CH/92
\?	问号字符	3F/63
\ddd	任意字符	三位八进制
\xhh	任意字符	二位十六进制

【例 2-6】用 printf 函数输出例子（假设 y 已定义过，也赋值过）：

```
printf("x=%d", 36);                        //从串行口输出 x=36
printf("y=%d", y);                         //从串行口输出 y=y 的值
printf("c1=%c, c2=%c", 'A', 'B');          //从串行口输出 c1=A, c2=B
printf("%s\n", "OK, SenD. datA. begin!");  /*从串行口输出"OK, Send data begin!"并回车换行*/
```

温馨小贴士：

● 调用 printf()函数时，格式转换说明符与输出项必须在顺序上和数据类型上一一对应和

匹配。例如：用%f格式要对应一个浮点数输出项，否则将出错或作为 0 处理。
- 当格式转换说明符个数少于输出项个数时，多余的输出项不予输出；当格式转换说明符个数多于输出项个数时，输出项输出不定值。
- 当 printf()先按照从右到左的顺序计算各表达式的值，然后再输出结果。

（5）格式输入函数 scanf

scanf 函数的功能是通过单片机串行口实现各种数据输入。函数格式如下：

scanf（格式控制，地址列表）

格式控制与 printf 函数的类似，也是用双引号括起来的一些字符，包括三种信息：格式说明符、普通字符和空白字符。

- 格式说明符：由百分号 "%" 和格式字符组成，其作用是指明输入数据的格式，见表 2.11 和表 2.12。
- 普通字符：在输入时，要求这些字符按原样输入。
- 空白字符：包括空格、制表符和换行符等，这些字符在输入时被忽略。

格式控制符的作用是将输入的数据转换为指定的格式，然后存入到由地址表所指向的相应的变量中。

地址列表：由若干个地址组成，它可以是指针变量、变量地址（取地址运算符 "&" 加变量）、数组地址（数组名）或字符串地址（字符串名）等。

表 2.11　scanf()函数格式说明符

格式说明符	说　明
%d	输入十进制整数
%o	输入八进制整数
%x	输入十六进制整数
%f	输入实数，以小数形式输入
%e	输入实数，以指数形式输入
%c	输入单个字符
%s	输入字符串

表 2.12　scanf()函数附加格式说明符

附加格式说明符	说　明
字母 l	输入长整型数据（%ld，%lo，%lx）及双精度
字母 h	输入短整型数据（%hd，%ho，%hx）
m（为一正整数）	制定输入数据所占的宽度
*	读入对应的输入项后不赋给相应的变量

"*" 符号表示该输入项读入后不赋给相应的变量，即跳过该输入值。

【例 2-7】用 scanf 函数输入例子（假设 x、y、z、c1、c2 是定义过的变量，str1 是定义过的指针）：

```
scanf("%d", &x);            //从键盘输入一个数据给变量 x
scanf("%d%d", &y, &z);      //从键盘输入二个数据分别给变量 y、z
scanf("%c%c", &c1, &c2);    //从键盘输入二个字符分别给变量 c1、c2
scanf("%s", str1);          //从键盘输入一个字符串给变量 str1
```

在实际的串行通信中，传输的数据多数是字符型和字符串，以字符串居多，往往把数字型数据转换成字符串传输。

温馨小贴士：
- 输入数据时不能规定精度，如"scanf（"%7.2f"，&a);"是不合法的。
- scanf()函数要求给出变量地址，而不是变量名。
- 输入多个数据时，数据输入时的分隔符应与"格式说明符"中的分隔符相对应。若格式说明符中无分隔符，可用空格、制表符或回车符作为数据的分隔符。C 语言编译程序在遇到空格、TAB 键、回车符或非法数据（即非格式说明符的符号，如对"%d"格式输入"12A 时，A 即为非法数据"）时认为该数据结束。
- 在用%c 格式输入单个字符时，若格式说明字符串中没有分隔符，则认为所有输入的字符均为有效字符。遇空格、回车视为转义字符输入。

8. 函数作用范围与变量作用域

（1）C51 中每个函数都是独立的代码块，函数代码归该函数所有，除了对函数的调用以外，其他任何函数中的任何语句都不能访问它。例如使用跳转语句 goto 就不能从一个函数跳进其他函数内部。除非使用全程变量，否则一个函数内部定义的程序代码和数据，不会与另一个函数内的程序代码和数据相互影响。

（2）C51 中所有函数的作用域都处于同一嵌套程度，即不能在一个函数内再说明或定义另一个函数。

C51 中一个函数对其他子函数的调用是全程的，即使函数在不同的文件中，也可不必附加任何说明语句而被另一函数调用，也就是说一个函数对于整个程序都是可见的。

（3）在 C51 中，变量可以在各个层次的子程序中加以说明，也就是说，在任何函数中，变量说明不只允许在一个函数体的开头处说明，而且允许变量的说明（包括初始化）跟在一个复合语句的左花括号的后面，直到配对的右花括号为止。它的作用域仅在这对花括号内，当程序执行到花括号以外时，它将不复存在。当然，内层中的变量即使与外层中的变量名字相同，它们之间也是没有关系的。

【例 2-8】全局变量与局部变量示例。

```c
#include<stdio.h>
    int i=10;   //定义 i 为全局变量，并赋值
    int main()
    {
        int i=1;  定义 i 为局部变量，并赋值
        printf("%d\t", i);
        {
            int i=2;  //定义 i 为局部变量，并赋值
            printf("%d\t", i);
            {
                extern i;
                i+=1;
                printf("%d\t", i);
            }
            printf("%d\t", ++i);
        }
        printf("%d\n", ++i);
```

```
        return 0;
    }
```

运行结果为:12342。

四、任务实施

(一)任务实训工单

表 2.13 为任务一的实训工单,在实训前要提前填写好各项内容,最好用铅笔填,以方便实训过程中修改。

表 2.13 任务一实训工单

【项目名称】 项目二 智能交通灯控制系统
【任务名称】 任务一 简易交通灯控制系统
【任务目标】 1. 设计并实现单片机交通灯控制系统,在正常情况下双方轮流点亮交通灯,交通灯的状态如下表所示。 2. 实现对一简易交通灯系统控制的软件程序设计。 3. 进行电路测试与调整。 | 东西方向(简称 A 方向)			南北方向(简称 B 方向)			状态说明
---	---	---	---	---	---	---
红灯	黄灯	绿灯	红灯	黄灯	绿灯	
灭	灭	亮	亮	灭	灭	A 方向通行,B 方向禁行
灭	灭	闪烁	亮	灭	灭	A 方向绿灯闪烁警告,B 方向禁行
灭	亮	灭	亮	灭	灭	A 方向黄灯亮警告,B 方向禁行
亮	灭	灭	灭	灭	亮	A 方向禁行,B 方向通行
亮	灭	灭	灭	灭	闪烁	A 方向禁行,B 方向绿灯闪烁警告
亮	灭	灭	灭	亮	灭	A 方向禁行,B 方向黄灯亮警告 | 4. 根据电路要求进行元器件筛选,采购并检测,设计电路印制板。 5. 进行程序调试。 6. 按装配流程设计安装步骤,进行电路元器件安装、调试,直至成功。
【硬件电路】 实现简易交通灯系统控制的单片机系统的仿真电路如图 2.10 所示。

续表

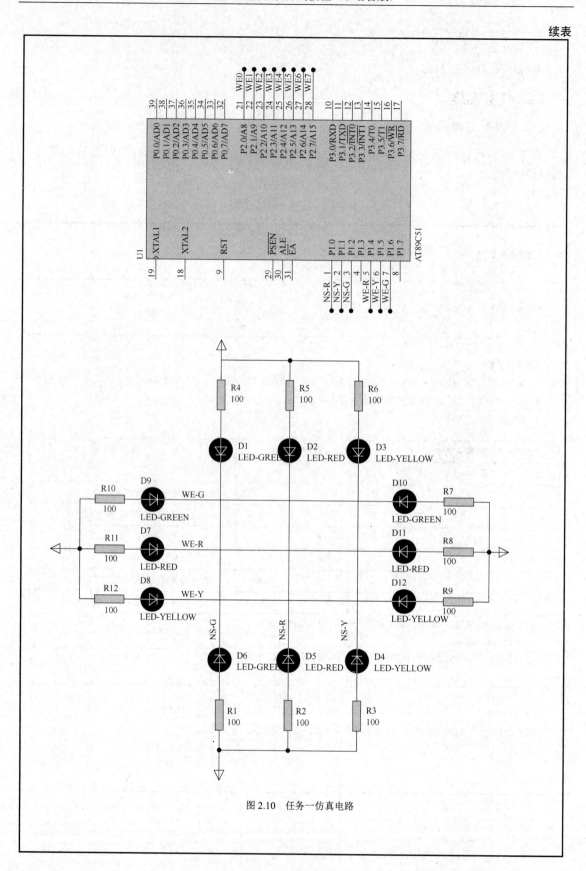

图 2.10 任务一仿真电路

【软件程序】
//程序：project2_1.c
//功能：简易交通灯控制程序
```c
#include<reg51.h>
void delay(unsigned char t)  // 延时时间为 t 秒
{
  unsigned char i, j;
  for(i=0;i<t;i++)
    {
        for(j=0;j<20;j++)    //循环 20 次，延时时间为 1 秒
        {
            TMOD=0x01;   //设置定时器 0 为定时方式 1
            TH0=15536/256;    //设置定时器 50（ms）初值
            TL0=15536%256;
            TR0=1;    // 启动 T0
            while(TF0==0);    //查询计数是否溢出，即定时 50ms 时间到，TF0=1
            TF0=0;        // 50ms 定时时间到，将定时器溢出标志位 TF0 清零
        }
    }
}
main()
{
unsigned char k, m;
while(1)
  {

    P1=0x36;   // 东西绿灯，南北红灯，延时 10 秒
    delay(10);
    for(k=0;k<3;k++)    //东西绿灯闪烁 3 次
        {
            P1=0x76;
            delay(1);    // 延时 1 秒
            P1=0x36;
            delay(1);
        }
    P1=0x56;   //东西黄灯，南北红灯，延时 3 秒
    delay(3);
    P1=0x63;    //东西红灯，南北绿灯，延时 5 秒
    delay(5);
    for(m=0;m<3;m++)   //南北绿灯闪烁 3 次
        {
            P1=0x67;
            delay(1);
            P1=0x63;
            delay(1);
```

}
  P1=0x65;　//东西红灯，南北黄灯，延时 3 秒
  delay（3）；
  }
}

（二）任务调试过程

1．硬件电路组装（参见项目一任务一）。

2．软件调试（参见项目一任务一）。

3．程序下载（参见项目一任务一）。

4．软硬件综合调试（参见项目一任务一）。

（三）任务扩展与提高

1．利用定时/计数器定时产生周期信号。要求用定时器 T1 定时，在 P1.0 引脚上输出周期为 50Hz 的方波。设晶振频率为 12MHz。

2．某系统要求用定时器 T1 对由 P3.5（T1）引脚输入的脉冲计数，每计满 10 个脉冲，在 P1.1 引脚输出一个正脉冲（设被测脉冲宽度最大为 65535 个机器周期）。

五、任务小结

本任务实现了控制一个简易交通灯系统的单片机应用系统。通过本任务了解 51 单片机中定时/计数器的工作原理；掌握了 51 单片机中定时/计数器的控制寄存器的使用方法、51 单片机中定时/计数器的方式寄存器的使用方法、51 单片机中定时/计数器的工作方式的设置方法、51 单片机中定时/计数器的计数初值的设置方法、5l 单片机中定时/计数器在各种工作方式下的应用编程方法、C51 中函数的分类、C51 中函数的定义方法、C51 函数中参数的传递方法、C51 中函数的调用方法。

【任务二　智能交通灯控制系统】

一、任务描述

在本项目任务一的基础上增加两种情况（特殊情况和紧急情况）：

（1）正常情况下按本项目任务一的要求运行；

（2）特殊情况时，A 道放行（按键 K1 按下表示有特殊情况发生）。

（3）有紧急车辆通过时，A、B 道均为红灯（按键 K2 按下表示有紧急情况发生）。紧急情况优先级高于特殊情况。

二、任务教学目标

表 2.14 为本任务的任务目标。

表 2.14 智能交通灯控制系统的任务目标

任务名称		智能交通灯控制系统	
教学目标	知识目标	1. 掌握中断的概念、特点； 2. 了解 MCS-51 系列单片机中中断系统的结构； 3. 了解 MCS-51 系列单片机的中断源； 4. 掌握中断的开放和禁止； 5. 掌握中断优先级设置方法； 6. 了解中断处理过程。	
	能力目标	1. 掌握 51 单片机中中断系统的使用能力； 2. 进一步掌握单片机应用系统分析和软硬件设计的基本方法； 3. 培养常用逻辑电路及其芯片的识别、选取、测试能力； 4. 培养诊断简单单片机应用系统故障的能力； 5. 培养常用逻辑电路及其芯片的检索与阅读能力； 6. 培养简单单片机应用系统的安装、调试与检测能力； 7. 培养良好的职业素养、沟通能力及团队协作精神。	
知识重点	C51 中函数调用；中断的概念、特点；51 单片机中中断系统的结构；51 单片机的中断源；中断的开放和禁止；中断优先级设置；中断处理过程。	知识难点	C51 中函数调用；中断的概念、特点；51 单片机中中断系统的结构；51 单片机的中断源；中断的开放和禁止；中断优先级设置。

三、任务资讯

（一）输入/输出概述

一般输入/输出设备与单片机交换信息的方式主要有以下三种方式：无条件传送方式、查询传送方式、中断方式。

1. 无条件传送方式

采用无条件传送方式的前提是外部控制过程的各种动作时间是固定的、已知的，在进行数据传送时，不必查询外设的状态，它总是处于"准备就绪"状态，CPU 随时可与外设进行数据传送，这种传送方式的优点是硬件和软件都很简单。

无条件传送方式实际上还是有条件的，即数据传送不能太频繁，以保证每次数据传送时，外设总是"准备就绪"的。它一般只适用主机与简单外设（如拨盘或七段 LED 显示器等）之间的数据传送。

2. 查询传送方式

查询控制方式又称为程序控制方式。首先 CPU 查状态字中的标志，看看数据交换是否可以进行，若外设未准备就绪，则等待。若已准备就绪，则 CPU 从 I/O 设备读出数据，同时把 I/O 设备的状态字复位。

这就是查询方式，其优点是可以同时监控若干外设，从而提高控制的灵活性。其缺点是当程序进入查询状态时，若条件不满足，微处理器只能等待，不能处理其他工作，这样很浪费 CPU 的时间。若一个微处理器接有多个 I/O 设备，则 CPU 与每个 I/O 设备交换信息，就要周期地依次地查询 I/O 设备,浪费时间就更多。另外,CPU 需要随时扫描标志位,一旦停止查询将导致外设失控。

3. 中断方式

从查询工作方式可以看出,该方式实际是程序循环等待方式,即软件循环检测外设状态,直到外设准备好时才能进行数据传送的操作,因此,其工作效率很低。为了提高 CPU 的工作效率,广泛采用中断传送方式。

中断方式实际上是硬件等待方式,只有在外设数据准备好之后,才向 CPU 发出请求中断的信号,在 CPU 允许中断的情况下,CPU 才转而去处理这个外设的工作。

在监控多项任务时,采用中断方式可以提高 CPU 效率。例如,某外设发生紧急情况,可以主动提出中断申请,如果允许响应,则 CPU 可以立即停止正在执行的工作,转而处理该紧急事件。可见这是一种实时控制方式,优点是对外设控制更灵活、响应更迅速。

(二)中断的概念

1. 中断概念

中断属于一种对事件的实时处理过程,可以随时迫使 CPU 停止当前正在执行的工作,转而去处理中断源指示的另一项服务程序,等处理完毕后,再返回原来工作的"断点"处,继续执行原来被中止的程序,这个过程称为中断。实现这种功能的部件称为中断系统,产生中断的请求源称为中断源,原来正在运行的程序称为主程序,主程序被断开的位置称为断点,见图 2.11。

调用中断服务程序类似于程序设计中的调用子程序,但两者又有本质区别,中断是随机产生的,而子程序的调用是事先安排好的。

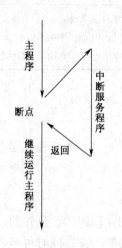

图 2.11 中断处理过程示意图

2. 中断作用

(1)提高 CPU 工作效率。因为许多外设的速度比 CPU 慢,二者间无法同步地进行数据交换。为此可通过中断方式实现 CPU 与外设之间的协调工作。这种用中断方式进行的 I/O 操作,在宏观上看来,可以实现 CPU 与外设的并行工作。

(2)可实现实时控制。实时处理是自动控制系统对控制器提出的要求,各控制参数可以随时向 CPU 发出中断申请,而 CPU 也必须做出快速响应和及时处理,以便使被控对象保持在最佳工作状态。

(3)实现故障的紧急处理。当外设或计算机自身出现故障时,可以利用中断系统请求 CPU 及时处理这些故障。

(4)便于实现人为控制。如操作人员可以利用键盘等实现中断,完成人的干预。

(三)51 单片机的中断系统

80C51 单片机的中断系统主要由几个与中断有关的特殊功能寄存器、中断入口、顺序查询逻辑电路等组成。

80C51 系列单片机的中断系统有 5 个中断源，2 个优先级，可实现两级中断服务嵌套。整个中断系统包括中断请求标志位（在特殊功能寄存器 TCON 和 SCON 中）、中断允许寄存器 IE、中断优先级寄存器 IP 及内部硬件查询电路等，其结构如图 2.12 所示。

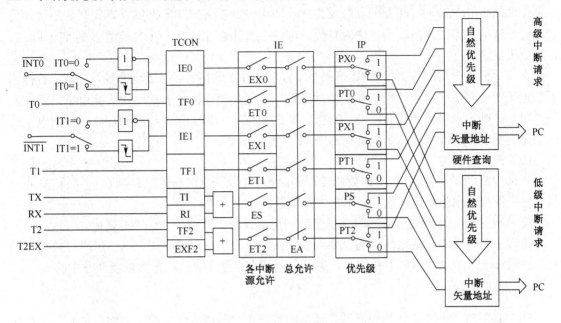

图 2.12 51 单片机的中断系统结构

当某中断源的中断申请被 CPU 响应之后，CPU 将把此中断源所对应中断函数的中断入口地址装入 PC，CPU 即从此地址开始执行程序。中断入口也称为中断矢量。

下面将分几个部分对 80C51 单片机的整个中断系统予以介绍。

1. 51 单片机的中断源

能够产生中断申请，引起中断的装置和事件被称为中断源。80C51 型单片机提供了五个中断源：两个外部中断源和三个内部中断源。每一个中断源都有一个中断申请标志位，但是串行口占有两个中断标志位，因此 80C51 一共有六个中断标志位。具体情况如表 2.15 所示。

表 2.15 80C51 五个中断源比较

分 类	中 断 源	中断申请标志	中 断 原 因	中断入口地址
外部中断源	外部中断 0	IE0（TCON.1）	P3.2/$\overline{INT0}$ 脚上信号可以引起中断申请	0003H
	外部中断 1	IE1（TCON.3）	P3.3/$\overline{INT1}$ 脚上信号可以引起中断申请	0013H
内部中断源	定时/计数中断 0	IF0（TCON.5）	T0 计数溢出后引起中断申请	000BH
	定时/计数中断 1	IF1（TCON.6）	T1 计数溢出后引起中断申请	001BH
	串行口中断	RI（SCON.0）	串行口中断接收一帧后引起中断申请	0023H
		TI（SCON.1）	串行口中断发送一帧后引起中断申请	

(1) 外部中断源

外部中断源是指可以向单片机提出中断申请的外设。外部中断的信号被称为外部事件，外部中断共有两个中断源，即外部中断 0 和外部中断 1，中断请求信号输入端是 $\overline{INT0}$ 和 $\overline{INT1}$。外部中断请求 $\overline{INT0}$ 和 $\overline{INT1}$ 有两种触发方式，即电平触发方式和脉冲触发方式。这个触发信号究竟是低电平有效还是一个下降沿有效，可以由软件通过设置 TCON 寄存器的 IT0 和 IT1 位的值来控制。

在每个机器周期的 S5P2，CPU 检测 $\overline{INT0}$ 和 $\overline{INT1}$ 上的信号。对于电平触发方式，若检测到低电平即为有效的中断请求。对于脉冲触发方式要检测两次，若前一次为高电平，后一次为低电平，则表示检测到了负跳变的有效中断请求信号。为了保证检测的可靠性，低电平或高电平的宽度至少要保持一个机器周期即 12 个振荡周期。

(2) 内部中断源

内部中断源是指内部定时/计数器溢出的时刻，以及串行口传送或接收完一帧信息的时刻，它们都会产生中断申请信号，引起中断申请。

定时/计数器的中断过程在本项目任务一中已经详细讲述过，在此不再赘述。

串行中断是为串行数据传送的需要而设置的。每当串行口接收或发送一组串行数据完毕时，由硬件产生一个串行口中断请求。串行中断请求也是在单片机的内部自动发生的。

2. 中断请求标志

80C51 对每一种中断源的中断请求都对应有一个中断请求标志位，它们分别在两个特殊功能寄存器 TCON 和 SCON 中，共定义了六个位作为中断标志位，当其中某位为 0，相应的中断源没有提出中断申请；当其中某位变成 1 时，表示相应中断源已经提出中断申请。

(1) 定时器控制寄存器 (TCON)

TCON 是定时/计数器 T0 和 T1 的控制寄存器，除了用于控制定时/计数器的启动的位外，其余各位用于中断控制。该寄存器的地址为 88H，位地址 88H～8FH。TC0N 寄存器与中断有关的位如表 2.16 所示。

表 2.16 TCON 寄存器与中断有关的位

位地址	8FH	8EH	8DH	8CH	8BH	8AH	89H	88H
位符号	TF1	TR1	TF0	TR0	IE1	IT1	IE0	IT0

其中：

IT0 为外部中断 0 请求信号方式控制位。IT0＝1，为脉冲触发方式（负跳变有效）；IT0＝0，为电平方式（低电平有效）。

IE0 为外部中断 0 请求标志位。当 CPU 检测到 INT0（P3.2）端有中断请求信号时，由硬件置位，使 IE0＝1 请求中断，中断响应后转向中断服务程序时，由硬件自动清零。

IT1 为外部中断 1 请求信号方式控制位，功能与 IT0 类似。

IE1 为外部中断 1 请求标志位，功能与 IE0 类似。

TF0 为定时/计数器 0 溢出标志位，当定时时间到或计数值已满，就以溢出信号作为中断请求，去置位一个溢出标志位，向单片机提出中断请求。

TF1 为定时/计数器 1 溢出标志位，功能与 TF0 类似。

（2）串行口控制寄存器（SCON）

SCON 是串行口控制寄存器，其中低两位用来作为串行口中断请求标志。该寄存器的地址是 98H，位地址为 98H～9FH。SCON 寄存器与中断有关的位如表 2.17 所示。

表 2.17　SCON 寄存器与中断有关的位

位 地 址	9FH	9EH	9DH	9CH	9BH	9AH	99H	98H
位 符 号	—	—	—	—	—	—	TI	RI

SCON 中高 6 位用于串行口控制，其功能将在串行接口一节介绍，低 2 位（RI、TI）用于中断控制，其作用如下：

TI 为串行口发送中断请求标志位。发送完一帧串行数据后，由硬件置 1，其清零必须由软件完成。

RI 为串行口接收中断请求标志位。接收完一帧串行数据后，由硬件置 1，其清零必须由软件完成。

在 80C51 单片机串行口中，TI 和 RI 的逻辑"或"作为一个内部中断源，二者之一置位即可以产生串行口中断请求，然后系统将在中断服务程序中测试这两个标志位，以决定是发送中断还是接收中断。

3. 中断允许和中断优先级

（1）中断允许寄存器 IE

在 80C51 中断系统中，中断的允许或禁止是由片内的中断允许寄存器 IE 控制的。IE 寄存器的地址是 A8H，位地址为 A8H～AFH。寄存器的内容及位地址如表 2.18 所示。

表 2.18　寄存器 IE 内容及位地址

位 地 址	AFH	AEH	ADH	ACH	ABH	AAH	A9H	A8H
位 符 号	EA	/	/	ES	ET1	EX1	ET0	EX0

其中：

EA：中断允许总控位，或称总允许位。如果该位 EA＝0，则所有中断请求均被禁止；若该位 EA＝1，则是否允许中断由各个中断控制位决定。

EX0/EX1：外部中断 0/外部中断 1 的中断允许位。若该位＝1。则对应外部中断源可以申请中断；否则，对应外部中断申请被禁止。

ET0/ET1：T0/T1 中断允许控制位。若该位＝1，则对应定时/计数器可以申请中断；否则对应定时/计数器不能申请中断。

ES：串行口允许控制位。若该位＝1，则允许串行口申请中断；否则，不允许串行口申请中断。

80C51 单片机系统复位后，IE 各位均清零，即禁止所有中断。

（2）中断优先级控制寄存器 IP

80C51 系统定义了高、低两个优先级，中断优先级控制比较简单。各中断源的优先级由优先级控制寄存器 IP 进行设定。

IP 寄存器地址 B8H，位地址为 B8H~BFH。寄存器的内容及位地址表示如表 2.19 所示。

表 2.19 寄存器 IP 内容及位地址

位地址	BFH	BEH	BDH	BCH	BBH	BAH	B9H	B8H
位符号	—	—	—	PS	PT1	PX1	PT0	PX0

其中，PX0——外部中断 0 优先级设定位。
PT0——定时器 T0 中断优先级设定位。
PX1——外部中断 1 优先级设定位。
PT1——定时器 T1 中断优先级设定位。
PS ——串行中断优先级设定位。

以上某一控制位若被置零，则该中断源被定义为低优先级；若被置 1，则该中断源被定义为高优先级。中断优先级控制寄存器 IP 的各个控制位，都可以通过编程来置位或清零。单片机复位后，IP 中各位均被清零。

中断优先级是为中断嵌套服务的，80C51 单片机中断优先级的控制原则有以下几点：
● 低优先级中断请求不能打断高优先级的中断服务，但高优先级中断请求可以打断低优先级的中断服务，从而实现中断嵌套。
● 一个中断得到响应，那么与它同级的中断请求不能中断它。
● 如果同级的多个中断请求同时出现，则按 CPU 查询次序确定哪个中断请求被响应。同一级中的 5 个中断源的优先顺序见图 2.13。

图 2.13 同一级中的 5 个中断源的优先顺序

（3）中断嵌套

当 CPU 正在执行中断服务程序时，又有新的中断源发出中断申请时，根据中断优先级，决定是否响应新的中断。如是同级中断源申请中断，CPU 不予理睬；如是高级中断源申请中断，CPU 将转去响应新的中断请求，待高级中断服务程序执行完毕，CPU 再转回原来低级中断服务程序，这称为中断的嵌套，图 2.14 为两级中断嵌套的执行过程。

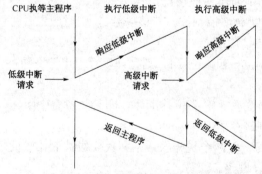

图 2.14 两级中断嵌套的执行过程

4. 中断响应

（1）中断响应条件

若允许某一中断源中断，首先应使中断总允许 EA 标志为 1，且对应的中断允许控制位等于 1。CPU 在每个机器周期对该中断源进行检测，如果它提出中断申请，则只要满足下列条件就可立即响应：

- 无同级或高级中断正在服务。
- 检测到有中断请求到来的机器周期是当前正在执行指令的最后一个机器周期。这样可保证当前指令的完整执行。
- 检测到有中断请求到来的指令是访问 IE、IP 寄存器的指令或 RETI 指令后，该指令已执行完毕并且又执行完了一条指令。

在满足上述条件的基础上，单片机就可以响应新的中断请求。

单片机会在每个机器周期按照设定的优先顺序逐个查询中断请求标志位，如果查到某个中断请求标志为 1，且满足响应该中断的上述条件，就可以在下一个机器周期予以响应。

（2）中断响应时间

从检测到有中断请求到转去执行中断服务程序所需的时间称为中断响应时间。理想情况是检测到中断到来的机器周期是当前正在执行指令的最后一个机器周期，接着用 2 个机器周期的时间执行自动生成的 LCALL 指令，共需要 3 个机器周期。

如果中断到来的机器周期正好是访问 IE、IP 的指令或 RETI 指令（该类指令最长执行时间为 2 个机器周期）的第一个机器周期，而接下来的一条指令是 MUL 或 DIV 指令（需要 4 个机器周期），然后加上执行自动生成的 LCALL 指令的 2 个机器周期，共需要 8 个机器周期。

因此，一般情况下中断响应时间在 3～8 个机器周期之间。当然，如果中断到来时正有同级或高级中断服务程序在响应中，则响应时间就无法估算了。

中断响应的主要操作就是执行由硬件电路自动生成的一条 LCALL addr16 指令，其中 addr16 就是中断源的中断入口地址。首先将断点地址入栈保护，然后把 addr16 送入 PC 中，使程序自动转到相应的中断入口处。

5. 中断处理

如果中断响应条件满足，CPU 就响应中断。中断响应过程分以下 6 个步骤：

（1）保护断点

断点就是 CPU 响应中断时程序计数器 PC 的内容，它指示被中断程序的下一条指令的地址，即断点地址。CPU 自动把断点地址压入堆栈。

（2）转入中断入口地址

程序计数器 PC 自动装入中断入口地址，执行相应的中断函数。

（3）保护现场

为了使中断处理不影响主程序的运行，需要把断点处有关寄存器的内容和标志位的状态压入堆栈区进行保护。现场保护一般在中断服务程序的开始处通过软件编程来实现。

（4）中断服务

执行相应的中断服务。

（5）恢复现场

在中断服务结束之后，返回主程序之前，把保存在堆栈区的现场数据从堆栈中弹出来，送回原来位置。恢复保护一般在中断服务程序的结尾处通过软件编程来实现。

（6）中断返回

执行中断返回指令，它将堆栈内保存的断点地址弹给 PC，程序则恢复到中断前的位置，继续执行。中断处理流程如图 2.15（a）所示。

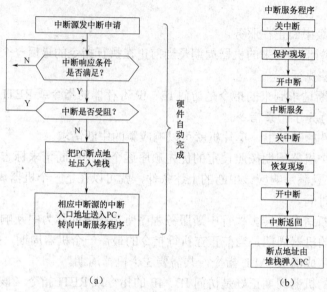

图 2.15 中断处理流程图

中断服务程序的最后一条指令必须是中断返回指令 RETI。RETI 指令能使 CPU 结束中断服务程序的执行，返回到曾经被中断过的程序处，继续执行主程序。

6. 中断请求的撤除

CPU 响应某中断请求后，在中断返回前，应该撤除该中断请求。中断请求撤除方法如下：

● 定时器 T0、T1 溢出中断请求的撤除：允许中断的情况下，响应中断后，硬件会自动清除中断请求标志 TFx。

● 定时/计数器 T2 请求的撤除：T2 中断请求标志位 TF2 和 EXF2 不能自动复位，须软件复位。

● 串行口中断的撤除：串行口中断请求标志位 TI 和 RI，必须软件复位。

● 外部中断的撤除：外部中断为边沿触发方式时，响应中断后，硬件自动清除 IE0 或 IE1。外部中断为电平触发方式时。响应中断后，硬件会自动清除 IE0 或 IE1。但由于加到或引脚的外部中断请求信号并未撤除，中断请求标志 IE0 或 IE1 会再次被置 1，所以在 CPU 响应中断后应立即撤除引脚上的低电平。为了解决这个问题，可以采用图 2.16 所示方法，外部中断请求信号不直接加在 $\overline{INT0}$ 引脚上，而是加在 D 触发器的 CLK 时钟端。由于 D 端接地，当外部中断请求的正脉冲信号出现在 CLK 端时，D 触发器置 0 使 $\overline{INT0}$ 有效，向 CPU 发出中断请求。CPU 响应中断后，利用一根口线作为应答线，图中的 P1.0 接 D 触发器的 $\overline{S}$ 端，在中断服务程序中用下面 2 条指令撤消中断请求：

```
P1=P1&0xff;    //使 P1.0 输出 0
P1=P1|0x01;    //使 P1.0 输出 1
```

这两条指令执行后，使 P1.0 输出一个负脉冲，撤除端口外部中断请求。第二条指令是不可少的，否则，D 触发器 $\overline{S}$ 端始终有效，而 $\overline{INT0}$ 始终为 1，无法再次中断。

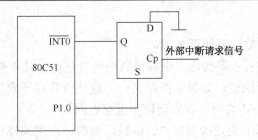

图 2.16　外部中断电平触发方式撤除方法

(四) 中断函数的设计

1. 主函数中初始化程序设计

- 定义外部中断的触发方式
- 中断允许寄存器 IE 的设置
- 中断优先级寄存器 IP 的设置

【例 2-9】使用外部中断 1，设其为高级中断，选择边沿触发方式，则主程序中初始化程序段设计如下：

```
IT1=1; //定义外部中断1为选择边沿触发方式
PX1=1; //定义外部中断1为高级中断
EA=1;  //开中断总允许
EX1=1; //开外部中断1中断允许
```

2. C51 中断函数的定义

C51 函数的定义实际上已经包含了中断服务函数，但为了明确起见，下面专门给出中断处理函数的具体定义形式：

```
void 函数名（void）[函数模式] interrupt m [using n]
{
    局部变量定义语句
    执行语句
}
```

interrupt m 是 C51 函数中非常重要的一个修饰符，这是因为中断函数必须通过它进行修饰。在 C51 程序设计中，当函数定义时用了 interrupt m 修饰符，系统编译时把对应函数转化为中断函数，自动加上程序头段和尾段，并按 MCS-51 系统中断的处理方式自动把它安排在程序存储器中的相应位置。在该修饰符中，m 的取值为 0~31，中断入口地址与中断号 m 的关系：

$$中断入口地址 = 3 + 8 \times m$$

表 2.20　单片机中断源与中断号的关系

中断源	外中断 0	T0 中断	外中断 1	T1 中断	串行中断	T2 中断
中断号	0	1	2	3	4	5
中断入口地址	0x0003	0x000b	0x0013	0x001b	0x0023	0x002b

其他值预留。

编写 MCS-51 中断函数注意如下事项。

(1) 中断函数不能进行参数传递，中断函数中包含任何参数声明都将导致编译出错。

(2) 中断函数没有返回值，如果企图定义一个返回值将得不到正确的结果，建议在定义中断函数时将其定义为 void 类型，以明确说明没有返回值。

(3) 在任何情况下都不能直接调用中断函数，否则会产生编译错误。因为中断函数的返回是由 8051 单片机的 RETI 指令完成的，RETI 指令影响 8051 单片机的硬件中断系统。如果在没有实际中断情况下直接调用中断函数，RETI 指令的操作结果会产生一个致命的错误。

(4) 如果在中断函数中调用了其他函数，则被调用函数所使用的寄存器必须与中断函数相同。否则会产生不正确的结果。

(5) C51 编译器对中断函数编译时会自动在程序开始和结束处加上相应的内容，具体如下：在程序开始处对 ACC、B、DPH、DPL 和 PSW 入栈，结束时出栈。中断函数未加 using n 修饰符的，开始时还要将 R0~R1 入栈，结束时出栈。如中断函数加 using n 修饰符，则在开始将 PSW 入栈后还要修改 PSW 中的工作寄存器组选择位。

(6) C51 编译器从绝对地址 8m+3 处产生一个中断向量，其中 m 为中断号，也即 interrupt 后面的数字。该向量包含一个到中断函数入口地址的绝对跳转。

(7) 中断函数最好写在文件的尾部，并且禁止使用 extern 存储类型说明。防止其他程序调用。

【例 2-10】 编写程序，使用定时/计数器 T0 定时并产生中断，实现从 P1.7 产生方波的功能。

在定时器初始化时要开放对应的源允许（ET0 或 ET1）和总允许（EA），在启动定时/计数器后等待中断。当定时/计数器溢出时，就会产生中断，CPU 会自动将 PC 的值指向相应中断号所对应的中断函数的入口地址。

本例题的程序如下：

```c
#include <reg52.h>
#define    TIMER0L 0x18      //设振荡频率为12MHz
#define    TIMER0H 0xfc      //定时1ms（1000微秒）
void timer0_int (void) interrupt 1
{      TL0=TIMER0L;
       TH0=TIMER0H;
       P1_7=~P1_7;           //产生的方波频率为500Hz
}
void main (void)
{
       TMOD=0x01;            //设置T1模式1定时
       TL0=TIMER0L;          //设置T0低8位初值
       TH0=TIMER0H;          //设置T0高8位初值
       IE=0x82;              //开T0中断和总中断
       TR0=1;                //开T0运行
       while (1);            //等待中断，产生方波
}
```

【例 2-11】编写一个用于统计外中断 0 的中断次数的中断服务程序。

```c
extern int x;
```

```
void int0( ) interrupt 0 using 1
{
x++;
}
```

在多级中断应用中，为了不至于在保护现场或恢复现场时，由于 CPU 响应其他更高级中断请求而破坏现场，应在保护现场和恢复现场之前，使 CPU 关中断，在保护现场或恢复现场之后，根据需要使 CPU 开中断。见图 2.17（b）。

（五）外中断源的扩充

80C51 单片机有 2 个外部中断请求输入端 $\overline{INT0}$ 和 $\overline{INT1}$，当在实际的应用中，若外部源有 2 个以上时，就需要扩充外部中断源。本节介绍两种扩充外部中断源的方法。

1. 用定时器扩充外部中断

80C51 单片机有两个定时器，具有两个内部中断标志和外部计数输入引脚。当定时器设置为计数方式，计数初值设为满量程 FFH，一旦外部信号从计数器引脚输入一个负跳变信号，计数器加 1 产生溢出中断。从而可以转去处理该外部中断源的请求。因此我们可以把外部中断源作为边沿触发输入信号，接至定时器的 T0（P3.4）或 T1（P3.5）引脚上，该定时器的溢出中断标志及中断服务程序作为扩充外部中断源的标志和中断服务程序。它的初始化参考程序如下：

```
TMOD=0x06;    //设置定时器工作方式
TL0=0xff;     //设置计数初值
TH0, #0FFH
TR0=1;        //启动定时器 0
EA=1;         //开中断总允许
ET0=1;        //开定时器 0 中断允许
```

2. 中断与查询相结合

中断与查询相结合实现多外部中断源连接方法见图 2.17。

图中的 3 个外部装置通过与门后，均通过 $\overline{INT1}$ 将中断请求输入发给 CPU。无论哪一个外设提出中断请求，都会使 $\overline{INT1}$ 引脚变低，究竟是哪个外设申请中断，可以通过程序查询 P2.0～P2.2 的逻辑电平获知。

主要程序清单部分如下：

```
#include<reg51.h>
sbit k1=P2^0;
sbit k2=P2^1;
sbit k3=P2^2;
void int0_fsl() interrupt 2
{
   if（k1==0）
   {
   …… //k1 闭合的处理程序
   }
   else if（k2==0）
```

```
        {
            …… //k2 闭合的处理程序
        }
        else
        {
            …… //k3 闭合的处理程序
        }
    }
    Void main()
    {
        IT0=1;//设置中断信号为边沿触发方式
        EA=1;//开总中断
        EX1=1;//开 INT1 中断
        while(1);      // 等待中断
    }
```

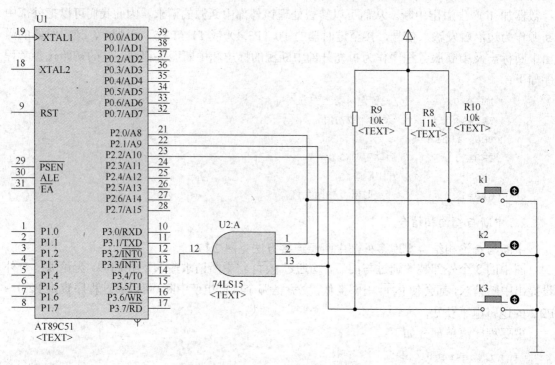

图 2.17 多外部中断源的扩充方法

四、任务实施

（一）任务实训工单

表 2.21 为任务二的实训工单。

表 2.21 任务二实训工单

【项目名称】	项目二　智能交通灯控制系统
【任务名称】	任务二　智能交通灯控制系统

【任务目标】

1. 实现对智能交通灯控制的硬件电路设计；在本项目任务一的基础上增加两种情况（特殊情况和紧急情况）：

（1）正常情况下按本项目任务一的要求运行。

（2）特殊情况时，A 道放行（按键 K1 按下表示有特殊情况发生）。

（3）有紧急车辆通过时，A、B 道均为红灯（按键 K2 按下表示有紧急情况发生）。紧急情况优先级高于特殊情况。

2. 实现对智能交通灯控制的软件程序设计。

3. 进行电路测试与调整。

4. 根据电路要求在任务一的基础上设计电路印制板。

5. 进行程序调试。

6. 按装配流程设计安装步骤，进行电路元器件安装、调试，直至成功。

【硬件电路】

本任务的仿真电路见图 2.18。

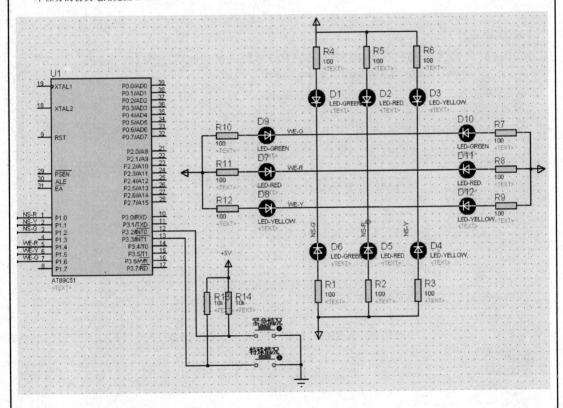

图 2.18　任务二仿真电路图

【软件程序】

//程序：project2_2.c

//功能：智能交通灯控制程序

```
#include<reg51.h>
Unsigned char t, i, j;
```

续表

```
void delay (unsigned char t)    // 延时时间为 t 秒
{
    unsigned char i, j;
    for (i=0;i<t;i++)
    {
        for (j=0;j<20;j++)       //循环 20 次，延时时间为 1 秒
        {
            TMOD=0x01;           //设置定时器 0 为定时方式 1
            TH0=15536/256;       //设置定时器 50（ms）初值
            TL0=15536%256;
            TR0=1;               // 启动 T0
            while (TF0==0);      //查询计数是否溢出，即定时 50ms 时间到，TF0=1
            TF0=0;               // 50ms 定时时间到，将定时器溢出标志位 TF0 清零
        }
    }
}
```

//函数：int_0
//函数功能：外部中断 0 中断函数，紧急情况处理，当 CPU 响应外部中断 0 的中断请求时，
//   自动执行该函数，实现两个方向红灯同时亮 10 秒
//形式参数：无
//返回值：无

```
Void int_0()// interrupt 0 紧急情况中断
{
    Unsigned char l, m, n, o, p, q;
    l=P1;              // 保护现场，暂存 P1 口、TH1、TH0
    m=TL0;
    n=TH0;
    o=t;
    p=i;
    q=j;
    P1=0xee;           // 两个方向都是红灯
    delay (10);        // 延时 10 秒
    P1=l;              // 恢复现场，恢复进入中断前 P1 口、t0、t1、TH1、TH0
    TL0=m;
    TH0=n;
    t=o;
    i=p;
    j=q;
}
```

//函数：int_1
//函数功能：外部中断 1 中断函数，特殊情况处理，当 CPU 响应外部中断 1 的中断请求时，
//   自动执行该函数，实现东西方向放行 20 秒
//形式参数：无

续表

```
//返回值：无
void int_1()    // interrupt 2 特殊情况中断
{
    unsigned char l, m, n, o, p, q;
    EA=0;                // 关中断
    l=P1;                // 保护现场，暂存 P1 口、TH1、TH0
    m=TL0;
    n=TH0;
    o=t;
    p=i;
    q=j;
    EA=1;                // 开中断
    P1=0xbe;             //A 道放行
    delay（20）;          // 延时 20 秒
    P1=i;                // 恢复现场，恢复进入中断前 P1 口、t0、t1、TH1、TH0
    TL0=l;
    TH0=m;
    EA=0;                // 关中断
    P1=l;                // 恢复现场，恢复进入中断前 P1 口、t0、t1、TH1、TH0
    TL0=m;
    TH0=n;
    t=o;
    i=p;
    j=q;
    EA=1;                //开中断
}
void main(){
unsigned char k，m;
    EA=1;                // 开放总中断允许位
    EX0=1;               // 开外部中断 0 中断允许位
    IT0=1;               // 设置外部中断 0 为下降沿触发
    EX1=1;               // 开外部中断 1 中断允许位
    IT1=1;
    PX0=1;               // 设置外部中断 0 为高优先级
    while（1）
    {
        P1=0x36;         // 东西绿灯，南北红灯，延时 10 秒
        delay（10）;
        for（k=0;k<3;k++）//东西绿灯闪烁 3 次
            {
                P1=0x76;
```

```
            delay（1）;    // 延时 1 秒
            P1=0x36;
            delay（1）;
            }
    P1=0x56;    //东西黄灯，南北红灯，延时 3 秒
    delay（3）;
    P1=0x63;    //东西红灯，南北绿灯，延时 5 秒
    delay（5）;
    for（m=0;m<3;m++）  //南北绿灯闪烁 3 次
        {
        P1=0x67;
        delay（1）;
        P1=0x63;
        delay（1）;
        }
    P1=0x65;    //东西红灯，南北黄灯，延时 3 秒
    delay（3）;
    }
}
```

（二）任务调试过程

1．硬件电路组装（参见项目一任务一）。
2．软件调试（参见项目一任务一）。
3．程序下载（参见项目一任务一）。
4．软硬件综合调试。

首先连续运行程序，使交通灯正常轮流放行。按下特殊情况按钮，观察所对应的南北方向的绿灯是否点亮。如果有误，可采用断点运行的方法进行调试，在中断函数 int_1()开始处设定一个断点，连续运行程序，按下特殊情况按钮后程序应暂时停止在设定的断点处。如果程序不能停止在设定的断点处，说明中断条件没有产生，可检查硬件，用万用表测量 P3.3 的电平是否正常，从而排除硬件故障。在断点之后，可以单步调试程序排除软件问题。

观察紧急情况交通灯的状态，理解中断优先级的概念。

连续运行程序，使交通灯正常轮流放行。按下紧急情况按钮，模拟出现紧急状况，观察南北、东西方向是否均为红灯。

采用断点运行的方法进行调试，在中断函数 int_0()开始处设定一个断点，连续运行程序，按下紧急情况按钮后程序应暂时停止在设定的断点处。程序不能停止在设定的断点处，同样用万用表测量 P3.2 的电平是否正常，从而排除硬件故障。在断点之后，可以单步调试程序排除软件问题使程序运行正常。

在按下紧急情况按钮的同时，再按下特殊情况按钮，观察交通灯的显示情况，体会中断优先级的概念。

（三）任务扩展与提高

1．设计一个小任务测试单片机中断系统的同级优先的两个中断源的响应顺序。

（写出任务描述，设计出硬件电路并编写控制程序）

2．设计一个小任务测试单片机中断系统不同优先级的两个中断源的响应顺序。

（写出任务描述，设计出硬件电路并编写控制程序）

五、任务小结

本任务实现了控制一个智能交通灯系统的单片机应用系统。通过本任务介绍了中断的概念、特点；详细介绍了 MCS-51 系列单片机中中断系统的结构、MCS-51 系列单片机的中断源、中断的开放和禁止方法、中断优先级设置方法以及中断处理过程。

【任务三　带倒计时功能的智能交通灯控制系统】

一、任务描述

设计一个带倒计时功能的智能交通灯控制系统，在任务二的基础上实现智能交通灯控制同时，再实现倒计时功能，以及时提醒行人车辆红绿灯还要亮的时间。

二、任务教学目标

表 2.22 为本任务的任务目标。

表 2.22　带倒计时功能的智能交通灯控制系统的任务目标

任务名称		带倒计时功能的智能交通灯控制系统	
教学目标	知识目标	1. 了解 LED 数码管结构及原理。 2. 掌握 LED 静态显示的控制方法。 3. 掌握 LED 动态显示的控制方法。 4. 掌握单片机与 LED 数码管接口方法。 5. 掌握一维数组的定义方法。 7. 掌握一维数组初始化方法、存储方法以及引用方法。	
	能力目标	1. 具备熟练的通过 51 单片机控制 LED 数码管的使用能力。 2. 具备熟练使用一维数组的能力。 3. 培养常用逻辑电路及其芯片的识别、选取、测试能力。 4. 培养诊断简单单片机应用系统故障的能力。 5. 培养对常用逻辑电路及其芯片的检索与阅读能力。 6. 培养简单单片机应用系统的安装、调试与检测能力。 7. 培养良好的职业素养、沟通能力及团队协作精神。	
知识重点	LED 数码管结构及原理；LED 静态显示；LED 动态显示；单片机与 LED 数码管接口；一维数组的定义、初始化方法、存储方法以及引用方法。	知识难点	LED 静态显示；LED 动态显示；单片机与 LED 数码管接口；一维数组的引用方法。

三、任务资讯

（一）C51 的一维数组

C 语言除了有丰富的基本数据类型外，还提供了构造类型的数据，它们有：数组类型、结构体类型、共用体类型。构造类型数据是由基本类型数据按一定规则组成的，因此有的书称它们为"导出类型"。

数组是一种构造类型的数据，通常用来处理具有相同属性的一批数据。此处主要介绍一维数组的定义、初始化、引用及应用。

1. 一维数组的定义

一维数组的定义方式为：
数据类型说明符　数组名[常量表达式][={初值，初值……}]
各部分说明如下：

（1）"数据类型说明符"说明了数组中各个元素存储的数据的类型。

（2）"数组名"是整个数组的标识符，它的取名方法与变量的取名方法相同。

（3）"常量表达式"要求取值要为整型常量，必须用方括号"[ ]"括起来。用于说明该数组的长度，即该数组元素的个数。

（4）"初值"部分用于给数组元素赋初值，这部分在数组定义时属于可选项。对数组元素赋值，可以在定义时赋值，也可以定义之后赋值。在定义时赋值，后面须带等号，初值须用花括号括起来，括号内的初值两两之间用逗号间隔，可以对数组的全部元素赋值，也可以只对部分元素赋值。初值为 0 的元素可以只用逗号占位而不写初值 0。

2. 一维数组应用举例

例如：下面是定义数组的两个例子。
```
unsigned char  x[5];
unsigned int   y[3]={1, 2, 3};
```
第一句定义了一个无符号字符数组，数组名为 x，数组中的元素个数为 5。

第二句定义了一个无符号整型数组，数组名为 y，数组中元素个数为 3，定义的同时给数组中的三个元素赋初值，初值分别为 1、2、3。

需要注意的是：C51 语言中数组的下标是从 0 开始的，因此上面第一句定义的 5 个元素分别是：x[0]、x[1]、x[2]、x[3]、x[4]。第二句定义的 3 个元素分别是：y[0]、y[1]、y[2]。赋值情况为：y[0]=1；y[1]=2；y[2]=3。

C51 规定在引用数组时，只能逐个引用数组中的各个元素，而不能一次引用整个数组。但如果是字符数组则可以一次引用整个数组。

【例 2-12】用数组计算并输出 Fibonacci 数列的前 20 项。

Fibonacci 数列在数学和计算机算法中十分有用。Fibonacci 数列是这样的一组数：第一个数字为 0，第二个数字为 1，之后每一个数字都是前两个数字之和。设计时通过数组存放 Fibonacci 数列，从第三项开始可通过累加的方法计算得到。

程序如下：
```
#include <reg52.h>        //包含特殊功能寄存器库
#include <stdio.h>        //包含 I/O 函数库
extern  serial_initial();
void main ( )
{
int  fib[20],i;// 定义数组 fib，含 20 个元素以及变量 i
fib[0]=0;  // 给数组元素 fib[0]赋值 0
```

```
fib[1]=1; //给数组元素fib[1]赋值1
serial_initial();//调用串口初始化
for (i=2;i<20;i++)
fib[i]=fib[i-2]+fib[i-1];// 给数组fib中的其他元素按Fibonacci数列规则赋值
for (i=0;i<20;i++) //打印Fibonacci数列
{
if (i%5= =0) printf ("\n");
printf ("%6d", fib[i]);
}
while (1);
}
```

读者可自己运行一下查看结果。

（二）字符数组

用来存放字符数据的数组称为字符数组，它是C语言中常用的一种数组。字符数组中的每一个元素都用来存放一个字符，也可用字符数组来存放字符串。字符数组的定义和一般数组相同，只是在定义时把数据类型定义为char型。

例如：

```
char    string1[10];
char    string2[20];
```

上面定义了两个字符数组，分别定义了10个元素和20个元素。

在C51语言中，字符数组用于存放一组字符或字符串。字符串以"\0"作为结束符，定义数组长度时应比字符串长度大1。只存放一般字符的字符数组的赋值与使用和一般的数组完全相同。对于存放字符串的字符数组。既可以对字符数组的元素逐个进行访问，也可以对整个数组按字符串的方式进行处理。

【例2-13】 对字符数组进行输入和输出。

```
#include <reg52.h>       //包含特殊功能寄存器库
#include <stdio.h>       //包含I/O函数库
extern serial_initial( );
void main ( )
{
char  string[20];//定义数组string，含20个元素
serial_initial ( );//调用串口初始化
printf ("please type any character:");
scanf ("%s", string);//从键盘输入字符串并存入数组string中
printf ("%s\n", string);//打印数组string中的字符串
while (1);
}
```

程序中用"%s"格式控制输入输出字符串，针对的是整个字符数组进行。系统自动在输入的字符串后面加一个结束符"\0"。

（三）LED数码管

LED显示器常用的显示结构有段显示（7段、米字形等）和点阵显示（5×8、8×8点阵等）两种，可用于：数字、符号、文字、图形等的显示。

LED（Light Emitting Diode）发光二极管显示器是一种当有正向电压加在发光二极管上就产生可见光的器件，具有体积小、重量轻、工作电压低、稳定、寿命长、响应时间短（一般不超过 0.1μs）、发光均匀、清晰、亮度高等优点。

1. 分段式 LED 显示器显示原理

LED 显示器有多种结构形式，单段的圆形或方形 LED 常用来显示设备的运行状态，其外形如图 2.21（a）所示，常用的 LED 数码显示器由 7 个发光二极管组成，称七段 LED 显示器，LED 显示器排列形状如图 2.19（b）所示，此外，还可以有一个发光二极管 dp 用于显示小数点。一般说的 LED 显示器均指这种分段式 LED 显示器，本书中若没有特殊声明 LED 显示器也均指分段式 LED 显示器。此外，LED 显示器通过七个发光二极管亮暗的不同组合，可以显示多种数字、字母等。

（a）单段

（b）数码显示器引脚　　　　　（c）数码显示器外形

图 2.19　LED 显示器外形

2. 分段式 LED 显示器中的发光二极管的连接方法

LED 显示器中的发光二极管共有两种连接方法：分别为共阳极接法和共阴极接法，见图 2.20。

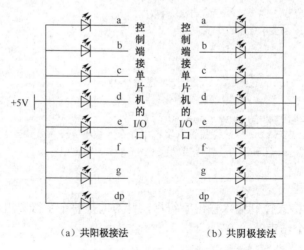

（a）共阳极接法　　　　　　（b）共阴极接法

图 2.20　LED 显示器的连接方法

如使用共阳极接法，控制端输出 0 表示对应字段亮，输出 1 表示对应字段暗；如使用共阴极接法，数据为 0 表示对应字段暗，数据为 1 表示对应字段亮。图 2.21 为显示一位数字时连接图。

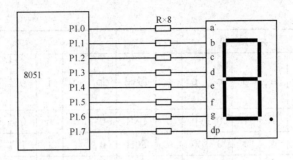

图 2.21 1 位 LED 显示器连接图

如（采用共阳型数码管）：

```
P1=0x0C0；//显示"0"
P1=0x88；//显示"A"
```

3. LED 显示器的字形代码——段码

为了显示数字、字符等符号，要为分段式 LED 显示器提供显示字形段码。字形段码既可以以硬件译码来得到，也可以以软件查表方法来获得。

LED 显示器的各段码位的对应关系见表 2.23。

表 2.23 LED 显示器的各段码位的对应关系

代码位	D7	D6	D5	D4	D3	D2	D1	D0
显示段	dp	g	f	e	d	c	b	a

如要显示"0"，共阳极数码管的字型编码应为：11000000B（即 C0H）；共阴极数码管的字型编码应为：00111111B（3FH）。依此类推，可求得数码管字型编码如表 2.24 所示。在程序设计时，表 2.24 作为表格存在程序存储器中，通过改变表格内容可以显示不同的字符。所以，用软件译码字形显得比较灵活。

表 2.24 LED 显示器的段码表

显示字符	字型	共阳极								共阴极							
		dp	g	f	e	d	c	b	a	段码	dp	g	f	e	d	c	b	a	段码
0	0	1	1	0	0	0	0	0	0	C0H	0	0	1	1	1	1	1	1	3FH
1	1	1	1	1	1	1	0	0	1	F9H	0	0	0	0	0	1	1	0	06H
2	2	1	0	1	0	0	1	0	0	A4H	0	1	0	1	1	0	1	1	5BH
3	3	1	0	1	1	0	0	0	0	B0H	0	1	0	0	1	1	1	1	4FH
4	4	1	0	0	1	1	0	0	1	99H	0	1	1	0	0	1	1	0	66H
5	5	1	0	0	1	0	0	1	0	92H	0	1	1	0	1	1	0	1	6DH
6	6	1	0	0	0	0	0	1	0	82H	0	1	1	1	1	1	0	1	7DH

续表

显示字符	字型	共阳极									共阴极								
		dp	g	f	e	d	c	b	a	段码	dp	g	f	e	d	c	b	a	段码
7	7	1	1	1	1	1	0	0	0	F8H	0	0	0	0	0	1	1	1	07H
8	8	1	0	0	0	0	0	0	0	80H	0	1	1	1	1	1	1	1	7FH
9	9	1	0	0	1	0	0	0	0	90H	0	1	1	0	1	1	1	1	6FH
A	A	1	0	0	0	1	0	0	0	88H	0	1	1	1	0	1	1	1	77H
B	B	1	0	0	0	0	0	1	1	83H	0	1	1	1	1	1	0	0	7CH
C	C	1	1	0	0	0	1	1	0	C6H	0	0	1	1	1	0	0	1	39H
D	D	1	0	1	0	0	0	0	1	A1H	0	1	0	1	1	1	1	0	5EH
E	E	1	0	0	0	0	1	1	0	86H	0	1	1	1	1	0	0	1	79H
F	F	1	0	0	0	1	1	1	0	8EH	0	1	1	1	0	0	0	1	71H
H	H	1	0	0	0	1	0	0	1	89H	0	1	1	1	0	1	1	0	76H
L	L	1	1	0	0	0	1	1	1	C7H	0	0	1	1	1	0	0	0	38H
P	P	1	0	0	0	1	1	0	0	8CH	0	1	1	1	0	0	1	1	73H
R	R	1	1	0	0	1	1	1	0	CEH	0	0	1	1	0	0	0	1	31H
U	U	1	1	0	0	0	0	0	1	C1H	0	0	1	1	1	1	1	0	3EH
Y	Y	1	0	0	1	0	0	0	1	91H	0	1	1	0	1	1	1	0	6EH
—	—	1	0	1	1	1	1	1	1	BFH	0	1	0	0	0	0	0	0	40H
.	.	0	1	1	1	1	1	1	1	7FH	1	0	0	0	0	0	0	0	80H
熄灭	灭	1	1	1	1	1	1	1	1	FFH	0	0	0	0	0	0	0	0	00H

（四）单片机与 LED 数码管接口

1. LED 显示器的显示控制方式

LED 显示器的显示控制方式按驱动方式可分成静态显示方式和动态显示方式两种；按 CPU 向显示器接口传送数据的方式则可分成并行传送和串行传送两种；按显示器接口是否带译码器可分成译码和非译码两种。

（1）静态显示方式和动态显示方式

静态显示是指数码管显示某一字符时，相应的发光二极管恒定导通或恒定截止，每个显示器通电占空比为 100%。静态显示的优点是显示稳定，亮度高；缺点是相对于动态显示占用硬件电路（如 I/O 口、驱动器等）多（N 个显示器共占用 N 个显示数据驱动器）。

动态显示是一位一位地轮流点亮各个数码管，这种逐位点亮显示器的方式称为位扫描。

动态显示中，N 个显示器共占用一个显示数据驱动器，每个显示器通电占空比为 1/N。动态显示的优点是节省硬件电路（如 I/O 口、驱动器等）；缺点是若采用软件扫描时占用 CPU 时间多，而如采用硬件扫描时将增加硬件成本，除此之外，当动态显示位数较多时，显示器亮度将受到影响。

(2) 译码显示数据方式和非译码显示数据方式

非译码显示数据方式：若显示器接口包含译码器、驱动器等，则使用专门的译码器就可以把一位 BCD 码或十六进制数（4 位二进制）译码为相应的字形段码，并提供足够的功率去驱动发光二极管。使用这种接口方法，软件简单，仅需使用一条输出指令输出每一位 BCD 码或十六进制数就可以进行 LED 显示，但使用硬件却比较多，而硬件译码又缺乏灵活性。

译码显示数据方式：显示器接口不包含译码器，这时，必须用软件来完成硬件译码所完成的功能，软件用查表方法实现把每一位 BCD 码或十六进制数转变为相应的字形段码读出，然后输出到 LED 显示器上显示。

这两种显示方式体现了硬件和软件的等价性。

2. 单片机与 LED 数码管接口

(1) LED 静态显示器接口

静态显示的特点是每个数码管必须接一个 8 位锁存器用来锁存待显示的字形码。送入一次字形码显示字形一直保持，直到送入新字形码为止。这种方法的优点是占用 CPU 时间少，亮度较高、编程容易、管理简单、显示便于监测和控制。缺点是硬件资源占用多，成本较高。如图 2.22 所示为四位静态 LED 显示器电路。

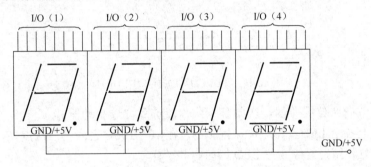

图 2.22　四位静态 LED 显示器电路

(2) LED 动态显示器接口

对于多位 LED 显示器，通常都是采用动态扫描的方法进行显示。为了简化电路，降低成本，将所有位的段选线并联在一起，由一个 8 位 I/O 口控制。而共阴（或共阳）极公共端 K 分别由相应的 I/O 线控制，实现各位的分时选通。图 2.23 为 6 位共阴极 LED 动态显示接口电路。

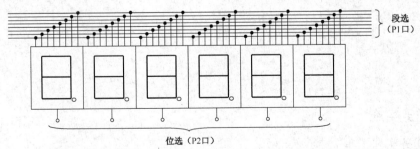

图 2.23　6 位 LED 动态显示接口电路

要想每个数码管显示不同的字符，就必须采用扫描方法轮流点亮各个 LED，在每一瞬间只使某一个字符显示。每个 LED 所有段选码皆由 P1 口输出控制相应字符段选码，P2 口在该数码管的公共端送入位选码选通电平，保证只在该数码管上显示相应字符，如此轮流。段选码、位选码每送入一次后延时 1ms，保证每位有一定亮度，因人眼的视觉暂留效果，看上去每个数码管总在亮。

【例 2-14】图 2.24 为 89C52 P1 口和 P2 口控制的 6 位共阴极 LED 动态显示接口电路。P1 口输出段选码，P2 口输出位选码，位选码占用输出口的线数决定于显示器位数。

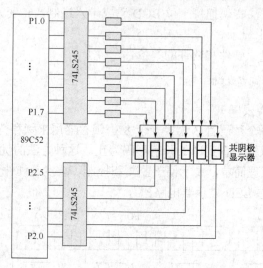

图 2.24　6 位 LED 动态显示接口电路

74LS245 是双向 8 位缓冲器，在此分别作为段选和位选驱动器。

逐位轮流点亮各个 LED，每一位保持 1ms，在 10～20ms 之内再一次点亮，重复不止。这样，利用人的视觉暂留，好像 6 位 LED 同时点亮一样。

程序如下：

```c
#include<reg52.h>
unsigned char code LED[]={0x3f, 0x06, 0x5b, 0x4f, 0x66, 0x6d, 0x7d, 0x07, 0x7f, 0x6f};
unsigned char buf[6]={};   //定义字型码和显示缓冲区
void disp()
{   unsigned char i;
    for (i=0;i<6;i++)   //6 位显示
    {   P1=LED[buf[i]];   //段码送 P1 口
        P2=~(0x20>>i);   //位码送 P2 口
        delay1ms();       //延时 1ms
    }
}
```

四、任务实施

（一）任务实训工单

表 2.25 为任务三的实训工单。

表 2.25 任务三实训工单

【项目名称】	项目二 智能交通灯控制系统
【任务名称】	任务三 带倒计时功能的智能交通灯控制系统

【任务目标】
1. 在本项目任务二的基础上进一步再增加对智能交通灯控制系统进行倒计时功能的硬件电路设计。
2. 在本项目任务二的基础上进一步再增加对智能交通灯控制系统进行倒计时功能的软件程序设计。
3. 进行电路测试与调整。
4. 进行程序调试。
5. 在任务二的硬件电路的基础上进行软硬件综合调试,直至成功。

【硬件电路】

图 2.25 为本任务的仿真电路图。

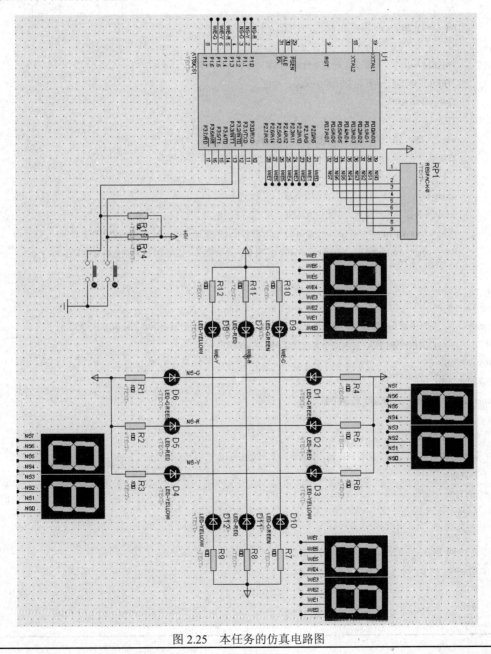

图 2.25 本任务的仿真电路图

续表

【软件程序】

```c
//程序：project2_3.c
//功能：带倒计时功能的智能交通灯控制系统程序
#include<reg51.h>
unsigned char t_we_g=10, t_flash=6, t_yellow=3, t_ns_g=5, count_ns, count_we, t, i, j;
//定义东西、南北方向的红、绿、黄灯等的亮的时间
Void delay (t)   // 延时时间为 t 秒
{
   for (i=0;i<t;i++)
   {
           for (j=0;j<20;j++) //循环 20 次，延时时间为 1 秒
           {
                  TMOD=0x01;       //设置定时器 0 为定时方式 1
                  TH0=15536/256;  //设置定时器 50（ms）初值
                  TL0=15536%256;
                  TR0=1;
                  while（TF0==0）; //查询计数是否溢出，即定时 50ms 时间到，TF0=1
                  TF0=0;           // 50ms 定时时间到，将定时器溢出标志位 TF0 清零
           }
           count_ns--;    //1s 到，南北计数值减 1
           count_we--;    //1s 到，东西计数值减 1
           P0=（count_ns/10<<4)+（count_ns%10）;  //将南北计数值送至连至 P0 端口的数码管上显示
           P2=（count_we/10<<4)+（count_we%10）; //将东西计数值送至连至 P2 端口的数码管上显示
   }
}
//函数：int_0
//函数功能：外部中断 0 中断函数，紧急情况处理，当 CPU 响应外部中断 0 的中断请求时，
//          自动执行该函数，实现两个方向红灯同时亮 10 秒
//形式参数：无
//返回值：无
void int_0()  // interrupt 0 紧急情况中断
{
   unsigned char s, l, m, n, o, p, q, r, w, v;
   s=P1;             // 保护现场，暂存 P1 口、TH1、TH0
   l=TL0;
   m=TH0;
   n=P0;
   o=P2;
   p=count_ns;
   q=count_we;
   r=t;
   w=i;
   v=j;
```

```
        count_ns=10;
        count_we=10;
        P1=0xee;              // 两个方向都是红灯
        delay（10）;          // 延时 10 秒
        P1=s;                 // 恢复现场,恢复进入中断前 P1 口、t0、t1、TH1、TH0
        TL0=l;
        TH0=m;
        P0=n;
        P2=o;
        count_ns=p;
        count_we=q;
        t=r;
        i=w;
        j=v;
}
//函数：int_1
//函数功能：外部中断 1 中断函数,特殊情况处理,当 CPU 响应外部中断 1 的中断请求时,
//          自动执行该函数,实现 A 道放行 20 秒
//形式参数：无
//返回值：无
void int_1()       // interrupt 2 特殊情况中断
{
        unsigned char s, l, m, n, o, p, q, r, w, v;
        EA=0;                 //关中断
        s=P1;                 //保护现场,暂存 P1 口、t0、t1、TH1、TH0
        l=TL0;
        m=TH0;
        EA=1;
        n=P0;
        o=P2;
        r=t;
        w=i;
        v=j;
        p=count_ns;
        q=count_we;
        count_ns=20;
        count_we=20;          // 开中断
        P1=0xbe;              // A 道放行
        delay（20）;          // 延时 20 秒
        EA=0;                 // 关中断
        P1=s;                 // 恢复现场,恢复进入中断前 P1 口、t0、t1、TH1、TH0
        TL0=l;
```

```
    TH0=m;
    EA=1;
    P0=n;
    P2=o;
    count_ns=p;
    count_we=q;
    t=r;
    i=w;
    j=v;              //开中断
}
void main()
{
unsigned char k，m;
EA=1;                 // 开放总中断允许位
EX0=1;                // 开外部中断 0 中断允许位
IT0=1;                // 设置外部中断 0 为下降沿触发
EX1=1;                // 开外部中断 1 中断允许位
IT1=1;
PX0=1;
while（1）
    {
    P1=0x36;                                // 东西绿灯，南北红灯，延时 10 秒
    count_ns=t_we_g+t_flash+t_yellow;       //计算南北红灯计数初始值
    count_we=t_we_g+t_flash;                //计算东西绿灯计数初始值
    P0=（count_ns/10<<4）+（count_ns%10）;  //将南北计数值送至连至 P0 端口的数码管上显示
    P2=（count_we/10<<4）+（count_we%10）;  //将东西计数值送至连至 P2 端口的数码管上显示
    delay（10）；
    for（k=0;k<3;k++）//东西绿灯闪烁 3 次
        {
        P1=0x76;
        delay（1）；
        P1=0x36;
        delay（1）；
        }
    count_we=t_yellow;//计算东西黄灯计数初值
    P2=（count_we/10<<4）+（count_we%10）;//将东西计数值送至连至 P2 端口的数码管上显示

    P1=0x56;//东西黄灯，南北红灯，延时 3 秒
    delay（3）；

    count_ns=t_ns_g+t_flash;                //计算南北绿灯计数初始值
    count_we=t_ns_g+t_flash+t_yellow;       //计算东西红灯计数初始值
    P0=（count_ns/10<<4）+（count_ns%10）;//将南北计数值送至连至 P0 端口的数码管上显示
```

续表

```
        P2=（count_we/10<<4）+（count_we%10）;//将东西计数值送至连至P2端口的数码管上显示
        P1=0x63;//东西红灯，南北绿灯，延时5秒
        delay（5）;
        for（m=0;m<3;m++）//南北绿灯闪烁3次
            {
            P1=0x67;
                delay（1）;
            P1=0x63;
                delay（1）;
            }
        count_ns=t_yellow;//计算南北黄灯计数初值
        P0=（count_ns/10<<4）+（count_ns%10）;//将南北计数值送至连至P0端口的数码管上显示
        P1=0x65;//东西红灯，南北黄灯，延时3秒
        delay（3）;
        }
    }
```

（二）任务调试过程

1．硬件电路组装（参见项目一任务一）。

2．软件调试（参见项目一任务一）。

3．程序下载（参见项目一任务一）。

4．软硬件综合调试（参见项目一任务一）。

（三）任务扩展与提高

1．利用定时/计数器 T0 的门控位 GATE，测量 $\overline{INT0}$ 引脚上出现的一个正脉冲的脉冲宽度，并将脉冲宽度显示在数码管上。

扩展任务分析，外部脉冲由 $\overline{INT0}$ 引脚输入，可设 T0 工作于定时器方式1，定时初值为0，设定 GATE＝1， TR0=1，则在外部脉冲的上升沿开始定时，即对机器周期开始计数，在外部脉冲的下降沿停止定时，即停止对机器周期计数，此时读出定时器 TH0、TL0 的值，即为这个正脉冲所包含的机器周期个数，显然计数值乘机器周期就是该脉冲的脉冲宽度。测试过程示意如图2.26所示。

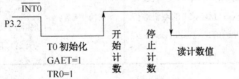

图 2.26　脉冲宽度测试过程示意图

2．设计一个任务，实现24小时计时的电子时钟功能的软硬件。

五、任务小结

本任务实现了带倒计时功能的智能交通灯控制单片机应用系统，通过本任务应了解 LED 数

码管结构及原理；掌握 LED 静态显示的控制方法、LED 动态显示的控制方法、单片机与 LED 数码管接口方法、一维数组的定义方法、一维数组初始化方法、存储方法以及引用方法。

【任务四 远程智能交通灯控制系统】

一、任务描述

本任务是在任务三的基础上，用甲单片机作为上位机，控制现场的智能交通灯控制系统。本任务通过甲机向现场单片机乙机发送紧急情况的命令；乙单片机收到 PC 发来的命令后，进入紧急状态，再向甲机发送应答信号；接着甲机再向现场乙单片机发送恢复正常的命令；乙单片机收到甲机发来的命令后，恢复正常交通灯指示状态，并回送应答信号。

二、任务教学目标

表 2.26 为本任务的任务目标。

表 2.26 远程智能交通灯控制系统的任务目标

任务名称		远程智能交通灯控制系统		
教学目标	知识目标	1. 了解串行通信基础知识； 2. 了解 MCS-51 的串行接口； 3. 掌握 MCS-51 的串口控制寄存器 SCON 的使用方法； 4. 掌握 MCS-51 的串口控制方法； 5. 掌握 MCS-51 的串口波特率的设置方法； 6. 了解 RS-232C 串行通信总线标准； 7. 掌握 RS-232C 串行通信总线接口方法。		
	能力目标	1. 具备熟练使用 51 单片机串口的能力； 2. 具备熟练使用 RS-232C 串行通信总线的能力； 3. 培养常用逻辑电路及其芯片的识别、选取、测试能力； 4. 培养诊断简单单片机应用系统故障的能力； 5. 培养常用逻辑电路及其芯片的检索与阅读能力； 6. 培养简单单片机应用系统的安装、调试与检测能力； 7. 培养良好的职业素养、沟通能力及团队协作精神。		
知识重点	串行通信的概念；串口控制寄存器 SCON 的使用方法；MCS-51 的串口工作方式；MCS-51 的串口波特率的设置方法；MCS-51 的双机通信接口方法；RS-232C 串行通信总线标准；RS-232C 串行通信总线接口。		知识难点	串口控制寄存器 SCON 的使用方法；MCS-51 的串口工作方式；MCS-51 的串口波特率的设置方法；MCS-51 的双机通信接口方法；RS-232C 串行通信总线接口。

三、任务资讯

（一）串行通信概述

1. 并行通信和串行通信

计算机与外界的信息交换称为通信。通信的基本方式可分为并行通信和串行通信两种。所谓并行通信是指数据的各位同时在多根数据线上发送或接收。

串行通信指数据的各位在同一根数据线上依次逐位发送或接收。见图 2.27 与图 2.28。

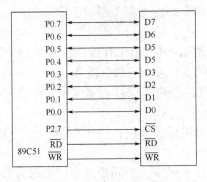

图 2.27　并行通信示意图

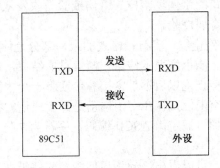

图 2.28　串行通信示意图

目前串行通信在单片机双机、多机以及单片机与 PC 机之间的通信等方面得到了广泛应用。

2. 异步通信和同步通信方式

串行通信按同步方式可分为异步通信和同步通信两种基本通信方式。

（1）同步通信（Synchronous Communication）

同步通信是一种连续传送数据的通信方式，一次通信传送多个字符数据，称为一帧信息。数据传输速率较高，通常可达 56000bps 或更高。其缺点是要求发送时钟和接收时钟保持严格同步。

同步通信的数据帧格式如图 2.29 所示。

同步字符	数据字符1	数据字符2	…	数据字符n-1	数据字符n	校验字符	（校验字符）

图 2.29　同步通信数据传送格式

（2）异步通信（Asynchronous Communication）

在异步通信中，数据通常是以字符或字节为单位组成数据帧进行传送的。收、发端各有一套彼此独立，互不同步的通信机构，由于收发数据的帧格式相同，因此可以相互识别接收到的数据信息。异步通信信息帧格式如图 2.30 所示。

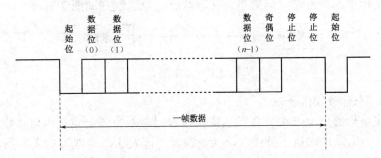

图 2.30　异步通信中的帧格式

● 起始位：在没有数据传送时，通信线上处于逻辑"1"状态。当发送端要发送 1 个字符数据时，首先发送 1 个逻辑"0"信号，这个低电平便是帧格式的起始位。其作用是向接收端表示发送端开始发送一帧数据。接收端检测到这个低电平后，就准备接收数据信号。

● 数据位：在起始位之后，发送端发出（或接收端接收）的是数据位，数据的位数没有严格的限制，5~8 位均可。由低位到高位逐位传送。

● 奇偶校验位：数据位发送完（接收完）之后，可发送一位用来检验数据在传送过程中是否出错的奇偶校验位。奇偶校验是收发双方预先约定好的有限差错检验方式之一。有时也可不用奇偶校验。

● 停止位：字符帧格式的最后部分是停止位，逻辑"1"电平有效，它可占 1/2 位、1 位或 2 位。停止位表示传送一帧信息的结束，也为发送下一帧信息做好准备。

若停止位以后不是紧接着传送下一个字符，则使线路电平保持为高电平（逻辑 1），这些位称为空闲位，存在空闲位正是异步通信的特征之一。

例如，规定用 ASCII 编码，字符为 7 位，加 1 个奇偶校验位、1 个起始位、1 个停止位，则 1 帧共 10 位。

由此可以看出，异步通信两个时钟彼此独立、互不同步。而同步通信的发送方除了传送数据外，还要同时传送时钟信号。

3. 串行通信的数据传送速率

串行通信的数据传送速率，即波特率（Baudrate），表示每秒钟传送二进制代码的位数，它的单位是 b/s。波特率是串行通信的重要指标，用于表征数据传送的速率。在相同波特率下，字符的实际传送速率不一定相同。因为字符的实际传送速率是指每秒钟内传送字符帧的帧数，这与字符帧格式有关。

假设数据传送速率是 960 字符 / s，而每个字符格式包含 10 个代码（1 个起始位、1 个终止位、8 个数据位）。这时，传送的波特率为

$$10b / 字符 \times 960 字符 / s = 9600 b / s$$

异步通信的传送速率在 50b / s～19200b / s 之间，波特率不同于发送时钟和接收时钟，时钟频率常是波特率的 1 倍、16 倍或 64 倍。

在异步串行通信中，接收设备和发送设备保持相同的传送波特率，并在同一次传送过程中字符帧格式须保持一致，这样才能成功地传送数据。

4. 串行通信的制式

在串行通信中，数据是在两个站之间传送的。按照数据传送方向，串行通信可分为三种制式。

（1）单工制式（Simplex）

单工制式是指甲乙双方通信只能单向传送数据。单工制式如图 2.31 所示。

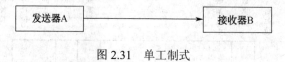

图 2.31　单工制式

（2）半双工制式（Half duplex）

半双工制式是指通信双方都具有发送器和接收器，双方既可发送也可接收，但接收和发送不能同时进行，即发送时就不能接收，接收时就不能发送。半双工制式如图 2.32 所示。

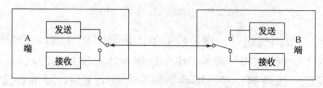

图 2.32　半双工制式

（3）全双工制式（Full duplex）

全双工制式是指通信双方均设有发送器和接收器,并且将信道划分为发送信道和接收信道,两端数据允许同时收发,因此通信效率比前两种高。全双工制式如图 2.33 所示。

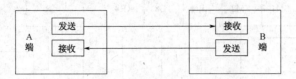

图 2.33　全双工制式

(二) 80C51 串行口的结构及功能

AT89C51 内部有一个可编程全双工串行通信接口。该部件不仅能同时进行数据的发送和接收,也可作为一个同步移位寄存器使用。

下面将对其内部结构、工作方式以及波特率进行介绍。

1. 80C51 串行口的结构

图 2.34 为 80C51 串行口的结构。

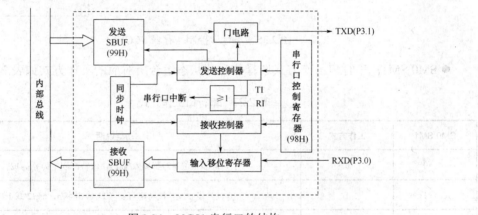

图 2.34　80C51 串行口的结构

2. 串口中的特殊功能寄存器

(1) 串行数据缓冲器 SBUF

SBUF 是串行口缓冲寄存器,包括发送寄存器和接收寄存器,以便能以全双工方式进行通信。此外,在接收寄存器之前还有移位寄存器,从而构成了串行接收的双缓冲结构,这样可以避免在数据接收过程中出现帧重叠错误。发送数据时,由于 CPU 是主动的,不会发生帧重叠错误,因此发送电路不需要双重缓冲结构。在逻辑上,SBUF 只有一个,它既表示发送寄存器,又表示接收寄存器,具有同一个单元地址 99H。但在物理结构上,则有两个完全独立的 SBUF,一个是发送缓冲寄存器 SBUF,另一个是接收缓冲寄存器 SBUF。如果 CPU 写 SBUF,数据就会被送入发送寄存器准备发送;如果 CPU 读 SBUF,则读入的数据一定来自接收缓冲器。即 CPU 对 SBUF 的读写,实际上是分别访问上述两个不同的寄存器。

(2) 串行控制寄存器 SCON

串行控制寄存器 SCON 用于设置串行口的工作方式、监视串行口的工作状态、控制发送与接收的状态等。它是一个既可以字节寻址又可以位寻址的 8 位特殊功能寄存器。其格式如图 2.35 所示。

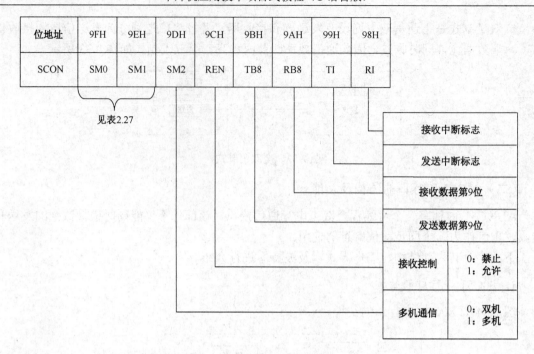

图 2.35 串行口控制寄存器 SCON

● SM0 SM1：串行口工作方式选择位。其状态组合所对应的工作方式如表 2.27 所示。

表 2.27 串行口工作方式

SM0 SM1	工作方式	功能说明
0　0	0	同步移位寄存器输入/输出，波特率固定为 $f_{osc}/12$
0　1	1	10 位异步收发，波特率可变（T1 溢出率/n，n=32 或 16）
1　0	2	11 位异步收发，波特率固定为 f_{osc}/n，n=64 或 32）
1　1	3	11 位异步收发，波特率可变（T1 溢出率/n，n=32 或 16）

● SM2：多机通信控制器位。在方式 0 中，SM2 必须设成 0。在方式 1 中，当处于接收状态时，若 SM2=1，则只有接收到有效的停止位"1"时，RI 才能被激活成"1"（产生中断请求）。在方式 2 和方式 3 中，若 SM2=0，串行口以单机发送或接收方式工作，TI 和 RI 以正常方式被激活并产生中断请求；若 SM2=1，RB8=1 时，RI 被激活并产生中断请求。

● REN：串行接受允许控制位。该位由软件置位或复位。当 REN=1，允许接收；当 REN=0，禁止接收。

● TB8：方式 2 和方式 3 中要发送的第 9 位数据。该位由软件置位或复位。在方式 2 和方式 3 时，TB8 是发送的第 9 位数据。在多机通信中，以 TB8 位的状态表示主机发送的是地址还是数据：TB8=1 表示地址，TB8=0 表示数据。TB8 还可用作奇偶校验位。

● RB8：接收数据第 9 位。在方式 2 和方式 3 时，RB8 存放接收到的第 9 位数据。RB8 也可用作奇偶校验位。在方式 1 中，若 SM2=0，则 RB8 是接收到的停止位。在方式 0 中，该位未启用。

● TI：发送中断标志位。TI=1，表示已结束一帧数据发送，可由软件查询 TI 位标志，也可以向 CPU 申请中断。

● RI：接收中断标志位。RI=1，表示一帧数据接收结束。可由软件查询 RI 位标志，也可以向 CPU 申请中断。

温馨小贴士：

在 AT89C51 中，串行发送中断 TI 和接收中断 RI 的中断入口地址同是 0023H，因此在中断程序中必须由软件查询 TI 和 RI 的状态才能确定究竟是接收还是发送中断，进而做出相应的处理。单片机复位时，SCON 所有位均清 0。

3．电源控制寄存器 PCON

图 2.36 为电源控制寄存器 PCON 的内容。

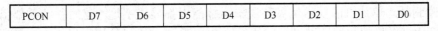

| PCON | D7 | D6 | D5 | D4 | D3 | D2 | D1 | D0 |

图 2.36　电源控制寄存器 PCON 的内容

SMOD：串行口波特率倍增位。在工作方式 1～工作方式 3 时，若 SMOD=1，则串行口波特率增加一倍。若 SMOD=0，波特率不加倍。系统复位时，SMOD=0。

（三）串行通信工作方式

AT89C51 串行通信共有 4 种工作方式，它们分别是方式 0、方式 1、方式 2 和方式 3，由串行控制寄存器 SCON 中的 SM0 SM1 决定，如表 2.27 所示。

1．工作方式 0

在方式 0 下，串行口作为同步移位寄存器使用。此时 SM2、RB8、TB8 均应设置为 0。

（1）发送：TI=0 时，执行写 SBUF 命令后，启动发送，8 位数据由低位到高位从 RXD 引脚送出，TXD 发送同步脉冲。发送完后，由硬件置位 TI。

（2）接收：RI=0，REN=1 时启动接收，数据从 RXD 输入，TXD 输出同步脉冲。8 位数据接收完，由硬件置位 RI，此时可以执行对 SBUF 读指令。

方式 0 的波特率为 $f_{osc}/12$，即一个机器周期发送或接收一位数据。

应当指出：方式 0 并非是同步通信方式。它的主要用途是外接同步移位寄存器，以扩展并行 I/O 口。

2．工作方式 1

方式 1 是一帧 10 位的异步串行通信方式，包括 1 个起始位（0），8 个数据位和一个停止位（1），其帧格式见图 2.37。

| 起始位0 | D0 | D1 | D2 | D3 | D4 | D5 | D6 | D7 | 停止位1 |

图 2.37　方式 1 数据帧格式

（1）数据发送

当 TI=0 时，执行对 SBUF 写指令后开始发送，由硬件自动加入起始位和停止位，构成一帧数据，然后由 TXD 端串行输出。发送完后，TXD 输出线维持在 "1" 状态下，并将 SCON 中的 TI 置 1，表示一帧数据发送完毕。

（2）数据接收

RI=0，REN=1 时，接收电路以波特率的 16 倍速度采样 RXD 引脚，如出现由 "1" 变 "0"

跳变，认为有数据正在发送。

在接收到第 9 位数据（即停止位）时，必须同时满足以下两个条件：RI=0 和 SM2=0 或接收到的停止位为"1"，才把接收到的数据存入 SBUF 中，停止位送 RB8，同时置位 RI。若上述条件不满足，接收到的数据不装入 SBUF 被舍弃。在方式 1 下，SM2 应设定为 0。

（3）波特率

波特率=2^{SMOD}×（T1 溢出率）/32

（四）PC 机与单片机间的串行通信

近年来，在智能仪器仪表、数据采集、嵌入式自动控制等场合，应用单片机作为核心控制部件越来越普遍。但当需要处理较复杂数据或要对多个采集的数据进行综合处理以及需要进行集散控制时，单片机的算术运算和逻辑运算能力都显得不足，这时往往需要借助计算机系统。将单片机采集的数据通过串行口传送给 PC 机，由 PC 机使用高级语言或数据库语言对数据进行处理，或者由 PC 机对远端单片机进行控制。因此，实现单片机与 PC 机之间的远程通信更具有实际意义。

单片机中的数据信号电平都是 TTL 电平，这种电平采用正逻辑标准，即约定≥2.4V 表示逻辑 1，而≤0.5V 表示逻辑 0，这种信号只适用于通信距离很短的场合，若用于远距离传输必然会使信号衰减和畸变。因此，在实现 PC 机与单片机之间通信或单片机与单片机之间远距离通信时，通常采用标准串行总线通信接口，比如 RS-232C、RS-422、RS-423、RS-485 等。其中 RS-232C 原本是美国电子工业协会（Electronic Industry Association，简称 EIA）的推荐标准，早已在全世界范围内广泛采用，RS-232C 是在异步串行通信中应用最广的总线标准，它适用于短距离或带调制解调器的通信场合。

1. RS-232C 总线标准

RS-232C 实际上是串行通信的总线标准。该总线标准定义了 25 条信号线，使用 25 个引脚的连接器。目前计算机上只保留了两个 DB-9 插头，作为提供多功能 I/O 卡或主板上 COM1 和 COM2 两个串行接口的连接器，见图 2.38。

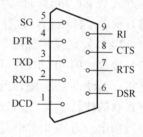

图 2.38　串口 RS232 的 DB-9 插头外形

其各个引脚的功能见表 2.28。

表 2.28　串口 RS232 的 DB-9 各个引脚的功能

引　脚	名　称	功　能	引　脚	名　称	功　能
1	DCD	载波检测	6	DSR	数据准备完成
2	RXD	发送数据	7	RTS	发送请求
3	TXD	接收数据	8	CTS	发送清除
4	DTR	数据终端准备完成	9	RI	振铃指示
5	SG（GND）	信号地线			

RS-232C 是一种电压型总线标准，它采用负逻辑标准：+3V～+15V 表示逻辑 0（space）；-3V～-15V 表示逻辑 1（mark）。噪声容限为 2V。

在简单的 RS-232C 标准串行通信中，仅连接发送数据（2）、接收数据（3）和信号地（5）三个引脚即可。

2. RS-232C 接口电路

由于 RS-232C 信号电平（EIA）与 AT89C51 单片机信号电平（TTL）不一致，因此，必须进行信号电平转换。实现这种电平转换的电路称为 RS-232C 接口电路。一般有两种形式：一种是采用运算放大器、晶体管、光电隔离器等器件组成的电路来实现；另一种是采用专门集成芯片（如 MC1488、MC1489、MAX232 等）来实现。下面介绍由专门集成芯片 MAX232 构成的接口电路。

（1）MAX232 接口电路

MAX232 芯片是 MAXIM 公司生产的具有两路接收器和驱动器的 IC 芯片，其内部有一个电源电压变换器，可以将输入+5V 的电压变换成 RS-232C 输出电平所需的±12V 电压。所以采用这种芯片来实现接口电路特别方便，只需单一的+5V 电源即可。

MAX232 芯片的引脚结构如图 2.39 所示。其中管脚 1~6（C1+、VS+、C1-、C2+、C2-、VS-）用于电源电压转换，只要在外部接入相应的电解电容即可；管脚 7~10 和管脚 11~14 构成两组 TTL 信号电平与 RS-232 信号电平的转换电路，对应管脚可直接与单片机串行口的 TTL 电平引脚和 PC 机的 RS-232 电平引脚相连。具体连线如图 2.41 所示。

（2）PC 机与 89C51 单片机串行通信电路

用 MAX232 芯片实现 PC 机与 AT89C51 单片机串行通信的典型电路如图 2.40 所示。图中外接电解电容 C1、C2、C3、C4 用于电源电压变换，可提高抗干扰能力，它们可取相同容量的电容，一般取 1.0μF/16V。电容 C5 的作用是对+5V 电源的噪声干扰进行滤波，一般取 0.1μF。选用两组中的任意一组电平转换电路实现串行通信，如图中选 T1IN、R1OUT 分别与 AT89C51 的 TXD、RXD 相连，T1OUT、R1IN 分别与 PC 机中 R232 接口的 RXD、TXD 相连。这种发送与接收的对应关系不能接错，否则将不能正常工作。

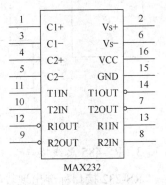

图 2.39 MAX232 引脚图

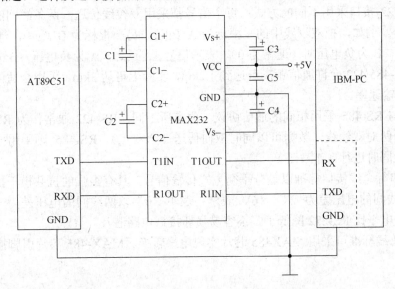

图 2.40 用 MAX232 实现串行通信接口电路图

（3）PC 机与多个单片机间的串行通信

一台 PC 机与多个单片机间的串行通信电路如图 2.41 所示。这种通信系统一般为主从结构，PC 机为主机，单片机为从机。主从机间的信号电平转换由 MAX232 芯片实现。

这种小型分布式控制系统，充分发挥了单片机体积小、功能强、抗干扰性好、面向被控对象等优点，将单片机采集到的数据传送给 PC 机。同时也利用了 PC 机数据处理能力强的特点，可将多个控制对象的信息加以综合分析、处理，然后向各单片机发出控制信息，以实现集中管理和最优控制，并还能将各种数据信息显示和打印出来。

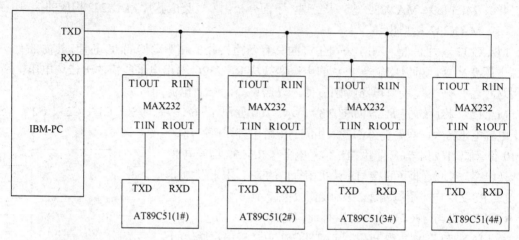

图 2.41　PC 机与多个单片机间的串行通信电路

3. RS-485 总线接口

RS-232 接口标准出现较早，难免会有不足之处：（1）接口的信号电平值较高，易损坏接口电路的芯片；（2）传输速率较低，在异步传输时，波特率最大 20kbps；（3）接口使用一根信号线和一根信号返回线而构成共地的传输形式，这种共地传输容易产生共模干扰；（4）传输距离有限，实际最大传输距离 30m 左右。

RS-485/422 接口采用不同的方式：每个信号都采用双绞线传送，两条线间的电压差用于表示数字信号。例如，把双绞线中的一根标为 A（正），另一根标为 B（负），当 A 为正电压（通常为+5V），B 为负电压时（通常为 0），表示信号 1；反之，A 为负电压，B 为正电压时表示信号 0。RS-485/422 允许通信距离可达到 1.2km，实际上可达 3km，采用合适的电压可达到 2.5Mbps 的传输速率。

RS-422 与 RS-485 采用相同的通信协议，但有所不同。RS-422 通常作为 RS-232 通信的扩展，它采用两对双绞线，数据可以同时双向传送（全双工）。RS-485 则采用一对双绞线，输入输出不能同时进行（半双工）。

RS-485 串行总线接口标准以差分平衡方式传输信号，具有很强的抗共模干扰的能力。逻辑"1"以两线间的电压差为+2V～+6V 表示；逻辑"0"以两线间的电压差为-2V～-6V 表示。接口信号电平比 RS-232 降低了，不容易损坏接口电路芯片。

RS-485 总线标准可采用 MAX485 芯片实现电平转换。MAX-485 芯片引脚排列如图 2.42 所示。

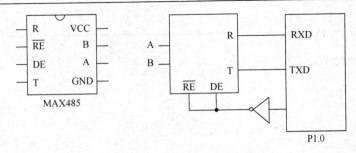

图 2.42　MAX485 引脚排列与连接

MAX485 输入/输出信号不能同时进行（半双工），其发送和接收功能的转换是由芯片的 RE 和 DE 端控制的。RE=0 时，允许接收；RE=1 时，接收端 R 高阻。DE=1 时，允许发送；DE=0 时，发送端 A 和 B 高阻。在单片机系统中常把 RE 和 DE 接在一起用单片机的一个 I/O 线控制收发。

四、任务实施

（一）任务实训工单

表 2.29 为任务四的实训工单。

表 2.29　任务四实训工单

【项目名称】	项目四	智能交通灯控制系统
【任务名称】	任务四	远程智能交通灯控制系统

【任务目标】

1. 任务实现：用甲机作为控制主机、乙单片机作为控制现场交通信号灯的从机的远程控制系统。主、从机双方除了要有统一的数据格式、波特率外，还要约定一些握手应答信号，即通信协议，如下所示。

主机（甲机）　　　　　　　　　　　　　　　　　从机（乙机）

发送命令　　　　　接收应答信息　　　　　　接收命令　　　　　回发应答信息

01H　　　　　　　01H　　　　　　　　　　01H　　　　　　　01H

命令含义：紧急情况，要求所有方向均为红灯，直到解除命令

02H　　　　　　　02H　　　　　　　　　　02H　　　　　　　02H

命令含义：解除命令，恢复正常交通灯指示状态

协议说明：

甲机通过键盘输入进入"紧急状态"的命令后，甲机将 01H 发送给乙机；乙机收到甲机发来的命令后，进入紧急状态将两个方向的灯都变为红灯，再发送 01H 作为应答信号。

甲机通过键盘输入解除"紧急状态"的命令后，甲机将 02H 发送给乙机；乙机收到甲机发来的命令后，再发送 02H 作为应答信号，并解除紧急状态恢复正常交通状况。

2. 实现对远程通信系统控制的硬件电路设计。
3. 实现对远程通信系统控制的软件程序设计。
4. 进行电路测试与调整。
5. 根据电路要求在任务一的基础上设计电路印制板。
6. 进行程序调试。
7. 按装配流程设计安装步骤，进行电路元器件安装、调试，直至成功。

【硬件电路】

图 2.43 为本任务的仿真电路图。

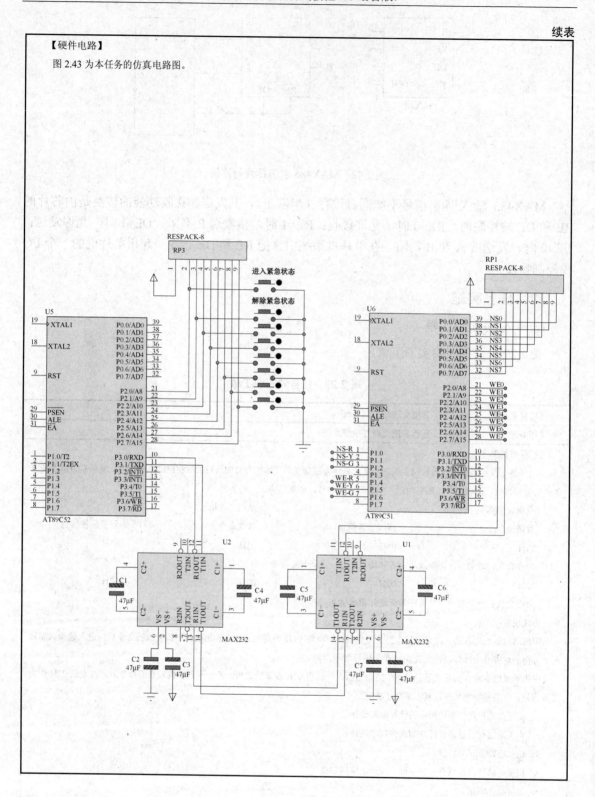

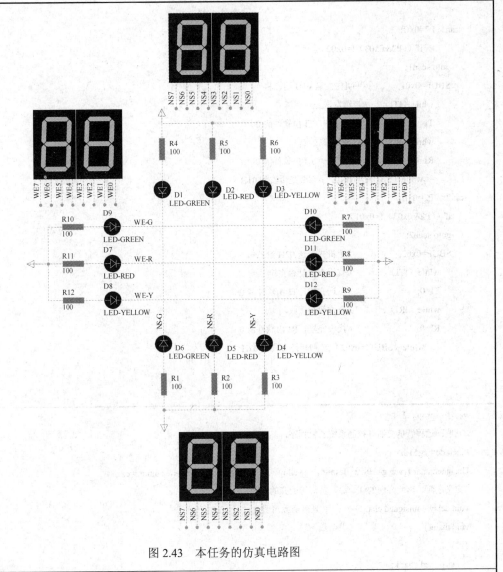

图 2.43　本任务的仿真电路图

【软件程序】
//程序：project2_4.c
//功能：远程智能交通灯控制系统甲机程序
```c
#include<reg51.h>
void main()            //主函数
{
    TMOD=0x20;         //设定定时器1的工作方式为方式2
    TH1=0xf4;          //设置串行口波特率为9600bps
    TL1=0xf4;
    SCON=0x50;         //设置串行口的工作方式为方式1，允许接收
    PCON=0x00;
    TR1=1;
    while（1）
```

| ```
    {
scan1: P2=0xff;
        if((P2&0x03)!=0x02)
    goto scan1;
    SBUF=0x01;          //甲机先发送01H给乙机
        while(!TI);     //查询发送是否完毕
        TI=0;           //发送完毕,TI由软件清0
        while(!RI);     //查询等待接收
        RI=0;           //接收完毕,RI由软件清0
            while(SBUF!=0x01); //判断是否收到01H
scan2:  P2=0xff;
    if((P2&0x03)!=0x01)
    goto scan2;
    SBUF=0x02;          //甲机先发送02H给乙机
        while(!TI);     //查询发送是否完毕
        TI=0;           //发送完毕,TI由软件清0
        while(!RI);     //查询等待接收
        RI=0;           //接收完毕,RI由软件清0
            while(SBUF!=0x02); //判断是否收到02H
    }
}
``` |
| ```
//程序:project2_4.c
//功能:远程智能交通灯控制系统乙机程序,晶振为11.059MHz
#include<reg51.h>
Unsigned char t_we_g=10,t_flash=6,t_yellow=3,t_ns_g=5,count_ns,count_we;
//定义东西、南北方向的红、绿、黄灯等的亮的时间
void delay(unsigned char t);    //延时函数声明
void main()                     //主函数
{
    unsigned char k;
    TMOD=0x21;          //设置定时器0方式1(延时1秒函数),定时器1方式2
    TH1=0xf4;
    TL1=0xf4;           //设置串行口波特率为2400bit/s,
    TR1=1;              //启动定时器
    SCON=0x50;          //串行口方式1、允许接收
    PCON=0x00;
    EA=1;               //开总中断允许位
    ES=1;               //开串行口中断
    while(1)
    {
    P1=0x36; // 东西绿灯,南北红灯,延时10秒
``` |

续表

```
count_ns=t_we_g+t_flash+t_yellow; //计算南北红灯计数初始值
count_we=t_we_g+t_flash; ; //计算东西绿灯计数初始值
P0=（count_ns/10<<4）+（count_ns%10）; //将南北计数值送至与P0端口相连的数码管上显示
P2=（count_we/10<<4）+（count_we%10）; //将东西计数值送至与P2端口相连的数码管上显示
delay（10）;
for（k=0;k<3;k++）//东西绿灯闪烁3次
    {
    P1=0x76;
    delay（1）;
    P1=0x36;
    delay（1）;
    }
count_we=t_yellow;//计算东西黄灯计数初值
P2=（count_we/10<<4）+（count_we%10）; //将东西计数值送至与P2端口相连的数码管上显示

P1=0x56; //东西黄灯，南北红灯，延时3秒
delay（3）;

count_ns=t_ns_g+t_flash; //计算南北绿灯计数初始值
count_we=t_ns_g+t_flash+t_yellow; //计算东西红灯计数初始值
P0=（count_ns/10<<4）+（count_ns%10）; //将南北计数值送至与P0端口相连的数码管上显示
P2=（count_we/10<<4）+（count_we%10）; //将东西计数值送至与P2端口相连的数码管上显示
P1=0x63; //东西红灯，南北绿灯，延时5秒
delay（5）;
for（k=0;k<3;k++）//南北绿灯闪烁3次
    {
    P1=0x67;
    delay（1）;
    P1=0x63;
    delay（1）;
    }
count_ns=t_yellow; //计算南北黄灯计数初值
P0=（count_ns/10<<4）+（count_ns%10）; //将南北计数值送至与P0端口相连的数码管上显示
P1=0x65; //东西红灯，南北黄灯，延时3秒
delay（3）;
    }
}
//函数名：serial
//功能：串行口中断函数，接收主机命令，控制交通灯显示状态
//形式参数：无
//返回值：无
void serial()        // interrupt 4 串行口中断类型号是4
    {
```

续表

```
    unsigned  char  i;
    EA=0;                       //关中断
    if（RI==1）                  //接收到数据
    {
        RI=0;                   //软件清除中断标志位
        if（SBUF==0x01）         //判断是否 01H 亮灯命令
            {
                SBUF=0x01;      //将收到的 01H 命令回发给主机
                while（!TI）；    //查询发送
                TI=0 ;          //发送成功，由软件清 TI
                i=P1;           //保护现场，保存 P1 口状态
                P1=0xee ;       //P1 口控制的两路红灯全亮
            }
        else
                {EA=1;
                return;
                }
        wait:while（!RI）；       //等待接收下一个命令
            RI=0;               //软件清除中断标志位
            if（SBUF==0x02）
                {SBUF=0x02;     //将收到的 02H 命令回发给主机
                while（!TI）；    //查询发送
                TI=0 ;          //发送成功，由软件清 TI
                P1=i;           //恢复现场，送回 P1 口原来状态
                EA=1;           //开中断
                }
                else{goto wait;}
    }
}
//函数名：delay
//函数功能：用 T0 的方式 1 编制 1 秒延时程序，假定系统采用 12MHz 晶振
//形式参数：无
//返回值：无
void delay（unsigned char t）// 延时时间为 t 秒
{ unsigned char i，j;
  for（i=0;i<t;i++）
    {
        for（j=0;j<20;j++）//循环 20 次，延时时间为 1 秒
        {

        TH0=15536/256;  //设置定时器 50（ms）初值
        TL0=15536%256;
        TR0=1;//启动 T0
```

续表

```
        while（TF0==0）;//查询计数是否溢出，即定时 50ms 时间到，TF0=1
        TF0=0;        // 50ms 定时时间到，将定时器溢出标志位 TF0 清零
        }
    count_ns--;  //1s 到，南北计数值减 1
    count_we--; //1s 到，东西计数值减 1
    P0=（count_ns/10<<4）+（count_ns%10）;//将南北计数值送至与 P0 端口相连的数码管上显示
    P2=（count_we/10<<4）+（count_we%10）;//将东西计数值送至与 P2 端口相连的数码管上显示
    }
}
```

（二）任务调试过程

1．硬件电路组装（参见项目一任务一）。

2．软件调试（参见项目一任务一）。

3．程序下载（参见项目一任务一）。

4．软硬件综合调试。

（1）甲机通过键盘输入进入"紧急状态"的命令后，注意观察单片机应用系统是否进入紧急状态。

（2）甲机通过键盘输入解除"紧急状态"的命令后，再注意观察单片机应用系统是否退出紧急状态，重新转入正常情况运行。

（三）任务扩展与提高

1．改用 PC 机作为上位机来远程与控制现场的单片机通信，依然完成本任务中的协议及控制功能，应如何进行调试？（可上网去查询具体方法）

2．利用串口扩展 I/O 资源——16 个信号灯闪烁控制

采用 8 位并行输出串行移位寄存器 74LS164 实现单片机串行端口的 I/O 扩展，并编程实现信号灯的循环显示，让读者熟悉串行端口扩展 I/O 的方法和应用。

五、任务小结

本任务通过实现远程智能交通灯控制的单片机应用系统，介绍了以下主要内容：

1．串行通信基本概念

（1）并行通信是数据的各位同时传送，其优点是传送速度快，主要用于短距离传送；串行通信是数据的各位依次逐位在同一根数据线上传送，传送速度慢，适用于远距离传送。

（2）异步通信依靠起始位、停止位保持通信同步，对硬件要求较低，传输速度较慢。同步通信依靠同步字符保持通信同步，传输速度较快，对硬件要求高，适用于成批数据传送。

（3）波特率是串行通信中一个重要概念，它定义为每秒传输的数据位数。串行通信时，双方必须具有相同的波特率，否则将无法成功地完成串行数据传送。

（4）串行通信按照数据传送方向可分为三种制式：单工制式、半双工制式和全双工制式。

2．AT89C51 串行口主要由发送器、接收器和串行控制寄存器组成。

3．串口有 4 种工作方式：方式 0 是同步移位寄存器方式，帧格式 8 位，波特率固定为 $f_{osc}/12$。方式 1 是 8 位异步通信方式，帧格式 10 位，波特率可变：（n=32 或 16）。方式 2 是 9 位异步

通信方式，帧格式 11 位，波特率可变：f_{osc}/n（n=32 或 16）。方式 3 是 9 位异步通信方式，帧格式 11 位，波特率可变：（n=32 或 16）。方式 1、2、3 的区别主要表现在帧格式及波特率两个方面。

4. 多机通信时，主机发送的信息可传送到各个从机，而各从机发送的信息只能被主机接收，利用 SCON 中的 TB8/RB8 和 SM2 可实现多机通信。

5. 实现单片机与单片机之间远距离通信时通常采用标准串行总线通信接口，RS-232C 是在异步串行通信中应用最广的总线标准。RS-232C 总线采用负逻辑标准：将-5～-15V 规定为"1"，+5V～+15V 规定为 0，这与利用正逻辑标准的 TTL 电平不兼容，所以 TTL 信号和 RS-232C 信号之间要有相应的电平转换电路。

【项目小结】

本项目介绍了 MCS-51 单片机内部可编程定时/计数器的结构、工作原理及应用方法。

定时/计数器 T0、T1 的核心是一个加法计数器。工作在定时方式时，对机器周期脉冲计数，工作在计数方式时，对外部引脚输入的脉冲计数。当加法计数器计满溢出时，置位溢出标志，在允许中断的情况下可申请中断，不论是作为定时器还是计数器，它们有 4 种工作方法（T1 只有 3 种方式）。

定时/计数器的功能、工作方式及运行控制方法，是由工作方式寄存器 TMOD 和控制寄存器 TCON 的状态决定的。在定时/计数器启动运行前，必须通过程序对 TMOD 置入控制字，并向 TH0、TL0 或 TH1、TL1 装入计数初值，以及根据要求开放中断等，这个过程称为初始化。在使用定时/计数器时，应该注意的是，除工作方式 2 之外，其他三种工作方式在计数器回零后，必须再赋初值方能重新工作。

定时/计数器是单片机应用系统中常用的重要部件，可与 CPU 并行工作，正确、方便的使用定时/计数器对提高 CPU 的工作效率和简化外围电路大有益处。因此，要掌握它的初始化编程方法，以及灵活地选择和运用其工作方式。

讨论了 MCS-51 单片机的中断系统的结构、工作原理及其应用。

80C51 单片机具有完备的中断系统，具有 5 个中断源，可设置两个中断优先级。中断的控制与管理通过特殊功能寄存器 TCON、SCON、IE 和 IP 完成。中断处理过程可以分为 3 步：中断响应、中断处理和中断返回。中断控制的实现也要通过编写控制程序完成。

在单片机应用系统中，键盘和显示器是关键的部件，它是构成人机对话的一种基本方式。与单片机接口的常用显示器件分为 LED 和 LCD 两大类。在本项目中主要介绍了 LED 的应用。单片机控制 LED 的方式有静态扫描和动态扫描两种方式。

串行通信是单片机功能的一个重要组成部分，MCS-51 系列单片机内部具有一个可编程全双工的异步串行通信 I/O 口，该串行口的波特率和帧格式可以编程设定。MCS-51 串行口有 4 种工作方式，帧格式有 10 位、11 位，方式 0 和方式 2 的传送波特率是固定的，方式 1 和方式 3 的波特率是可变的，由定时器的溢出率决定。

在本项目中还讨论了 C51 中的函数和一维数组，包括函数的分类、定义方法、参数的传递方法、调用方法；一维数组的定义方法、初始化方法、存储方法以及引用方法。

【项目知识拓展——Proteus 软件的使用方法】

单片机软硬件实验需要很多的仪器设备,增加了学习和研究的投入,同时单片机实验室的教学资源也比较紧张,而学生的硬件应用能力和编程能力普遍偏差,要想有所提高,是离不开大量的实验的。很多学生为了做某一实验,花费了大量的时间与精力,却往往受元器件、实验仪器与设备的限制而半途而废,挫伤了对实验和科研的积极性。

Proteus 仿真软件的出现在相当的程度上解决了上述问题。Proteus 不仅可以作为学校单片机(及其他电子设备等)实验的模拟仿真工具,也可以作为个人工作室的仿真实验工具。作为电子技术或控制类相关专业的学生和工程技术人员,在学习了该软件后,可以充分地利用它所提供的资源,帮助自己提高工程应用能力。

Proteus 软件的功能强大,它集电路设计、制版及仿真等多种功能于一身,不仅能够对电工、电子技术学科涉及的电路进行设计与分析,还能够对微处理器进行设计和仿真。该软件功能齐全,界面多彩,是近年来备受电子设计爱好者青睐的一款新型电子线路设计与仿真软件。

Proteus 是一个基于 Pro-SPICE 混合模型仿真器的、完整的嵌入式系统软硬件设计仿真平台。它包含 ISIS 和 ARES 应用软件。

- ISIS——智能原理图输入系统,系统设计与仿真的基本平台。
- ARES——高级 PCB 布线编辑软件。

在 Proteus 中,从原理图设计、单片机编程、系统仿真到 PCB 设计一气呵成,真正实现了从概念到产品的完整设计。

Proteus 的特点:

1. 实现了单片机仿真和 SPICE 电路仿真相结合。具有模拟电路仿真、数字电路仿真、单片机及其外围电路组成的系统的仿真、RS—232 动态仿真、I²C 调试器、SPI 调试器、键盘和 LCD 系统仿真的功能;有各种虚拟仪器,如示波器、逻辑分析仪、信号发生器等。

2. 支持主流单片机系统的仿真。目前支持的单片机类型有:68000 系列、8051 系列、AVR 系列、PIC12 系列、PIC16 系列、PIC18 系列、Z80 系列、HC11 系列以及各种外围芯片。

3. 提供软件调试功能。在硬件仿真系统中具有全速、单步、设置断点等调试功能,同时可以观察各个变量、寄存器等的当前状态,因此在该软件仿真系统中,也必须具有这些功能;同时支持第三方的软件编译和调试环境,如 Keil C51 μVision2 等软件。

4. 具有强大的原理图绘制功能。

总之,该软件是一款集单片机和 SPICE 分析于一身的仿真软件,功能极其强大。

图 2.44 为 ISIS 7 Professional 运行时的界面。

图 2.45 为 Proteus 的主界面。

图 2.44 ISIS 7 Professional 运行时的界面

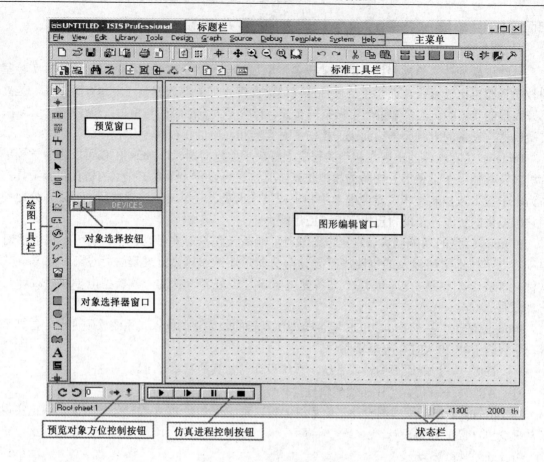

图 2.45　Proteus ISIS 的工作界面

下面介绍简单对窗口内各部分的功能：

1．原理图编辑窗口（Editing Window）：顾名思义，它是用来绘制原理图的。蓝色方框内为可编辑区，元件要放到它里面。注意，这个窗口是没有滚动条的，你可用预览窗口来改变原理图的可视范围。同时，它的操作是不同于常用的 Windows 应用程序的，正确的操作是：中键缩放原理图；左键放置元件；右键选择元件；双击右键删除元件；先右键后左键编辑元件属性；先右键后左键拖动元件；连线用左键，删除用右键。

2．预览窗口（Overview Window）：它可显示两个内容，一个是在元件列表中选择一个元件时，它会显示该元件的预览图；另一个是鼠标焦点落在原理图编辑窗口时（即放置元件到原理图编辑窗口后或在原理图编辑窗口中单击鼠标后），它会显示整张原理图的缩略图，并会显示一个绿色的方框，绿色的方框里面的内容就是当前原理图窗口中显示的内容，因此，你可用鼠标在它上面单击来改变绿色的方框的位置，从而改变原理图的可视范围。

3．模型选择工具栏（Mode Selector Toolbar）：主要模型（Main Modes）见图 2.46。

图 2.46　主要模型

从左向右的按钮依次为："选择元件（Components）"（默认）、"放置连接点"、"放置标签"

（用总线时会用到）、"放置文本"、"用于绘制总线"、"用于放置子电路"、"用于即时编辑元件参数"（先单击该图标再单击要修改的元件）。

4．配件（Gadgets）。主要配件见图 2.47。

图 2.47　主要配件

从左向右的按钮依次为："终端接口"（Terminals，其中包括 VCC、地、输出、输入等接口）、"器件引脚"（用于绘制各种引脚）、"仿真图表"（Graph，用于各种分析，如 Noise Analysis）、"录音机"、"信号发生器"（Generators）、"电压探针"（使用仿真图表时要用到）、"电流探针"（使用仿真图表时要用到）、"虚拟仪表"（有示波器等）。

5．2D 图形（2DGraphics）。主要 2D 图形见图 2.48。

图 2.48　主要 2D 图形

从左向右的按钮依次为："画各种直线"、"画各种方框"、"画各种圆"、"画各种圆弧"、"画各种多边形"、"画各种文本"、"画符号"、"画原点"。

6．元件列表（The Object Selector）。用于挑选元件终端接口、信号发生器、仿真图表等。举例，当你选择"元件"，单击"P"按钮会打开挑选元件对话框，选择了一个元件后（单击了"OK"后），该元件会在元件列表中显示，以后要用到该元件时，只需在元件列表中选择即可。

7．方向工具栏（Orientation Toolbar）。

旋转：   旋转角度只能是 90 的整数倍。

翻转： 　　　完成水平翻转和垂直翻转。

使用方法：先右键单击元件，再左键单击相应的旋转图标。

8．仿真工具栏。如图 2.49 所示为仿真工具栏。从左向右的按钮依次为"运行"、"单步运行"、"暂停"、"停止"。

图 2.49　仿真工具栏

9．元件的拾取。假设我们要依次选择表 2.30 中元件。

表 2.30　要依次选择的元件

元件名	类	子类	备注	数量	参数
CAPACITOR	Capacitors	Animited	电容可动态显示电荷	1	1000uF
RES	Resistors	Generic	电阻	2	1K，100
LAMP	Optoelectronins	Lamps	灯泡,可实现灯丝烧断	1	12v

续表

元件名	类	子类	备注	数量	参数
SW-SPDT	Switches and Relays	Switches	两位开关,可单击操作	1	
BATTERY	Simulator Primitives	Sources	电池	1	12V

如图 2.50 所示的 ISIS 编辑界面中,用鼠标左键单击界面左侧预览窗口下的"P"按钮,如图 2.51 所示,会弹出"Pick Device"(元件拾取)对话框。

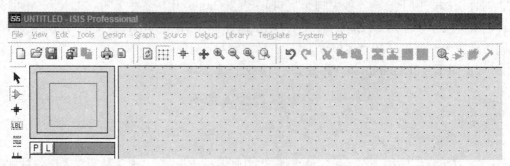

图 2.50 ISIS 的编辑界面

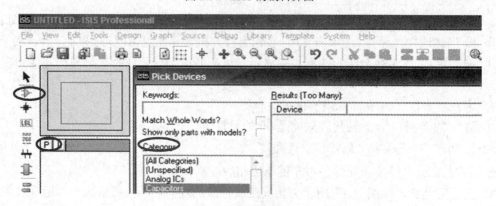

图 2.51 元件拾取对话框

元件拾取共有两种方法:
● 按类别查找和拾取元件

首先是充电电容 CAPACITOR,在图 2.52 所示打开的元件对话框中,在"Category"类选中"CAPACITOR"(可动画演示),查询结果元件列表中只有一个元件,即是要找到的元器件。双击元件名,元件即被选入编辑界面的元件区中。拾取元件对话框共分为四部分,左侧从上到下分别为直接查找时的名称输入、分类查找时的大类列表、子类列表和生产厂家列表。中间为查到的元件列表。右侧自上而下分别为元件图形和元件封装。

● 直接查找和拾取元件

把元件名的全称或部分输入到 Pick Devices 对话框中的"Keywords"栏,在中间的查找结果"Results"中将列表显示所有符合条件的电容元件,用鼠标拖动右边的滚动条,出现灰色标示的元件即为找到的匹配元件,双击即可选中,如图 2.52 所示。这种方法主要用于对元件名熟悉之后,为节约时间而直接查找。

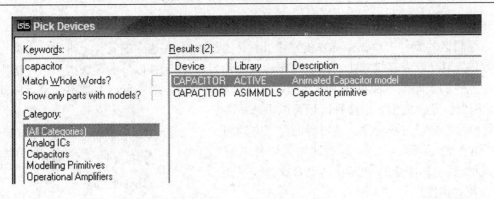

图 2.52 直接拾取元件示意图

按照电容的拾取方法,依次把表 2.30 中五个元件拾取到编辑界面的对象选择器中,然后关闭元件拾取对话框。元件拾取后的界面如图 2.53 所示。

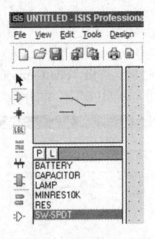

图 2.53 元件拾取后的界面

下面把各元件从对象选择器中放置到图形编辑区中。用鼠标单击对象选择区中的某一元件名,把鼠标指针移到图形编辑区,双击鼠标左键,元件即被放置到编辑区中。放置后的界面如图 2.54 所示。

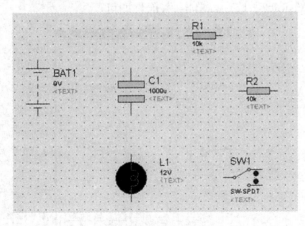

图 2.54 放置后的界面

10. 元件位置的调整和参数的修改

在编辑区的元件上单击鼠标左键选中元件（为红色），在选中的元件上再次单击鼠标右键则删除该元件（或者直接双击右键也可删除该元件），而在元件以外的区域内单击左键则取消选择。元件的误删除可通过撤销键找回。单个元件选中后，单击鼠标左键不放可以拖动该元件。使用鼠标左键拖出一个选择区域可以多选按图1-9 所示元件位置布好元件。使用界面左下方的四个图标 或者选中元器件右键单击鼠标，弹出如图 2.55 所示快捷菜单来改变元件的方向及对称性。

当将元件布置完毕后，可以先存一下盘。假如建立一个名为 Proteus 的目录，选择主菜单中 File→Save Design As 命令，在打开的对话框中把文件保存为 Proteus 目录下的"Cap1.DSN"，只用输入"Cap1"即可，扩展名系统自动添加。

图 2.55　鼠标右击元器件后弹出的快捷菜单

下面改变元件参数（以电阻为例）。

左键双击原理图编辑区中的电阻 R1，弹出"Edit Components"（元件属性设置）对话框如图 2.56 所示，把 R1 的 Resistance（阻值）由"10K"改为"1K"，把 R2 的阻值由"10K"改为"100"。

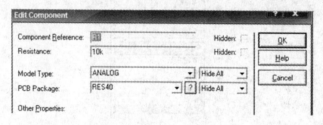

图 2.56　元件属性设置对话框

修改完元器件参数后，可在原理图编辑区中注意到每个元件旁边显示灰色的"<TEXT>"，为了使电路图清晰，可以取消此文字的显示。双击此文字，打开一个对话框，如图 2.57 所示。在对话框中选择"Style"，先取消选择"Visible?"右边的"Follow Global"选项，再取消选择"Visible?"选项，单击"OK"即可。

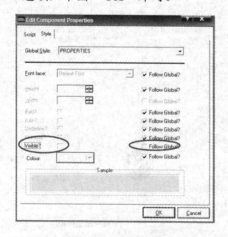

图 2.57　"TEXT"属性设置对话框

此外，也可在元件调用前，直接选择主菜单中的 Template→Set Design Defaults…命令打开画图模板设置选项。接着出现 Edit Design Defaults（编辑模板设计）对话框，如图 2.58 所示。取消选中"Show hidden text？"选项，然后单击"OK"即可。则每个元件旁边不再显示灰色的"<TEXT>"。

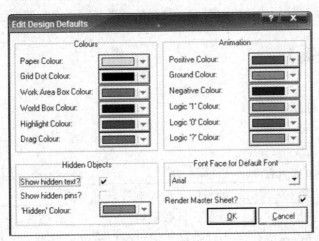

图 2.58　编辑模版设计对话框

11．Proteus 与单片机相结合的调试与仿真

Proteus 真正超群之处在于它对单片机电路的设计与仿真。它与单片机的程序设计软件 Keil 兼容，能够把 Keil 编译好的"*.Hex"文件置于入 Proteus 的单片机硬件中，从而实现软硬件一体的电路仿真。

12．一般电路原理图的设计流程

用 Proteus 进行一般电路原理图的设计流程见图 2.59。

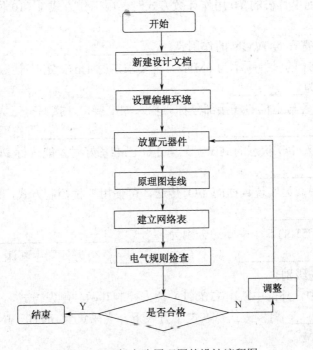

图 2.59　一般电路原理图的设计流程图

具体 Proteus 仿真软件的使用方法及技巧读者可以去网上进一步查阅。

温馨提示：
- 本书提供的电路原理图均为用 Proteus 下的仿真电路图。
- 软件模拟与真实的硬件执行程序还是有区别的，其中最明显的就是时序，具体表现在程序执行的速度和用户使用的计算机有关，计算机性能越好，运行速度越快。

【项目训练与提高】

项目知识训练与提高

一、填空

1. 单片机 89C51 片内有_____个_____位加 1 定时/计数器，即 T0 和 T1，它们都有_____和_____的功能。定时和计数都是对_____进行计数，定时与计数的区别是定时是对_____计数；计数是对_____计数。

2. MCS-51 单片机内部有定时/计数器可通过编程决定它们的工作方式，其中，可进行 13 位定时/计数的是_____。

3. 定时／计数器的工作方式 3 是指将_____拆成两个独立的 8 位计数器。而另一个定时／计数器此时通常只可作为_____使用。

4. 定时器方式寄存器 TMOD 的作用是_____。设定 T1 为计数器方式，工作方式 2，则 TMOD 中的值为_____。

5. MCS-51 系列单片机的定时/计数器，若只用软件启动，与 $\overline{INT0}$ 无关，应使 TMOD 中的_____。

6. MCS-51 系列单片机的 T0 用作计数方式时，用工作方式 1（16 位），则工作方式控制字为_____。

7. 定时器控制寄存器 TCON 的作用是_____。

8. 单片机 89C51 的时钟频率为 6MHz，若要求定时 1ms，定时/计数器工作于模式 1，其定时/计数器的初值为_____。

9. 输入输出设备与主机的连接部分称为输入输出接口，接口有三大作用：_____、_____作用、_____作用和_____作用。

10. 通过 CPU 对 I/O 状态的测试，只有 I/O 已准备好时才能进行 I/O 传送，这种传送方式称为_____。

11. 在单片机中，为实现数据的 I/O 传送，可使用三种控制方式，即_____方式、_____方式和_____方式。

12. 单片机 89C51 的 5 个中断源分别为_____、_____、_____、_____以及_____，其中有_____个为外部中断源。每个中断源有_____级中断优先级别。

13. 在 89C51 中，外部中断由 IT0（1）位来控制其两种触发方式，分别是_____触发方式和_____触发方式，在电平方式下，当采集到 INT0、INT1 的有效信号为_____时，激活外部中断。

14．中断处理的全过程分为以下 3 个阶段：_____、_____、_____。中断响应时间是指_____。

15．在中断服务程序中现场保护和现场恢复期间，中断系统应处在_____状态。

16．单片机程序的入口地址是_____，外部中断 0 的入口地址是_____。

17．中断源中断请求撤销包括_____、_____、_____等三种形式。

18．外部中断 0 的中断类型号为_____；串口中断的中断类型号为_____。

19．单片机 89C51 的中断要用到 4 个特殊功能寄存器，它们是_____、_____、_____以及_____。

20．若只需要开串行口中断，则 IE 的值应设置为_____，若需要将外部中断 0 设置为下降沿触发，则执行的语句为_____。

21．单片机 89C51 具有_____通信和_____通信两种通信方式。

22．串行通信有_____通信和_____通信两种通信方式。

23．51 单片机的内部有一个全双工的_____步串行口，有_____种工作方式。

24．在异步通信中，数据的帧格式定义一个字符由 4 部分组成，即：_____、_____、_____和_____。

25．单片机 89C51 中的串行通信共有_____种方式，这可在初始化程序中用软件填写特殊功能寄存器_____加以选择，其中方式_____是用作同步移位寄存器来扩展 I/O 口的。

26．串行口方式 2 接收到的第 9 位数据送_____寄存器的_____位中保存；串行口方式 3 发送的第 9 位数据要事先写入_____寄存器的_____位。

27．设 89C51 的晶振频率为 11.0592MHz，选用定时器 T 于工作模式 2 作为波特率发生器，波特率为 2400b/s，且 SMOD 置 0，则定时器的初值为_____。

28．RS-232C 是_____总线标准，单片机中，常用作串入并出的芯片是_____，常用作 232 串口电平转换芯片是_____。

29．设 int a[][3]={{3},{1,5},{2,6,7}}；则 a[2][1]的值是_____，a[0][2]的值是_____。

30．设 long y[5][10]；则 y 数组的类型是_____，y[i]数组（i 取值为 0 到 4）的类型是_____。

31．一个函数返回值的类型是由_____决定的，C 语言函数返回类型的默认定义类型是_____。

32．函数的实参传递到形参有两种方式：_____和_____。

33．在一个函数内部调用另一个函数的调用方式称为_____，在一个函数内部直接或间接调用该函数本身称为_____调用。

34．凡在函数中未指定存储类别的局部变量，其默认的存储类别为_____。

35．在一个 C 程序中，若要定义一个只允许本源程序文件中所有函数使用的全局变量，则该变量需要定义的存储类别为_____。

36．用关键字_____定义无值函数。

37．自己调用自己的函数称为_____函数。

38．用关键字_____指出函数是无参数的函数。

39．定义函数时的参数称_____参数；调用函数时的参数称_____参数。

40. 函数＿＿＿＿＿＿＿＿嵌套定义。

41. 函数＿＿＿＿＿＿嵌套调用。

42. 函数体中无语句的函数称＿＿＿＿＿＿函数

43. 一个函数＿＿＿＿＿＿（填"可以"或"不可以"）单独定义在一个源文件中。

44. 调用函数时实参与形参之间按＿＿＿＿＿＿＿传递参数。

二、单项选择题

1. MCS-51系列单片机的定时器T1用做定时的方式时是（　　）。
   A．对内部时钟频率计数，一个时钟周期加1
   B．对内部时钟频率计数，一个机器周期加1
   C．对外部时钟频率计数，一个时钟周期加1
   D．对外部时钟频率计数，一个机器周期加1

2. MCS-51系列单片机的定时器T1用作计数方式时计数脉冲是（　　）。
   A．外部计数脉冲由T1（P3.5）输入　B．外部计数脉冲由内部计数脉冲时钟频率提供
   C．外部计数脉冲由T0（P3.4）输入　D．由外部计数脉冲计数

3. MCS-51系列单片机的定时器T1用作定时的方式时，采用工作方式1，则工作方式控制字为（　　）。
   A．01H　　　　B．05H　　　　C．10H　　　　D．50H

4. MCS-51系列单片机的定时器T0用作定时的方式时，采用工作方式2，则工作控制字为（　　）。
   A．60H　　　　B．02H　　　　C．06H　　　　D．20H

5. MCS-51系列单片机的定时器T1用作定时的方式时，采用工作方式1，则初始化编程为（　　）。
   A．TMOD=0X01;　　　　　　　　B．TMOD=0X50;
   C．TMOD=0X10;　　　　　　　　D．TCON=0X02;

6. 单片机的定时/计数器工作方式1是（　　）。
   A．8位计数器结构　　　　　　　B．2个8位计数器结构
   C．13位计数结构　　　　　　　 D．16位计数结构

7. 启动T0开始计数使TCON的（　　）。
   A．TF0位置1　　B．TR0位置1　　C．TR0位置0　　D．TR1位置0

8. 使MCS-51系列单片机的定时器T0停止计数的语句是（　　）。
   A．TR0=0　　　B．TR1=0　　　C．TR0=1　　　D．TR1=1

9. 在定时/计数器计数初值计算中，若设最大值为M，则工作方式1下的M值为（　　）。
   A．$M=2^{13}=8192$　　　　　　　B．$M=2^8=256$
   C．$M=2^4=16$　　　　　　　　 D．$M=2^{16}=65536$

10. 设MCS-51单片机晶振频率为12MHz，定时器作为计数器使用时，其最高的输入计数频率应为（　　）。
    A．2MHz　　　B．1MHz　　　C．500kHz　　　D．250kHz

11. 如果将中断优先级寄存器中IP设置为0x0A，则优先级最高的是（　　）。
    A．外部中断1　　　　　　　　　B．外部中断0

C．定时/计数器 1　　　　　　　　D．定时/计数器 0

12．设 MCS-51 单片机晶振频率为 12MHz，定时器作为定时器使用时，其最高的输入计数频率应为（　　）。

　　A．2MHz　　　B．1MHz　　　C．500kHz　　　D．250kHz

13．定时器/计数器工作方式 1 是（　　）。

　　A．8 位计数器结构　　　　　　B．2 个 8 位计数器结构

　　C．13 位计数结构　　　　　　　D．16 位计数结构

14．在串行口工作于移位寄存器方式时，其接收由（　　）来启动。

　　A．REN　　　B．RI　　　C．REN 和 RI　　　D．TR

15．串行口每一次传送（　　）字符。

　　A．1 个　　　B．1 串　　　C．1 帧　　　D．1 波特

16．定时器 1 工作在计数方式时，其外加的计数脉冲信号应连接到（　　）引脚。

　　A．P3.2　　　B．P3.3　　　C．P3.4　　　D．P3.5

17．当外部中断请求的信号方式为脉冲方式时，要求中断请求信号的高电平状态和低电平状态都应至少维持（　　）。

　　A．1 个机器周期　　　　　　　B．2 个机器周期

　　C．4 个机器周期　　　　　　　D．10 个晶振周期

18．MCS-51 单片机在同一优先级的中断源同时申请中断时，CPU 首先响应（　　）。

　　A．外部中断 0　　　　　　　　B．外部中断 1

　　C．定时器 0 中断　　　　　　　D．定时器 1 中断

19．定时器若工作在循环定时或循环计数场合，应选用（　　）。

　　A．工作方式 0　　B．工作方式 1　　C．工作方式 2　　D．工作方式 3

20．若单片机的振荡频率为 6MHz，设定时器工作在方式 1 需要定时 1ms，则定时器初值应为（　　）。

　　A．500　　　B．1000　　　C．$2^{16}-500$　　　D．$2^{16}-1000$

21．MCS-51 单片机的外部中断 1 的中断请求标志是（　　）。

　　A．ET1　　　B．TF1　　　C．IT1　　　D．IE1

22．当 CPU 响应定时器 T1 的中断请求后，程序计数器 PC 的内容是（　　）。

　　A．0003H　　　B．000BH　　　C．00013H　　　D．001BH

23．当 CPU 响应外部中断 0 的中断请求后，程序计数器 PC 的内容是（　　）。

　　A．0003H　　　B．000BH　　　C．00013H　　　D．001BH

24．MCS-51 单片机在同一级别里除串行口外，级别最低的中断源是（　　）。

　　A．外部中断 1　　B．定时器 T0　　C．定时器 T1　　D．串行口

25．当外部中断 0 发出中断请求后，中断响应的条件是（　　）。

　　A．ET0=1　　　B．EX0=1　　　C．IE=0x81　　　D．IE=0x61

26．MSC-51 系列单片机 CPU 关中断语句是（　　）。

　　A．EA=1　　　B．EX0=1　　　C．EA=0　　　D．EX0=1

27．MCS-51 XI 系列单片机串行口发送/接收中断源的工作过程是：当串行口收发完一帧数据时将 SCON 中的（　　），向 CPU 申请中断。

　　A．RI 或 TI 置 1　　B．RI 或 TI 置 0　　C．RI 置 1 或 TI 置 0　　D．RI 置 0 或 TI 置 1

28. 在单片机应用系统中，LED 数码管显示电路通常有（　　）显示方式。
   A．静态　　　　B．动态　　　　C．静态和动态　　D．查询
29. （　　）显示方式编程较简单，但占用 I/O 端口线多，其一般适用于显示位数较少的场合。
   A．静态　　　　B．动态　　　　C．静态和动态　　D．查询
30. LED 数码管若采用动态显示方式，下列说法错误的是（　　）。
   A．将个位数码管的段选线并联
   B．将选段线用一个 8 位 I/O 端口控制
   C．将各位数码管的公共端直接连接在+5V 或者 GND 上
   D．将各位数码管的位选线用各自独立的 I/O 端口控制
31. 共阳极 LED 数码管加反相器驱动时显示字符"6"的段码是（　　）。
   A．06H　　　　B．7DH　　　　C．82H　　　　D．FAH
32. 一个单片机应用系统 LED 数码管显示字符"8"的段码是 80H，可以断定该显示系统用的是（　　）。
   A．不加反相驱动的共阴极数码管
   B．加反相驱动的共阴极数码管或不加反相驱动的共阳极数码管
   C．加反相驱动的共阳极数码管
   D．以上都不对
33. 在共阳极数码管使用中，若要仅显示小数点，则其相应的字段码是（　　）。
   A．80H　　　　B．10H　　　　C．40H　　　　D．7FH
34. 串行口是单片机的（　　）。
   A．内部资源　　B．外部资源　　C．输入设备　　D．输出设备
35. MCS-51 系列单片机的串行口是（　　）。
   A．单工　　　　B．全双工　　　C．半双工　　　D．并行口
36. 表示串行数据传输速度的指标为（　　）。
   A．USART　　　B．UART　　　　C．字符帧　　　D．波特率
37. 单片机和 PC 接口时，往往要采用 RS-232 接口，其主要作用是（　　）。
   A．提高传输距离　B．提高传输速度　C．进行电平转换　D．提高驱动能力
38. 单片机输出信号为（　　）电平。
   A．RS-232C　　B．TTL　　　　C．RS-449　　　D．RS-232
39. 串行口工作在方式 0 时，串行数据从（　　）输入或输出。
   A．RI　　　　　B．TXD　　　　C．RXD　　　　D．REN
40. 串行口的控制寄存器为（　　）。
   A．SMOD　　　　B．SCON　　　　C．SBUF　　　　D．PCON
41. 当采用中断方式进行串行数据的发送时，发送完一帧数据后，TI 标志要（　　）。
   A．自动清零　　B．硬件清零　　C．软件清零　　D．软、硬件清零均可
42. 当采用定时器 1 作为串行口波特率发生器使用时，通常定时器工作在方式（　　）。
   A．0　　　　　　B．1　　　　　　C．2　　　　　　D．3
43. 串行口工作在式 0 时，其波特率（　　）。
   A．取决于定时器 1 的溢出率　　　B．取决于 PCON 中的 SMOD 位

C．取决于时钟频率　　　　　　　　D．取决于PCON中的SMOD位和时钟频率

44．串行口工作在方式1时，其波特率（　　）。
A．取决于定时器1的溢出频率　　　B．取决于PCON中的SMOD位
C．取决于时钟频率　　　　　　　　D．取决于PCON中的SMOD位和时钟频率

45．串行口的发送数据和接收数据端为（　　）。
A．TCD和RXD　　B．TI和RI　　C．TB和RB8　　D．REN

46．下面属于C51语句的是（　　）。
A．printf（"%d\n", a）　　　　　　B．/* This is a statement */
C．x=x+1;　　　　　　　　　　　　D．#　　　　<stdio. h>

47．下列4种叙述中，错误的是（　　）。
A．C51语言中的标识符必须全部由字母组成
B．C51语言不提供输入输出语句
C．C51程序中的注释可以出现在程序的任何位置
D．C51语言中的关键字必须小写

48．C语言提供的合法的数据类型关键字是（　　）。
A．double　　B．short　　C．integer　　D．char

49．设立函数的目的是（　　）。
A．减少程序的篇幅　　　　　　　　B．提高程序的执行效率
C．提高程序的可重用性　　　　　　D．提高程序的可读性

50．以下说法正确的是（　　）。
A．用户若需要调用标准库函数，调用前必须重新定义
B．用户可以重新定义标准库函数，若如此，该函数将失去原有定义
C．系统不允许用户重新定义标准库函数
D．用户若需要使用标准库函数，调用前不必使用预处理命令将该函数所在的头文件包含编译，系统会自动调用

51．以下说法正确的是（　　）。
A．实参和与其对应的形参各占用独立的存储单元
B．实参和与其对应的形参共占用一个存储单元
C．只有当实参和与其对应的形参同名时才共占用相同的存储单元
D．形参是虚拟的，不占用存储单元

52．以下叙述中正确的是（　　）。
A．在函数中必须要有return语句
B．在函数中可以有多个return语句，但只执行其中的一个
C．return语句中必须要有一个表达式
D．函数值并不总是通过return语句传回调用处

53．若调用一个函数，且此函数中没有return语句，则下列说法正确的是（　　）。
A．该函数没有返回值　　　　　　　B．该函数返回若干个系统默认值
C．能返回一个用户所希望的函数值　D．返回一个不确定的值

54．以下说法不正确的是（　　）。
A．实参可以是常量，变量或表达式

B. 形参可以是常量，变量或表达式

C. 如果形参和实参的类型不一致，以形参类型为准

D. 实参可以为任意类型

55. C语言规定，简单变量作为实参时，它和对应的形参之间的数据传递方式是（   ）。

   A. 地址传递

   B. 值传递

   C. 由实参传给形参，再由形参传给实参

   D. 由用户指定传递方式

56. 允许缺省的函数返回值类型是（   ）。

   A. int   B. char   C. float   D. double

57. 下列函数调用可出现位置中错误的是（   ）。

   A. 实参中   B. 表达式中

   C. 单独作为一个语句   D. 形参中

58. 下列正确的说法是（   ）。

   A. 从主函数开始执行并结束于主函数

   B. 从主函数开始执行并结束于最后调用的函数

   C. 从当前函数开始执行并结束于主函数

   D. 从当前函数开始执行并结束于最后调用的函数

59. 以下说法不正确的是（   ）。

   A. 在不同函数中可以使用相同名字的变量

   B. 形式参数是局部变量

   C. 在函数内定义的变量只在本函数范围内有定义

   D. 在函数内的复合语句中定义的变量在本函数范围内有定义

60. 以下说法不正确的是（   ）。

   A. 形参的存储单元是动态分配的

   B. 函数中的局部变量都是动态存储

   C. 全局变量都是静态存储

   D. 动态分配的变量的存储空间在函数结束调用后就被释放了

61. 以下程序的运行结果是（   ）。

   A. 8，17   B. 8，16   C. 8，20   D. 8，8

```
main()
{int k=4, m=1, p;
p=func(k, m);
printf("%d, ", p);
p=func(k, m);
printf("%d, \n",, p);
}
func(int a, int b)
{static int m, i=2;
i+=m+1;
m=i+a+b;return(m);
}
```

62. 若有以下函数定义：
```
myfun(double a, int n)
{……}
```
则 myfun 函数值的类型是（　　）。
   A．void　　　　B．double　　　　C．int　　　　D．char
63. 若变量已正确定义并赋值，对库函数错误调用的是（　　）。
   A．k=scanf("%d%d", &I, &j)　　　B．printf("\\%d\\\n", k)
   C．getchar（ch）　　　　　　　　D．putchar（ch）

三、判断题

1. 定时/计数器工作于定时方式时，是通过 89C51 片内振荡器输出经 12 分频后的脉冲进行计数，直至溢出为止。（　　）
2. 定时/计数器工作于计数方式时，是通过 89C51 的 P3.4 和 P3.5 对外部脉冲进行计数，当遇到脉冲下降沿时计数一次。（　　）
3. 定时/计数器在工作时需要消耗 CPU 的时间。（　　）
4. 定时/计数器的工作模式寄存器 TMOD 可以进行位寻址。（　　）
5. 定时/计数器在使用前和溢出后，必须对其赋初值才能正常工作。（　　）
6. 定时器与计数器的工作原理均是对输入脉冲进行计数。（　　）
7. TMOD 中 GATE=1 时，表示由两个信号控制定时器的启停。（　　）
8. 在中断响应阶段 CPU 一定要做如下 2 件工作：保护断点和给出中断服务程序入口地址。（　　）
9. 串口中断标志由硬件清 0。（　　）
10. 单片机外部中断时只有用低电平触发。（　　）
11. 51 系列的单片机至少有 5 个中断，KEIL C51 软件支持最多 32 个中断。（　　）
12. 中断的矢量地址位于 RAM 区中。（　　）
13. 单片机 89C51 的定时/计数器是否工作可以通过外部中断进行控制。（　　）
14. 串口中断请求标志必须由软件清除。（　　）
15. 中断服务程序的最后一条指令是 RET。（　　）
16. 由于 MCS-51 的串行口的数据发送和接收缓冲器都是 SBUF，所以其串行口不能同时发送和接收数据，即不是全双工的串行口。（　　）
17. 51 单片机的串口是全双工的。（　　）
18. 各中断源发出的中断请求信号，都会标记在 MCS-51 系统中的 TCON 中。（　　）
19. 执行返回指令时，返回的断点是调用指令的首地址。（　　）
20. 要进行多机通信，MCS-51 串行接口的工作方式应为方式 1。（　　）
21. 并行通信的优点是传送速度高，缺点是所需传送线较多，远距离通信不方便。（　　）
22. 串行通信的优点是只需一对传送线，成本低，适于远距离通信，缺点是传送速度较低。（　　）
23. 异步通信中，在线路上不传送字符时保持高电平。（　　）
24. 在异步通信的帧格式中，数据位是低位在前高位在后的排列方式。（　　）
25. 异步通信中，波特率是指每秒传送二进制代码的位数，单位是 b/s。（　　）
26. 在 89C51 的串行通信中，串行口的发送和接收都是通过对特殊功能寄存器 SBUF 进

行读/写而实现的。( )

27．在单片机 89C51 中，串行通信方式 1 和方式 3 的波特率是固定不变的。( )

28．在单片机 89C51 中，读和写的 SBUF 在物理上是独立的，但地址是相同的。( )

29．单片机 89C51 一般使用非整数的晶振是为了获得精确的波特率。( )

30．单片机 89C51 和 PC 机的通信中，使用芯片 MAX232 是为了进行电平转换。( )

四、简答题

1．简述定时/计数器 4 种工作模式的特点。

2．8051 的定时/计数器有几个？是多少位的？有几种工作方式？其工作原理如何？

3．MCS-51 系列单片机定时/计数器的定时功能和计数功能有什么不同？分别应用在什么场合？

4．软件定时与硬件定时的原理有何异同？

5．MCS-51 单片机的定时/计数器是增 1 计数器还是减 1 计数器？增 1 和减 1 计数器在计数和计算计数初值时有什么不同？

6．当定时/计数器在工作方式 1 下，晶振频率为 6MHz，请计算最短定时时间和最长定时时间各是多少？

7．MCS-51 系列单片机定时/计数器四种工作方式的特点是什么？如何进行选择和设定？

8．简述 89C51 单片机中断的概念。

9．什么是保护现场，什么是恢复现场？

10．7 段 LED 静态显示和动态显示在硬件连接上分别有什么特点？实际设计时应如何选择使用？

11．简述 LED 数码管动态扫描的原理及其实现方式。

12．各中断源对应的中断服务程序的入口地址是否能任意设定？

13．MCS-51 的中断系统有几个中断源？几个中断优先级？中断优先级是如何控制的？在出现同级中断申请时，CPU 按什么顺序响应（按由高级到低级的顺序写出各个中断源）？各个中断源的入口地址是多少？

14．单片机 89C51 有哪些中断源，对其中断请求如何进行控制？哪些是内部中断源？哪些是外部中断源？

15．简述 51 系列单片机中断响应的条件。

16．C51 中的中断函数和一般的函数有什么不同？

17．什么叫中断？中断有什么特点？

18．外部中断有哪两种触发方式？如何选择和设定？

19．中断函数的定义形式是怎样的？

20．什么是串行异步通信？有哪几种帧格式？

21．定时器 1 作为串行口波特率发生器时，为什么采用方式 2？

22．简述 89C51 串口通信的四种方式及其特点。

23．在有串行通信时，定时/计数器 T1 的作用是什么？怎样确定串行口的波特率？

24．与并行扩展相比串行扩展有什么优缺点？

项目技能训练与提高

1. 在 8051 系统中，已知振荡频率是 12MHz，用定时/计数器 T1 实现从 P1.1 产生高电平，时间宽度是 10ms，低电平，时间宽度是 20ms 的矩形波，试编程。

2. 某控制系统有 2 个开关 K1 和 K2，1 个数码管，当 K1 按下时数码管显示的值加 1，K2 按下时数码管减 1。试画出 8051 与外设的连接图并编程实现上述要求。

3. 利用串行口设计 4 位静态 LED 显示，画出电路图并编写程序，要求 4 位 LED 每隔 1 秒交替形式"1234"和"5678"。

4. 编程实现甲乙两个单片机进行点对点通信，甲机每隔一秒发出一次"A"字符，乙机接收到以后在 LED 上能够显示出来。

5. 编写一个实用的串行通信测试软件，其功能为：将 PC 键盘的输入数据发送给单片机，单片机收到 PC 发来的数据后，回送同一数据给 PC，并在屏幕上显示出来。只要屏幕上显示的字符与所键入的字符相同，说明二者之间的通信正常。

项目三　LED 电子显示屏控制系统

【项目导入与描述】

图 3.1　LED 电子显示屏应用场合举例

我国经济发展迅猛，对信息传播有越来越高的要求。LED 电子显示屏以其色彩鲜亮夺目，显示信息量大，寿命长，耗电量小，重量轻，空间尺寸小，稳定性高，易于操作，安装和维护等特点，被应用于各种信息传播场合，如火车，汽车站，码头，金融证券市场，文化中心，信息中心及体育设施等，见图 3.1。

本项目提出了一种基于 AT89C51 单片机的控制方案，实现对 LED 电子显示屏的控制。其中显示字模数据由单片机输入显存，点阵的点亮过程由程序控制，由驱动电路完成，点阵采用单色显示，亮度比较高。图 3.2 为本项目的电路板。

图 3.2　本项目的电路板

项目三 LED 电子显示屏控制系统

【项目目标】

表 3.1 为本项目的项目目标。

表 3.1 LED 电子显示屏控制系统项目目标

授课项目名称		LED 电子显示屏控制系统		
教学目标	知识目标	1. 了解 LED 大屏幕显示器的结构。 2. 了解 LED 大屏幕显示器的原理。 3. 掌握单片机与 LED 大屏幕显示器的接口电路设计方法。 4. 了解单片机控制 LED 大屏幕显示器的动态扫描原理。 5. 掌握单片机控制 LED 大屏幕显示器的编程方法。 6. 掌握二维数组的定义方法。 7. 掌握二维数组的存储方法。 8. 掌握二维数组的初始化方法。 9. 掌握二维数组的引用方法。		
	能力目标	1. 灵活进行单片机与 LED 大屏幕显示器接口电路设计的能力。 2. 使用二维数组的来解决实际问题的能力。 3. 进一步诊断简单单片机应用系统故障的能力。 4. 进一步提高常用逻辑电路及其芯片的检索与阅读能力。 5. 进一步提高简单单片机应用系统的安装、调试与检测能力。 6. 继续培养良好的职业素养、沟通能力及团队协作精神。		
知识重点		LED 大屏幕显示器的结构;LED 大屏幕显示器的原理;单片机与 LED 大屏幕显示器的接口电路设计;LED 大屏幕显示器的动态扫描原理;二维数组的定义;二维数组的存储;二维数组的初始化;二维数组的引用。	知识难点	LED 大屏幕显示器的结构;LED 大屏幕显示器的原理;二维数组的引用;LED 大屏幕显示器的动态扫描原理。

【项目分解】

由于本项目所涉及的知识点较多,因此将其分解为 2 个任务,表 3.2 是对本项目的项目分解。

表 3.2 LED 电子显示屏控制系统项目分解表

项目名称	电子显示屏控制系统
分解成的任务名称	任务一 LED 英文字母表设计
	任务二 LED 电子显示屏控制系统

【任务一　LED 英文字母表设计】

一、任务描述

设计一个 26 个英文字母表，用单片机控制一块 8×8 点阵式 LED，循环显示字母 A～Z，图 3.3 为本任务的电路板。

图 3.3　本任务的电路板

二、任务教学目标

表 3.3 为本任务的任务目标。

表 3.3　LED 英文字母表设计的任务目标

<table>
<tr><th colspan="2">任务名称</th><th colspan="2">LED 英文字母表设计</th></tr>
<tr><td rowspan="10">教学目标</td><td rowspan="5">知识目标</td><td colspan="2">1. 了解 LED 大屏幕显示器的结构。</td></tr>
<tr><td colspan="2">2. 了解 LED 大屏幕显示器的原理。</td></tr>
<tr><td colspan="2">3. 掌握单片机与 LED 大屏幕显示器的接口电路设计方法。</td></tr>
<tr><td colspan="2">4. 了解单片机控制 LED 大屏幕显示器的动态扫描原理。</td></tr>
<tr><td colspan="2">5. 掌握单片机控制 LED 大屏幕显示器的编程方法。</td></tr>
<tr><td rowspan="5">能力目标</td><td colspan="2">1. 具备进行单片机与 LED 大屏幕显示器接口电路设计的能力。</td></tr>
<tr><td colspan="2">2. 上网查阅 74HC595 资料，学会 74HC595 的使用方法，进一步培养学生查阅信息的能力。</td></tr>
<tr><td colspan="2">3. 进一步提高单片机应用系统的安装、调试与检测能力。</td></tr>
<tr><td colspan="2">4. 培养学生严谨的学习态度，良好的职业道德。</td></tr>
<tr><td colspan="2">5. 进一步培养良好的职业素养、沟通能力及团队协作精神。</td></tr>
<tr><td colspan="2">知识重点</td><td>单片机的基本概念；单片机内部结构和功能；单片机引脚功能、存储器结构的特点、性能；单片机应用系统；单片机的 C 语言程序结构特点；延时函数设计方法；单片机应用系统开发的基本方法和设计流程；开发工具。</td><td>知识难点</td></tr>
</table>

表格最后一行右侧： 知识难点 — 单片机应用系统；单片机内部结构和功能；单片机引脚功能以及工作方式、存储器结构的特点、性能；单片机的 C 语言程序结构特点。

三、任务资讯

（一）LED 电子显示屏结构

1. LED 电子显示屏概述

LED 电子显示屏（Light Emitting Diode Panel）是由几百至几十万个半导体发光二极管构成的像素点，按矩阵形式均匀排列组成，来显示文字、图像、动画、视频等各种信息的显示屏幕。因为其像素单元是主动发光的，LED 显示屏具有亮度高、视角广、工作电压低、功耗小、寿命长、耐冲击和性能稳定等优点。

LED 显示屏分为图文显示屏和条幅显示屏，均由 LED 矩阵块组成。图文显示屏可与计算机同步显示汉字、英文文本和图形；而条幅显示屏则适用于小容量的字符信息显示。按颜色分为单基色显示屏（红色或绿色或蓝色）、双基色显示屏（红和绿双基色，256 级灰度、可以显示 65536 种颜色）、全彩色显示屏（红、绿、蓝三基色，256 级灰度的全彩色显示屏可以显示一千六百多万种颜色）。

2. LED 点阵的内部结构

LED 点阵规模常见的有 4×4、4×8、5×7、5×8、8×8、16×16 等。

（1）内部结构

图 3.4 显示出最常见的 8×8 单色 LED 点阵显示器的内部电路结构和外型规格，其他型号点阵的结构与引脚等信息可通过试验获得。

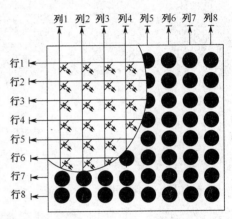
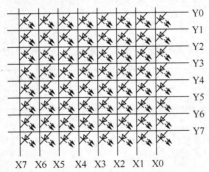

图 3.4 8×8 单色 LED 模块内部电路

（二）LED 点阵的工作原理

从理论上说，不论显示图形还是文字，只要控制组成这些图形或文字的各个点所在的位置相对应的 LED 器件发光，就可以得到我们想要的显示结果。LED 点阵显示控制方式有静态和动态显示两种。同时控制各个发光点亮灭的方法称为静态驱动显示方式。静态显示原理简单、控制方便，但硬件接线复杂，在实际应用中一般采用动态显示方式。

动态显示方式巧妙地利用了人眼的视觉暂留特性。将连续的几帧画面高速地循环显示，只要帧速率高于 24 帧/秒，人眼看起来就是一个完整的，相对静止的画面。最典型的例子就是电影放映机。动态扫描的意思简单地说就是逐行轮流点亮，这样扫描驱动电路就可以实现多行（比如 8 行）的同名列共用一套驱动器。具体就 8×8 的点阵来说，把所有同行的发光二极管的阳极连在一起，把所有同列的发光二极管的阴极连在一起（共阳极的接法），先送出对应第一行发光二极管亮灭的数据并锁存，然后选通第 1 行使其燃亮一定时间，然后熄灭；再送出第二行的数据并锁存，然后选通第 2 行使其燃亮相同的时间，然后熄灭；以此类推，第 8 行之后，又重新燃亮第 1 行，反复轮回。

用动态扫描显示的方式显示字符"B"的过程见图 3.5。

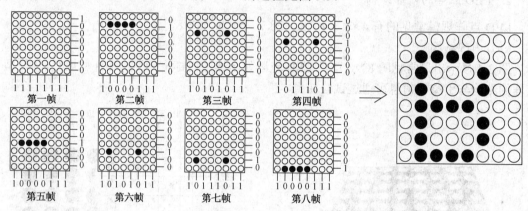

图 3.5 用动态扫描显示字符"B"的过程

四、任务实施

（一）任务实训工单

表 3.4 为任务一的实训工单，在实训前要提前填写好各项内容，最好用铅笔填，以方便实训过程中修改。

表3.4 任务一实训工单

【项目名称】	项目三　电子广告牌设计
【任务名称】	任务一　LED 英文字母表设计
【任务目标】	1. 实现对 26 个英文字母表轮流显示的硬件电路设计。 2. 实现对 26 个英文字母表轮流显示的软件控制程序设计。 3. 进行电路测试与调整。 4. 根据电路要求进行元器件筛选，采购并检测，设计电路印制板。 5. 进行程序调试。 6. 按装配流程设计安装步骤，进行电路元器件安装、调试，直至成功。
【硬件电路】	实现 LED 英文字母表循环显示的仿真电路如图 3.6 所示。

续表

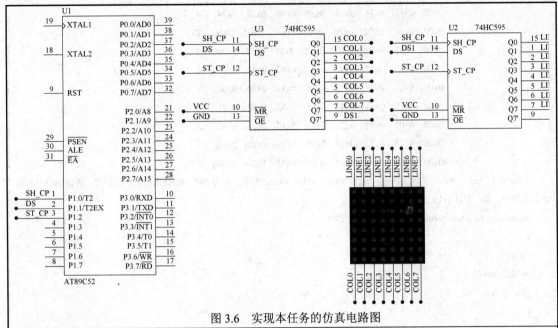

图 3.6 实现本任务的仿真电路图

【软件程序】

//程序：project3_1.c

//功能：LED 英文字母表设计程序

```c
#include <reg51.h>
#define uchar unsigned char//无符号字符型数据预定义为 uchar
#define uint  unsigned int //无符号整型数据预定义为 uint
sbit SH_CP=P1^0; //可寻址位定义
sbit DS=P1^1;
sbit ST_CP=P1^2;
uchar code tab[ ]= { 0x00, 0x1C, 0x22, 0x22, 0x22, 0x3E, 0x22, 0x22, //A
                     0x00, 0x3C, 0x22, 0x22, 0x3E, 0x22, 0x22, 0x3C, //B
                     0x00, 0x1C, 0x22, 0x20, 0x20, 0x20, 0x22, 0x1C, //C
                     0x00, 0x3C, 0x22, 0x22, 0x22, 0x22, 0x22, 0x3C, //D
                     0x00, 0x3E, 0x20, 0x20, 0x3E, 0x20, 0x20, 0x3E, //E
                     0x00, 0x3E, 0x20, 0x20, 0x3E, 0x20, 0x20, 0x20, //F
                     0x00, 0x1C, 0x22, 0x20, 0x3E, 0x22, 0x22, 0x1C, //G
                     0x00, 0x22, 0x22, 0x22, 0x3E, 0x22, 0x22, 0x22, //H
                     0x00, 0x1C, 0x08, 0x08, 0x08, 0x08, 0x08, 0x1C, //I
                     0x00, 0x3E, 0x08, 0x08, 0x08, 0x08, 0x28, 0x18, //J
                     0x00, 0x20, 0x2C, 0x30, 0x20, 0x30, 0x2C, 0x20, //K
                     0x00, 0x20, 0x20, 0x20, 0x20, 0x20, 0x20, 0x3E, //L
                     0x00, 0x42, 0x66, 0x5A, 0x42, 0x42, 0x42, 0x42, //M
                     0x00, 0x00, 0x2C, 0x32, 0x22, 0x22, 0x22, 0x22, //n
                     0x00, 0x1C, 0x22, 0x22, 0x22, 0x22, 0x22, 0x1C, //O
                     0x00, 0x3C, 0x22, 0x22, 0x3C, 0x20, 0x20, 0x20, //P
                     0x00, 0x1C, 0x22, 0x22, 0x22, 0x2A, 0x26, 0x1F, //Q
```

续表

```
                    0x00, 0x38, 0x24, 0x24, 0x38, 0x30, 0x28, 0x24, //R
                    0x00, 0x1C, 0x22, 0x20, 0x1C, 0x02, 0x22, 0x1C, //S
                    0x00, 0x3E, 0x08, 0x08, 0x08, 0x08, 0x08, 0x08, //T
                    0x00, 0x42, 0x42, 0x42, 0x42, 0x42, 0x42, 0x3C, //U
                    0x00, 0x22, 0x22, 0x22, 0x14, 0x14, 0x08, 0x00, //V
                    0x00, 0x41, 0x41, 0x49, 0x55, 0x55, 0x63, 0x41, //W
                    0x00, 0x00, 0x42, 0x24, 0x18, 0x18, 0x24, 0x42, //X
                    0x00, 0x22, 0x22, 0x14, 0x08, 0x10, 0x20, 0x00, //Y
                    0x00, 0x3E, 0x02, 0x04, 0x08, 0x10, 0x20, 0x3E};//Z
uchar a[ ]={0x7f, 0xbf, 0xdf, 0xef, 0xf7, 0xfb, 0xfd, 0xfe};/*列选 因为595的送数据后高低位倒置，所以数组中的数
据预先倒置。如：1111 1110 应为 0111 1111*/
Void delay_ms（unsignedint ms）    //软件延时程序
{
 uchar j;
 while（ms--）
  for（j=0;j<123;j++）;
}
Void writeByte（uchar dat）    //将要输出的数据通过实参传给形参dat
{
 uchar k;
 for（k=0;k<8;k++）
  {
   dat=dat>>1;     //右移1位,将最低位移入到CY标志位中
   DS=CY;    //将数据位写到595的数据输入端
   SH_CP=0;//到595的数据输入端在SH_CP（移位寄存器时钟输入）的上升沿输入到移位寄存器中
   SH_CP=1;
  }
}
void main()
{
 uchar num, temp, n, m;    //定义变量num(), temp, n, m
 while（1）    //循环显示
  {
   for（n=0;n<26;n++）   // 控制显示26个字母
      for（m=0;m<10;m++）//每个字母重复显示10次
     {
      temp=0;// 列清 0
      for（num=0;num<8;num++）
    {
 WriteByte（a[temp]）；           //输出 0~7 列选
     WriteByte（tab[num+8*n]）;//输出相应列的显示信息
     temp++;              //扫描列增 1
     if（temp==8）         //判断 8 列是否扫描完毕
```

续表

```
        temp=0;    //8 列扫描完毕 temp 清 0
        ST_CP=0;   //595 的移位寄存器中的并行数据在 ST_CP（存储器时钟输入）的上升沿输入到存储寄存器中去
        ST_CP=1;
        delay_ms（1）;      //延时
      }
    }
  }
}
```

（二）任务调试过程

1．硬件电路组装（参见项目一任务一）。

2．软件调试（参见项目一任务一）。

3．程序下载（参见项目一任务一）。

4．软硬件综合调试（参见项目一任务一）。

（三）任务扩展与提高

修改程序控制 8×8 点阵为简易秒表（0s~9s 循环显示）。

五、任务小结

本任务实现了控制一个 LED 英文字母表的单片机应用系统。通过本任务了解了 LED 大屏幕显示器的结构、LED 大屏幕显示器的原理、单片机控制 LED 大屏幕显示器的动态扫描原理；掌握单片机与 LED 大屏幕显示器的接口电路设计方法、单片机控制 LED 大屏幕显示器的编程方法。

【任务二 LED 电子显示屏控制系统设计】

一、任务描述

利用单片机控制四块最简单的 8×8 点阵式 LED 电子广告，拼成一块 16×16 的 LED 广告牌，然后将一些特定的文字或图形以特定的方式显示出来。用四块 8×8 点阵式 LED 电子广告牌，循环流动显示同组学员的姓名学号，图 3.7 为本任务的电路板。

图 3.7 本任务的电路板

二、任务教学目标

表 3.5 为本任务的任务目标。

表 3.5 电子显示屏控制系统设计的任务目标

任务名称		电子显示屏控制系统设计
教学目标	知识目标	1. 掌握二维数组的定义方法。 2. 掌握二维数组的存储方法。 3. 掌握二维数组的初始化方法。 4. 掌握二维数组的引用方法。
	能力目标	1. 具备进行单片机与多片 LED 大屏幕显示器接口电路设计的能力。 2. 具备使用二维数组来解决实际问题的能力。 3. 进一步培养学生查阅信息的能力。 4. 具备诊断简单单片机应用系统故障的能力。 5. 具备单片机应用系统的安装、调试与检测能力。 6. 培养良好的职业素养、沟通能力及团队协作精神。
知识重点	二维数组的定义、二维数组的存储、二维数组的初始化、二维数组的引用。	知识难点	二维数组的初始化、二维数组的引用。

三、任务资讯

（一）C51 的二维数组

1. 二维数组的定义

二维数组定义的一般形式为：

类型说明符 数组名［常量表达式］［常量表达式］

2. 二维数组元素的引用

引用二维数组元素的形式为：

数组名[行下标表达式][列下标表达式]

说明：

（1）"行下标表达式"和"列下标表达式"都应是整型表达式或符号常量。

（2）"行下标表达式"和"列下标表达式"的值，都应在已定义数组大小的范围内。假设有数组 x[3][4]，则可用的行下标范围为 0~2，列下标范围为 0~3。

（3）对基本数据类型的变量所能进行的操作，也都适合于相同数据类型的二维数组元素。

3. 二维数组的初始化

（1）按行赋初值

格式如下：

数据类型 数组名[行常量表达式][列常量表达式]＝{{第 0 行初值表}，{第 1 行初值表}，……，{最后 1 行初值表}}；

赋值规则：将"第 0 行初值表"中的数据，依次赋给第 0 行中各元素；将"第 1 行初值表"中的数据，依次赋给第 1 行各元素；以此类推。

（2）按二维数组在内存中的排列顺序给各元素赋初值

格式如下：

数据类型 数组名[行常量表达式][列常量表达式]＝{初值表}；

赋值规则：按二维数组在内存中的排列顺序，将初值表中的数据，依次赋给各元素。

（3）字符串在 C 语言中没有专门的字符串变量，通常用一个字符数组来存放一个字符串。字符串总是以 '\0' 作为串的结束符（在这里，单引号表示字符，双引号表示字符串）。

因此当把一个字符串存入一个数组时,也把结束符'\0'存入数组,并以此作为该字符串是否结束的标志。

有了'\0'标志后,就不必再用字符数组的长度来判断字符串的长度了。

C51语言允许用字符串的方式对数组进行初始化赋值。例如:

```
staticchar c[]={'c', ' ', 'p', 'r', 'o', 'g', 'r', 'a', 'm'};
```

可写为:

```
staticchar c[]={"Cprogram"};
```

或去掉{}写为:

```
sraticchar c[]="Cprogram";
```

用字符串方式赋值比用字符逐个赋值要多占一个字节,用于存放字符串结束标志'\0'。

温馨小贴士:

如果对全部元素都赋初值,则"行数"可以省略。只能省略"行数"。

(二)C51的多维数组

多维数组的一般说明格式是:

类型 数组名[第n维长度][第n-1维长度]……[第1维长度];

例如:

```
int m[3][2];       /*定义一个整数型的二维数组*/
char c[2][2][3];   /*定义一个字符型的三维数组*/
```

其中,数组m[3][2]共有6个元素,顺序为:m[0][0],m[0][1],m[1][0],m[1][1],m[2][0],m[2][1]。

数组占用的内存空间(即字节数)的计算式为:

字节数=第1维长度×第2维长度×……×第n维长度×该数组数据类型占用的字节数

C51中数组进行初始化有下述规则:

数组的每一行初始化赋值用"{}"并用","分开,总体再加一对"{}"括起来,最后以";"表示结束。

多维数组存储是连续的,因此可以用一维数组初始化的办法来初始化多维数组。

对数组初始化时,如果初值表中的数据个数比数组元素少,则不足的数组元素用0来填补。

四、任务实施

(一)任务实训工单

表3.6为任务二的实训工单。

表3.6 LED电子显示屏控制系统设计实训工单

【项目名称】	项目三 LED电子显示屏控制系统设计
【任务名称】	任务二 LED电子显示屏控制系统设计
【任务目标】 1.实现对LED电子显示屏控制系统的硬件电路设计。 2.实现对LED电子显示屏控制系统设计的软件程序设计。 3.进行电路测试与调整。 4.根据电路要求在任务一的基础上设计电路印制板。 5.进行程序调试。 6.按装配流程设计安装步骤,进行电路元器件安装、调试,直至成功。	

【硬件电路】

实现 LED 电子显示屏控制系统设计的仿真电路如图 3.8 所示。

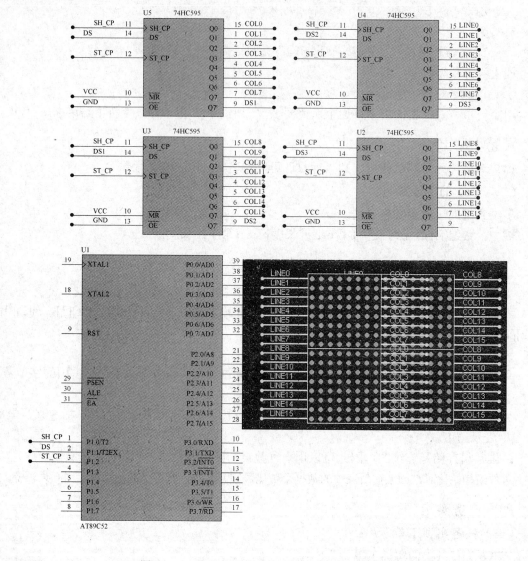

图 3.8　LED 电子显示屏控制系统设计仿真电路图

【软件程序】

//程序：project3_2.c

//功能：LED 电子显示屏控制系统设计程序

#include <reg51.h>

#define uchar unsigned char//无符号字符型数据预定义为 uchar

#define uint　unsigned int//无符号整型数据预定义为 int

sbit SH_CP=P1^0; //可寻址位定义

sbit DS=P1^1;

sbit ST_CP=P1^2;

续表

```
uchar code tab[ ]=
{
/*东    CB6AB. */
0x00, 0x00, 0x10, 0x04, 0x11, 0x88, 0x12, 0x90, 0x14, 0xA0, 0x18, 0x82, 0xF0, 0x81, 0x17, 0xFE,
0x10, 0x80, 0x10, 0x80, 0x10, 0xA0, 0x10, 0x90, 0x10, 0x88, 0x10, 0x04, 0x00, 0x00, 0x00, 0x00,
/*方    CB7BD. */
0x10, 0x00, 0x10, 0x01, 0x10, 0x02, 0x10, 0x04, 0x10, 0x18, 0x1F, 0xE0, 0x91, 0x00, 0x71, 0x00,
0x11, 0x02, 0x11, 0x01, 0x11, 0x02, 0x11, 0xFC, 0x10, 0x00, 0x10, 0x00, 0x10, 0x00, 0x00, 0x00,
/*红    CBAEC. */
0x04, 0x44, 0x0C, 0xE6, 0x35, 0x44, 0xC6, 0x48, 0x04, 0x48, 0x18, 0x48, 0x00, 0x02, 0x20, 0x02,
0x20, 0x02, 0x20, 0x02, 0x3F, 0xFE, 0x20, 0x02, 0x20, 0x02, 0x20, 0x02, 0x00, 0x02, 0x00, 0x00,
/*太    CCCAB. */
0x04, 0x01, 0x04, 0x01, 0x04, 0x02, 0x04, 0x04, 0x04, 0x08, 0x04, 0x30, 0x04, 0xC8, 0xFF, 0x06,
0x04, 0xC0, 0x04, 0x30, 0x04, 0x08, 0x04, 0x04, 0x04, 0x02, 0x04, 0x01, 0x04, 0x01, 0x00, 0x00,
/*阳    CD1F4 */
0x00, 0x00, 0x7F, 0xFF, 0x40, 0x10, 0x44, 0x08, 0x5B, 0x10, 0x60, 0xE0, 0x00, 0x00, 0x3F, 0xFF,
0x20, 0x82, 0x20, 0x82, 0x20, 0x82, 0x20, 0x82, 0x20, 0x82, 0x3F, 0xFF, 0x00, 0x00, 0x00, 0x00,
/*升    CC9FD. */
0x01, 0x00, 0x01, 0x01, 0x21, 0x02, 0x21, 0x04, 0x21, 0x18, 0x7F, 0xE0, 0x41, 0x00, 0xC1, 0x00,
0x41, 0x00, 0x01, 0x00, 0xFF, 0xFF, 0x01, 0x00, 0x01, 0x00, 0x01, 0x00, 0x01, 0x00, 0x00, 0x00
};
//顺向、逐列、阴码  MICROSOFT SANS SERIF 字宽 32 字高 25   MATRIX-8X8-GREEN  左旋 90 度 左右翻转
// MATRIX-8X8-RED.   右旋 90 度 上下翻转

uchar a[ ]={0x7f, 0xff, 0xbf, 0xff, 0xdf, 0xff, 0xef, 0xff, 0xf7, 0xff, 0xfb, 0xff, 0xfd, 0xff, 0xfe, 0xff, 0xff, 0x7f,
0xff, 0xbf, 0xff, 0xdf, 0xff, 0xef, 0xff, 0xf7, 0xff, 0xfb, 0xff, 0xfd, 0xff, 0xfe, }; /*列选 因为 595 的送数据后高低位
倒置，所以数组中的数据预先倒置。如：1111 1110 应为 0111 1111*/
Void delay_ms（unsigned int ms）   //软件延时程序
{
  uchar j;
  while（ms--）
  for（j=0;j<123;j++）;
}
Void WriteByte（uchar dat）  //将要输出的数据通过实参传给形参 dat
{
  uchar k;
  for（k=0;k<8;k++）
  {
    dat=dat>>1; //右移 1 位，将最低位移入到 CY 标志位中
    DS=CY;     //将数据位写到 595 的数据输入端
    SH_CP=0;   //在 SH_CP（移位寄存器时钟输入）的上升沿输入到移位寄存器中
    SH_CP=1;
  }
}
Void main()
{
```

续表

```
uchar num, temp, n, m;

while（1）
{
 for（n=0;n<6;n++）  //控制显示6个汉字
 for（m=0;m<80;m++） //重复显示80次
 {
  temp=0;// 列清0
  for（num=0;num<16;num++）

  {
    WriteByte（tab[2*num+1+32*n]）;
//每个汉字每行2字节，有16行，计32个的显示信息，本句输出当前扫描行的第2个字节
    WriteByte（tab[2*num+0+32*n]）; //本句输出当前扫描行的第1个字节
    WriteByte（a[2*temp+1]）;  //本句输出高位列
    WriteByte（a[2*temp]）;   //本句输出低位列
    temp++; //扫描列增1
    if（temp==16）  //判断16列是否扫描完毕
    temp=0; //16列扫描完毕 temp清0
    ST_CP=0; //595的移位寄存器中的并行数据在ST_CP（存储器时钟输入）的上升沿输入到存储寄存器中去
    ST_CP=1;
    delay_ms（1）;//延时
  }
 }
}
```

（二）任务调试过程

1．硬件电路组装（参见项目一任务一）。

2．软件调试（参见项目一任务一）。

3．程序下载（参见项目一任务一）。

4．软硬件综合调试（参见项目一任务一）。

温馨小贴士：

从理论上说，不需要加行列驱动，但从实际使用来说，是非常有必要的，不然595芯片非常容易烧毁。行驱动可以用三极管，列驱动使用上拉电阻，也可以采用其他的驱动芯片。

（三）任务扩展与提高

修改程序控制4块8×8点阵流动显示汉字。

五、任务小结

本任务实现了电子广告牌控制的单片机应用系统。通过本任务掌握了二维数组的定义方法、二维数组的存储方法、二维数组的初始化方法、二维数组的引用方法。

【电子显示屏控制系统项目小结】

本项目的最终实现了单片机应用系统控制的中英文流动显示 LED 系统。通过本项目介绍了 LED 大屏幕显示器的结构、LED 大屏幕显示器的原理、单片机控制 LED 大屏幕显示器的动态扫描原理,仔细讲解了单片机与 LED 大屏幕显示器的接口电路设计方法、单片机控制 LED 大屏幕显示器的编程方法。还介绍了了二维数组的定义方法、存储方法、初始化方法以及引用方法。

【电子显示屏控制系统项目知识拓展——常用芯片简介】

一、74HC595

74HC595 是硅结构的 CMOS 器件,兼容低电压 TTL 电路,遵守 JEDEC 标准。74HC595 具有 8 位移位寄存器和一个存储器,有三态输出功能。移位寄存器和存储器采用分别的时钟。数据在 SHcp(移位寄存器时钟输入)的上升沿输入到移位寄存器中,在 STcp(存储器时钟输入)的上升沿输入到存储寄存器中去。如果两个时钟连在一起,则移位寄存器总是比存储寄存器早一个脉冲。 移位寄存器有一个串行移位输入(DS),和一个串行输出(QT),和一个异步的低电平复位,存储寄存器有一个并行 8 位的、具备三态的总线输出,当使能 OE 为低电平时,存储寄存器的数据输出到总线。当 MR 为低电平时,移位寄存器清零。74HC595 的引脚如图 3.9 所示。

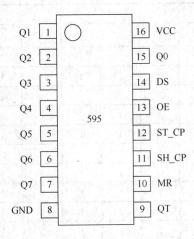

图 3.9 74HC595 的引脚图

引脚功能描述:

Q0~Q7:8 位并行数据输出,其中 Q0 为第 15 脚。

GND:第 8 脚 地。

Q7:第 9 脚 串行数据输出。

MR:第 10 脚 主复位(低电平)。

SHCP:第 11 脚 移位寄存器时钟输入。

STCP:第 12 脚 存储寄存器时钟输入。

OE:第 13 脚 输出有效(低电平)。

DS：第 14 脚 串行数据输入。
VCC：第 16 脚 电源。
74HC595 的真值表见表 3.7。

表 3.7 74HC595 的真值表

输入管脚					输出管脚
SI	SCK	SCLR	RCK	OE	
×	×	×	×	H	QA～QH 输出高阻
×	×	×	×	L	QA～QH 输出有效值
×	×	L	×	×	移位寄存器清零
L	上沿	H	×	×	移位寄存器存储 L
H	上沿	H	×	×	移位寄存器存储 H
×	下沿	H	×	×	移位寄存器状态保持
×	×	×	上沿	×	输出存储器锁存移位寄存器中的状态值

二、74LS138 译码器

图 3.10 为 74LS138 译码器的引脚图，表 3.8 为 74LS138 译码器的真值表。

表 3.8 74LS138 译码器真值表

输入					输出							
S_1	$\overline{S}_2 + \overline{S}_3$	A2	A1	A0	$\overline{Y}_0$	$\overline{Y}_1$	$\overline{Y}_2$	$\overline{Y}_3$	$\overline{Y}_4$	$\overline{Y}_5$	$\overline{Y}_6$	$\overline{Y}_7$
0	×	×	×	×	1	1	1	1	1	1	1	1
×	1	×	×	×	1	1	1	1	1	1	1	1
1	0	0	0	0	0	1	1	1	1	1	1	1
1	0	0	0	1	1	0	1	1	1	1	1	1
1	0	0	1	0	1	1	0	1	1	1	1	1
1	0	0	1	1	1	1	1	0	1	1	1	1
1	0	1	0	0	1	1	1	1	0	1	1	1
1	0	1	0	1	1	1	1	1	1	0	1	1
1	0	1	1	0	1	1	1	1	1	1	0	1
1	0	1	1	1	1	1	1	1	1	1	1	0

图 3.10 74LS138 译码器引脚图

当一个选通端（E1）为高电平，另两个选通端（$\overline{E2}$ 和 $\overline{E3}$）为低电平时，可将地址端（A0、A1、A2）的二进制编码在 Y0 至 Y7 对应的输出端以低电平译出。比如：A2A1A0=110 时，则 Y6 输出端输出低电平信号。

三、74LS273 与 74LS373 简介

1. 74LS273

图 3.11 为 74LS273 引脚图，表 3.9 为 74LS273 译码器的真值表。

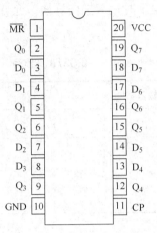

图 3.11　74LS273 引脚图

表 3.9　74LS273 真值表

输入			输出
MR	CP	D	Q
L	×	×H	L
H		L	H
H			L

74LS273 是 8 位数据/地址锁存器，它是一种带清除功能的 8D 触发器，其引脚功能如下：

1（MR）是复位引脚，低电平有效，当 MR 脚是低电平时，输出脚 2（Q0）、5（Q1）、6（Q2）、9（Q3）、12（Q4）、15（Q5）、16（Q6）、19（Q7）全部输出 0，即全部复位；当 MR 为高电平时，11（CP）脚是锁存控制端，并且是上升沿触发锁存，当 11（CP）脚进入一个上升沿时，立即锁存输入脚 3、4、7、8、13、14、17、18 的电平状态，并且立即呈现在输出脚 2（Q0）、5（Q1）、6（Q2）、9（Q3）、12（Q4）、15（Q5）、16（Q6）、19（Q7）上。

1D～8D 为数据输入端。

1Q～8Q 为数据输出端，正脉冲触发，低电平清除，常用作 8 位地址锁存器。

2. 74LS373

74LS373 是常用的地址锁存器芯片，它实质是一个是带三态缓冲输出的 8D 触发器，在单片机系统中为了扩展外部存储器，通常需要一块 74LS373 芯片。如图 3.12 为 74LS373 的引脚图，表 3.10 为 74LS373 的真值表。

其引脚功能如下：

1 脚是输出使能（$\overline{OE}$），低电平有效，当 1 脚是高电平时，不管输入 3、4、7、8、13、14、17、18 如何，也不管 11 脚（锁存控制端，LE）如何，输出 2（Q0）、5（Q1）、6（Q2）、9（Q3）、12（Q4）、15（Q5）、16（Q6）、19（Q7）全部呈现高阻状态（或者叫浮空状态）；当 1 脚是低电平时，只要 11 脚（锁存控制端，G）上出现一个下降沿，输出 2（Q0）、5（Q1）、6（Q2）、9（Q3）、12（Q4）、15（Q5）、16（Q6）、19（Q7）立即呈现输入脚 3、4、7、8、13、14、17、18 的状态。锁存端 LE 由高变低时，输出端 8 位信息被锁存，直到 LE 端再次有效。当三态门使能信号 OE 为低电平时，三态门导通，允许 Q0~Q7 输出，OE 为高电平时，输出悬空。

表 3.10　74LS373 真值表

输入			输出
OE	LE	D	Q
L	×	×	L
L		H	H
L		L	L
H	L	×	高阻

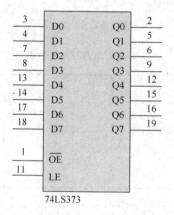

图 3.12　74LS373 引脚图

四、74LS164 与 74LS165 简介

1. 74LS164

如图 3.13 为 74LS164 的引脚图。

74LS164 为 8 位移位寄存器，当清除端（CLEAR）为低电平时，输出端（QA~QH）均为低电平。串行数据输入端（A，B）可控制数据。当 A、B 任意一个为低电平，则禁止新数据输入，在时钟端（CLOCK）脉冲上升沿作用下 Q0 为低电平。当 A、B 有一个为高电平，则另一个就允许输入数据，并在 CLOCK 上升沿作用下决定 Q0 的状态。

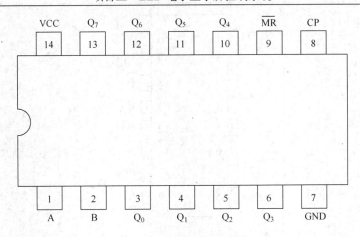

图 3.13　74LS164 引脚图

引脚功能：
- CLOCK：时钟输入端
- CLEAR：同步清除输入端（低电平有效）
- A，B：串行数据输入端
- QA～QH：输出端

表 3.11 为 74LS164 的真值表。

表 3.11　74LS164 真值表

输入				输出			
Clear	Clock	A	B	Q_A	Q_B	……	Q_H
L	×	×	×	L	L	……	L
H	L	×	×	Q_{AD}	Q_{BD}	……	Q_{HD}
H	↑	H	H	H	Q_{An}	……	Q_{Gn}
H	↑	L	×	L	Q_{An}	……	Q_{Gn}
H	↑	×	L	L	Q_{An}	……	Q_{Gn}

2. 74LS165

74LS165 为八位移位寄存器（并行输入，互补串行输出），图 3.14 为 74LS165 引脚图，表 3.12 为 74LS165 的真值表。

表 3.12　74LS165 的真值表

输入						内部输出		输出
移动/置数	时钟禁止	时钟	串行	并行		Q_A	Q_B	Q_H
SH/$\overline{LD}$	CLKINH	CLK	SER	A	H			
L	×	×	×	a	h	a	b	h
H	L	L	×	×		Q_{A0}	Q_{B0}	Q_{H0}
H	L	↑	H	×		H	Q_{An}	Q_{Gn}
H	L	↑	L	×		L	Q_{An}	Q_{Gn}
H	H	×	×	×		Q_{A0}	Q_{B0}	Q_{H0}

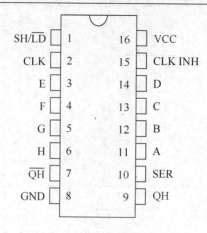

图 3.14　74LS165 引脚图

引脚功能：

- CLK，CLK INH：时钟输入端（上升沿有效）
- A～H　并行数据输入端
- SER　串行数据输入端
- QH　输出端
- $\overline{QH}$　互补输出端
- SH/$\overline{LD}$　移位控制/置入控制（低电平有效）

【项目训练与提高】

项目知识训练与提高

一、单项选择题

1. 以下能正确定义一维数组的选项是（　　）。
   A．int a[5]={0, 1, 2, 3, 4, 5}　　　　B．char a[ ]={0, 1, 2, 3, 4, 5}
   C．char a={'A', 'B', 'C'}　　　　　　D．int a[5]="0123"
2. 设 int a[10];则下列不表示 a[1]地址的是（　　）。
   A．&a[2]-1　　　B．&a[1]　　　C．a+1　　　D．&（a[1]+0）
3. 下列声明和语句中不正确的是（　　）。
   A．char s[10], *p; p=s="abcd"　　　B．char *p="abcd"
   C．char s[]="abcd"　　　　　　　　D．char s[10], *p=s; p="abcd"
4. 以下关于数组的描述正确的是（　　）。
   A．数组的大小是固定的，可以有不同类型的数组元素
   B．数组的大小是可变的，所有数组元素的类型必须相同
   C．数组的大小是固定的，所有数组元素的类型必须相同
   D．数组的大小是可变的，可以有不同类型的数组元素
5. 以下定义数组的语句中正确的是（　　）。
   A．int a（10）　　　　　　　　　　B．char str[ ]

C. int n=5; int a[4][n]   D. #define size 10 char str1[size], str2[size+2]

6. 下列数组声明中正确的是（　　）。
    A. long a[]={"abcd"}   B. char a={"abcd"}
    C. long a[5]={0，1，2，3，4，5}   D. char a[ ]={0，1，2，3，4，5}

7. 下列数组声明中正确的是（　　）。
    A. char a[]={'a''b'}   B. char a[ ]={"a""b"}
    C. char a[]={"a"，"b"}   D. char a[]={"a'"b'}

8. 下列为字符数组赋字符串声明中正确的是（　　）。
    A. char a[]={'a'，'b'}   B. char a[]={'a'，'b'，0}
    C. char a[1]={"a""b"}   D. char a[3]={"abc"}

9. 在定义 "inta[10];" 之后，对 a 的引用正确的是（　　）。
    A. a[10]   B. a[6.3]   C. a（6）   D. a[10-10]

10. 当调用函数时，实参是一个数组名，则向函数传送的是（　　）。
    A. 数组的长度   B. 数组的首地址
    C. 数组每一个元素的地址   D. 数组每个元素中的值

11. 下面正确定义数组的语句是（　　）。
    A. int x[][2]={1，2，3，4}
    B. int x[][]={1，2，3，4}
    C. int x[2][]={1，2，3，4}
    D. int x[2，2]={1，2，3，4}

12. 有如下程序
```
Void main（ ）
{int n[5]={0，0，0}，i，k=2;
for（i=0；i<k；i++）n[i]=n[i]+1;
printf（"%d\n"，n[k]）; }
```
该程序的输出结果是（　　）。
    A. 不确定的值   B. 2   C. 1   D. 0

13. 下列描述中不正确的是（　　）。
    A. 字符型数组中可以存放字符串
    B. 可以对字符型数组进行整体输入、输出
    C. 可以对整型数组进行整体输入、输出
    D. 不能在赋值语句中通过赋值运算符 "=" 对字符型数组进行整体赋值

14. 下面是对一个数组 s 的初始化，其中不正确的是（　　）。
    A. char s[5]={"abc"}   B. char s[5]={''a'，'b'，'c'"}
    C. char s[5]=""   D. char s[5]="abcdef"

15. 对两组数组 a 和 b 进行如下初始化：
char a[]="ABCDEF"
char b[]={'A'，'B'，'C'，'D'，'E'，'F'}
则以下叙述正确的是（　　）。
    A. a 与 b 数组完全相同   B. a 与 b 长度相同

  C．a 与 b 中都存放字符串　　　　　　D．a 数组比 b 数组长度长
16．在 C 语言中，引用数组元素时，其数组下标的数据类型允许是（　　）。
  A．整型常量　　　　　　　　　　　　B．整型表达式
  C．整型常量或整型表达式　　　　　　D．任何类型的表达式

二、简答题

1．LED 大屏幕显示器一次能点亮多少行？显示的原理是怎样的？
2．如何对 C51 的多维数组进行初始化？

项目技能训练与提高

如果 16 条行线改用 74LS138 控制，软硬件该如何设计？

项目四 数字电压表制作

【项目导入与描述】

数字电压表（Digital Voltmeter）简称 DVM，它是采用数字化测量技术，把连续的模拟量（直流输入电压）转换成不连续、离散的数字形式并加以显示的仪表。目前，由各种单片 A/D 转换器构成的数字电压表，已被广泛用于电子及电工测量、工业自动化仪表、自动测试系统等领域，显示出强大的生命力。与此同时，由 DVM 扩展而成的各种通用及专用数字仪器仪表，也把电量及非电量测量技术提高到崭新水平。图 4.1 为一个简易电压表。

数字电压表具有显示清晰直观、读数准确、准确度高、分辨率高、测量范围宽、扩展能力强、测量速率快、输入阻抗高、集成度高、微功耗等特点。

图 4.2 为本项目的电路板。

图 4.1　一个简易电压表

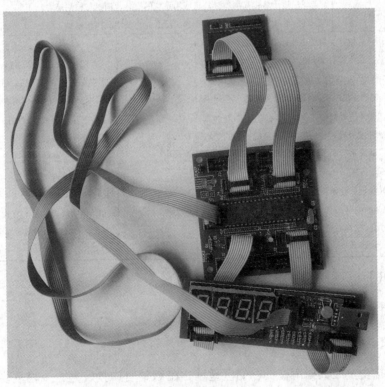

图 4.2　本项目的电路板

【项目目标】

表 4.1 为本项目的项目目标。

表 4.1　数字电压表制作项目目标

授课项目名称		数字电压表制作	
教学目标	知识目标	1. 掌握 C51 中指针的使用方法。 2. 掌握 C51 中使用绝对地址对存储空间访问的方法。 3. 掌握单片机的总线技术的使用方法。 4. 了解 A/D 技术在工业系统中的应用地位。 5. 熟悉常用 A/D 转换芯片的结构。 6. 熟悉常用 A/D 转换芯片的功能。 7. 了解常用 A/D 转换芯片的工作原理。 8. 掌握 A/D 转换芯片与 CPU 接口一般方法。	
	能力目标	1. 具备使用 C51 中指针的能力。 2. 具备使用 C51 中绝对地址对存储空间访问的能力。 3. 具备单片机应用系统中以总线方式进行接口电路设计的能力。 4. 具备单片机应用系统中数/模转换接口电路设计的能力。 5. 具备单片机应用系统中数/模转换功能的程序设计的能力。 6. 进一步提高诊断简单单片机应用系统故障的能力。 7. 进一步提高常用逻辑电路及其芯片的检索与阅读能力。 8. 进一步提高简单单片机应用系统的安装、调试与检测能力。 9. 继续培养良好的职业素养、沟通能力及团队协作精神。	
教学知识点		指针、指针变量的定义、指针运算符、指针的赋值运算、指针变量的引用、使用 C51 运行库中预定义宏、C51 扩展关键字 _at_、总线概述、51 系列单片机的扩展总线、读外部程序存储器时序、读外部数据存储器或外设时序、写外部数据存储器或外设时序、总线方式系统扩展的基本原则、总线扩展的地址译码方法、线选法、全地址译码、部分地址译码、A/D 转换芯片种类、A/D 转换器的技术指标、A/D 转换器选择原则、ADC0809 的结构及特性、ADC0809 引脚功能、ADC0809 与 80C51 的接口、查询方式、中断方式、定时方式、直接接口方式、总线接口方式。	教学难点	指针的赋值运算、指针变量的引用、C51 扩展关键字 _at_、总线概述、51 系列单片机的扩展总线、读外部程序存储器时序、读外部数据存储器或外设时序、写外部数据存储器或外设时序、总线方式系统扩展的基本原则、总线扩展的地址译码方法、线选法、全地址译码、部分地址译码、ADC0809 的结构及特性、ADC0809 引脚功能、ADC0809 与 80C51 的接口、查询方式、中断方式、定时方式、直接接口方式、总线接口方式。

【项目资讯】

一、指针

1. 指针变量的定义

指针就是指变量或数据所在的存储区地址。在 C 语言中指针是一个很重要的概念，正确有效地使用指针类型的数据，能更有效地表达复杂的数据结构、使用数组或变量，能方便直接地处理内存或其他存储区。指针之所以能这么有效地操作数据，是因为无论程序的指令、常量、变量或特殊寄存器都要存放在内存单元或相应的存储区中，这些存储区是按字节来划分的，每一个存储单元都能用唯一的编号去读或写数据，这个编号就是常说的存储单元的地址，而读写这个编号的动作就叫作寻址，通过寻址就能访问到存储区中的任一个能访问的单元，而这个功能是变量或数组等不可能代替的。

使用指针变量之前也和使用其他类型的变量那样要求先定义变量，而且形式也相类似，一般的形式如下：

数据类型　[存储器类型]*变量名；

例如：

```
unsigned char xdata*pi /*指针会占用二字节,指针自身存放在编译器默认存储区,指向xdata存储区的char类型*1
int * pi; //定义为一般指针，指针自身存放在编译器默认存储区
```

在定义形式中"数据类型"是指所定义的指针变量所指向的变量的类型。"存储器类型"是编译器编译时的一种扩展标识，它是可选的。在没有"存储器类型"选项时，则默认定义为一般指针，如有"存储器类型"选项时则定义为基于存储器的指针。限于51芯片的寻址范围，指针变量最大的值为0xFFFF，这样就决定了一般指针在内存会占用3个字节，第一字节存放该指针存储器类型编码，后两个则存放该指针的高低位地址。而基于存储器的指针因为不用识别存储器类型所以会占一或二个字节，idata、data、pdata存储器指针占一个字节，code、xdata则会占二个字节。由上可知，明确的定义指针，能节省存储器的开销，这在严格要求程序体积的项目中很有用处。指针的使用方法很多，限于篇幅，上文只对它做一些基础的介绍。

为变量赋值的方法有以下两种：

（1）直接方式

```
i=10;      */将整数10送入地址为0x50和0x51的单元内(缩设整型数据占两个存储单元0x50和0x51)*1
```

（2）间接方式

```
i_ptr=&i; //变量i的地址送给指针变量i_ptr，i_ptr=0x56
*i_ptr=10; //将整数10送入i_ptr指向的存储单元中，即0x56地址单元中存储的数据为10
```

2. 指针运算符

用一个变量可以存放另一个变量的地址,那么用来存放变量地址的变量称为"指针变量"。变量的指针和指针变量是两个不一样的概念。变量的指针就是变量的地址，可以用取地址运算符"&"取得赋给指针变量。可见指针变量的内容是另一个变量的地址，地址所属的变量称为指针变量所指向的变量。"*"是指针运算符，用它能取得指针变量所指向的地址的值。

（1）取地址运算符

取地址运算符"&"是单目运算符，其功能是取变量的地址，例如：

```
i_ptr=&i;    //变量i的地址送给指针变量i_ptr，i_ptr=0x56
```

（2）取内容运算符

取内容运算符"*"是单目运算符，用来表示指针变量所指的单元的内容，在*运算符之后跟的必须是指针变量。

例如：

```
j=*i_ptr;    //将i_ptr所指的单元2000的内容10赋给变量j，即j=10
```

3. 指针变量的赋值运算
- 把一个变量的地址赋予指向相同数据类型的指针变量
  ```
  int i, *i_ptr;
  i_ptr=&i;
  ```
- 把一个指针变量的值赋予指向相同类型变量的另一个指针变量
  ```
  int i, *i_ptr, *m_ptr;
  i_ptr=&i;
  m_ptr=i_ptr;
  ```
- 把数组的首地址赋予指向数组的指针变量
  ```
  int a[5], *ap;ap=a;         //方法一
  int a[5], *ap;ap=&a[0];     //方法二
  int a[5], *ap=a;            //方法三
  ```
- 把字符串的首地址赋予指向字符类型的指针变量
  ```
  unsigned char *cp;
  cp="Hello World!";
  ```

这里应该说明的是，并不是把整个字符串装入指针变量，而是把存放该字符串的字符数组的首地址装入指针变量。

二、使用绝对地址对存储空间访问

1. 使用 C51 运行库中预定义宏

C51 编译器提供了一组宏定义来对 51 系列单片机的 code、data、pdata 和 xdata 空间进行绝对寻址。规定只能以无符号数方式访问，定义了 8 个宏定义，其函数原型如下：

```
#define  CBYTE ((unsigned char volatile*) 0x50000L)
#define  DBYTE ((unsigned char volatile*) 0x40000L)
#define  PBYTE ((unsigned char volatile*) 0x30000L)
#define  XBYTE ((unsigned char volatile*) 0x20000L)
#define  CWORD ((unsigned int volatile*) 0x50000L)
#define  DWORD ((unsigned int volatile*) 0x40000L)
#define  PWORD ((unsigned int volatile*) 0x30000L)
#define  XWORD ((unsigned int volatile*) 0x20000L)
```

这些函数原型放在 absacc.h 文件中。使用时须用预处理命令把该头文件包含到文件中，形式为：#include <absacc.h>。

其中：CBYTE 以字节形式对 code 区寻址，DBYTE 以字节形式对 data 区寻址，PBYTE 以字节形式对 pdata 区寻址，XBYTE 以字节形式对 xdata 区寻址，CWORD 以字形式对 code 区寻址，DWORD 以字形式对 data 区寻址，PWORD 以字形式对 pdata 区寻址，XWORD 以字形式对 xdata 区寻址。访问形式如下：

宏名[地址]

宏名为 CBYTE、DBYTE、PBYTE、XBYTE、CWORD、DWORD、PWORD 或 XWORD。地址为存储单元的绝对地址，一般用十六进制数形式表示。

【例 4-1】使用绝对地址访问存储单元。

```
#include  <absacc.h>       //将绝对地址头文件包含在文件中
#include  <reg52.h>        //将寄存器头文件包含在文件中
#define  uchar  unsigned char //定义符号 uchar 为数据类型符 unsigned char
```

```
#define  uint  unsigned int        //定义符号uint为数据类型符unsigned int
void main (void)
{
uchar  var1;
uint   var2;
var1=XBYTE[0x0005];
//XBYTE[0x0005]访问片外RAM的0005字节单元或地址为0005的外设
var2=XWORD[0x0002];  //XWORD[0x0002]访问片外RAM的0002字单元
……
while (1);
}
```

在上面程序中,其中XBYTE[0x0005]就是以绝对地址方式访问片外RAM 0005字节单元;XWORD[0x0002]就是以绝对地址方式访问片外RAM 0002字单元。

2．通过指针访问

采用指针的方法,可以实现在C51程序中对任意指定的存储器单元进行访问。

【例4-2】 通过指针实现绝对地址的访问。

```
#define  uchar  unsigned char    //定义符号uchar为数据类型符unsigned char
#define  uint  unsigned int//定义符号uint为数据类型符unsigned int
void func (void)
{
uchar  data var1;
uchar  pdata *dp1;  //定义一个指向pdata区的指针dp1
uint  xdata *dp2;   //定义一个指向xdata区的指针dp2
uchar  data *dp3;   //定义一个指向data区的指针dp3
dp1=0x30;        //dp1指针赋值,指向pdata区的30H单元
dp2=0x1000;      //dp2指针赋值,指向xdata区的1000H单元
*dp1=0xff;       //将数据0xff送到片外RAM30H单元
*dp2=0x1234;     //将数据0x1234送到片外RAM1000H单元
dp3=&var1;       //dp3指针指向data区的var1变量
*dp3=0x20;       //给变量var1赋值0x20
}
```

3．使用C51扩展关键字_at_对指定的存储器空间的绝对地址进行访问

使用_at_对指定的存储器空间的绝对地址进行访问,一般格式如下:

[存储器类型] 数据类型说明符 变量名_at_地址常数;

其中,存储器类型为data、bdata、idata、pdata等C51能识别的数据类型,如省略则按存储模式规定的默认存储器类型确定变量的存储器区域;数据类型为C51支持的数据类型。地址常数用于指定变量的绝对地址,必须位于有效的存储器空间之内;使用_at_定义的变量必须为全局变量。

【例4-3】通过_at_实现绝对地址的访问。

```
#define  uchar  unsigned char    //定义符号uchar为数据类型符unsigned char
#define  uint  unsigned int      //定义符号uint为数据类型符unsigned int
void main (void)
```

```
{
data uchar  x1 _at_ 0x40;        //在data区中定义字节变量x1,它的地址为40H
xdata uint  x2 _at_ 0x2000;      //在xdata区中定义字变量x2,它的地址为2000H
x1=0xff;
x2=0x1234;
......
while (1);
}
```

三、单片机的总线技术

1. 总线概述

当单片机应用系统比较复杂,被控对象较多时,若依然采用以前通用 I/O 口管控方式,则会造成单片机的 I/O 口线资源严重不足。所以,在微处理机中引入了总线的概念。包括数据总线(DB)、控制总线(CB)、地址总线(AB)。

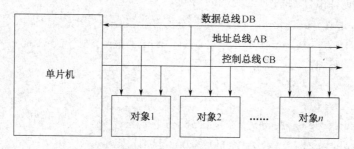

图 4.3 三总线扩展示意图

如图 4.3 所示,每个被控对象都有自己的选通地址,这样,CPU 通过地址来选择是与哪个被控对象进行数据交换,并发出是读还是写的控制信息,以控制(或者说是通知)被控对象是准备数据到数据总线上供 CPU 读取,还是将 CPU 放在数据总线上的数据读到自己内部来。

2. 51 系列单片机的扩展总线

51 系列单片机的扩展总线信号包括:16 位地址总线信号 A0~A15;8 位数据总线信号 D0~D7;控制总线信号由 ALE、$\overline{PSEN}$、$\overline{EA}$、$\overline{RD}$、$\overline{WR}$ 组成。扩展总线信号名、信号的含义及与单片机引脚信号定义的对应关系见表 4.2。

表 4.2 51 系列单片机的扩展总线信号

扩展总线信号名	信号的含义	与单片机引脚号信号定义的对应关系
A0~A7	数据总线低 8 位	P0 口锁存输出
A8~A15	数据总线高 8 位	P2 口
D0~D7	数据总线,8 位宽度	P0 口

续表

扩展总线信号名	信号的含义	与单片机引脚号信号定义的对应关系
ALE	控制信号，地址锁存使能	ALE
$\overline{PSEN}$	控制信号，程序存储器使能，低电平有效	$\overline{PSEN}$
$\overline{EA}$	控制信号，外部访问程序存储器时使能信号，低电平有效	$\overline{VPP}$
$\overline{RD}$	控制信号，读外部 RAM 信号，低电平有效	P3.7
$\overline{WR}$	控制信号，写外部 RAM 信号，低电平有效	P3.7

由上表可见，51 系列单片机为了减少引脚数量，扩展总线中的数据线和地址线（低 8 位）采用了复用技术，即 P0 口既负责传送地址总线信号的低 8 位（A0~A7）又负责传送数据总线信号（D0~D7），P0 口在某一时刻传送的是低 8 位地址信号还是数据信号由 ALE 来指明，如图 4.4 所示。

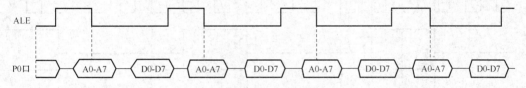

图 4.4　51 系列单片机数据线和地址线的复用技术

P0 口分时复用作为地址和数据线，在实际使用时往往需要把地址和数据信号分离开来，一般采用外接一个 8 位锁存器的方法来实现。图 4.5 为采用 8 位锁存器 74LS373 实现地址和数据分离的电路原理图。

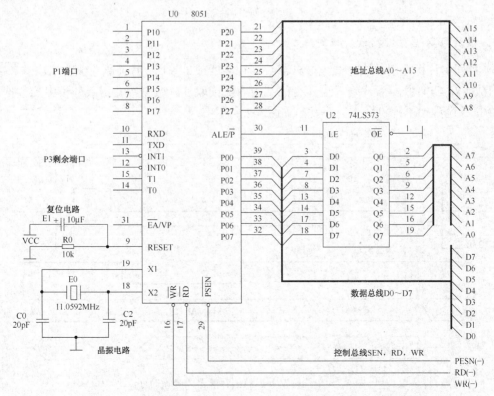

图 4.5　用 8 位锁存器 74LS373 实现地址和数据分离的电路原理图

地址锁存器 74LS373 的 LE（G）应当接 CPU 的 ALE，OE（低电平有效）应当接地，以便截获 P0 输出的地址总线的低 8 位，并保持在 74LS373 的输出端输出。

有了这个便于扩展的基本结构，就可以像搭盖积木一样将所需功能的 IC 添加到单片机上构成应用系统。

3. 读外部程序存储器时序

51 系列单片机在用总线方式访问外部程序存储器时，控制总线仅由 ALE、$\overline{EA}$ 和 $\overline{PSEN}$ 组成。CPU 在执行程序时，若执行的某指令需读取片外程序存储器中的数据，则在指令执行过程中单片机会按时序发出如图 4.6 所示信号。

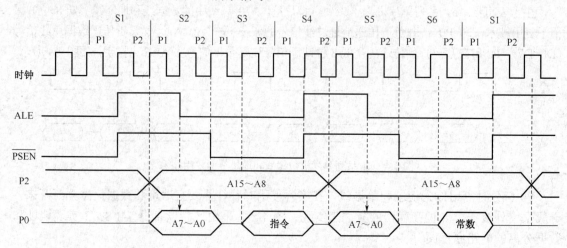

图 4.6　读外部程序存储器时序

4. 读外部数据存储器或外设时序

51 系列单片机在用总线方式读取外部数据存储器或外设时，其控制总线由 ALE、$\overline{PSEN}$、$\overline{RD}$ 组成。在 CPU 执行程序时，若执行的某指令需读取片外数据存储器或外设中的数据，则在指令执行过程中单片机会按时序发出如图 4.7 所示信号。

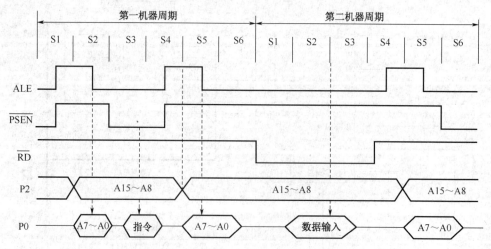

图 4.7　单片机读外部数据存储器或外设时序

5. 写外部数据存储器或外设时序

51 系列单片机在用总线方式向外部数据存储器或外设写入数据时，其控制总线由 ALE、$\overline{\text{PSEN}}$、$\overline{\text{WR}}$ 组成。在 CPU 在执行程序时，若执行的某指令需将数据写入片外数据存储器或外设中，则在指令执行过程中单片机会按时序发出如图 4.8 所示信号。

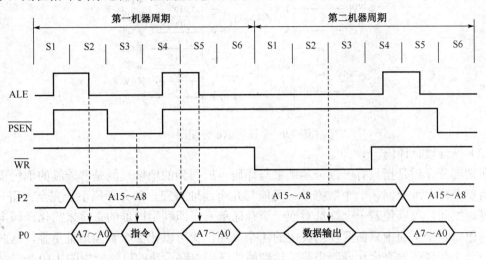

图 4.8　单片机写外部数据存储器或外设时序

6. 总线方式系统扩展的基本原则

大多数和单片机接口的芯片都具有支持地址、数据和控制三总线的三态接口电路，按照三总线的扩展原则可以和单片机方便接口。

51 单片机基本扩展原则如下：
- 数据总线双方直连
- 地址总线低 8 位通过 74LS373 锁存器连接，高 8 位直连 P2 口，片选线一般也是通过地址线连接
- 控制总线根据芯片类型分别连接
- 不同芯片的地址范围不应相同，如果地址范围相同，则所用控制总线必不相同

7. 总线扩展的地址译码方法

所谓地址空间分配是把 64KB 的寻址空间通过地址译码的方法分成若干个大小相同的页面，其中低位地址线用来选择页内单元，高位地址线则用于页面的选择，不同的外部设备占用不同的页面。

地址译码要解决的问题就是：如何产生页面选择信号，使外部设备占用一个存储空间页面(页面译码)，并使外部设备内的每一个存储单元或数据端口与页内的存储单元对应起来(页内译码)。地址译码的方法一般采用全地址译码、部分地址译码或线选法。页内译码与页面译码的基本原理是一样的，所以下面通过页面译码来介绍全地址译码、部分地址译码和线选法。

（1）全地址译码

所谓全译码是指所有的地址线都参与译码，所得到的地址空间是连续的，每一个数据单元与地址是一一对应的。全译码电路的结构一般比较复杂。

若页面的大小为 8KB，要把 64KB 的存储空间分成 8 个页面，则所有高位地址 A13~A15

都必须参与译码,产生 8 个独立的页面选择信号,形成一个连续的地址段。一般采用 74LS138 译码器来实现,如图 4.9 所示。

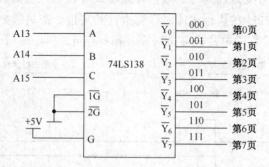

图 4.9 全译码地址分配图

(2)部分地址译码

所谓部分译码是指只有一部分地址参与译码,所得到的地址空间是非连续的地址段,没有覆盖整个可寻址空间,一个数据单元可能与几个地址对应。部分译码不会完全占用 64KB 的可寻址空间,可以使若干个地址对应一个存储单元,即利用地址的重叠来简化译码电路的设计。假如 8 个页面中只需要使用其中的 4 个页面,就可以让 2 个页面地址重叠,这时可以采用一个 2-4 译码器来设计译码电路,达到简化译码电路设计的目的,如图 4.10 所示。

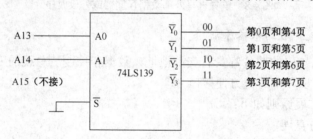

图 4.10 部分译码地址分配图

(3)线选法

所谓线选法是部分地址译码的特殊形式,即对地址线不进行译码,直接用地址线来选通数据单元,其得到的地址空间也是非连续的。比如,不用外加译码电路,仅用高位地址线就把 64KB 的寻址空间区分成若干区,如图 4.11 所示。

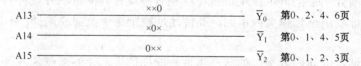

图 4.11 线选法译码地址分配图

温馨小贴士:

● 读写外设与读写外部数据存储器的方法是相同的:也可以说外设是按外部数据单元进行访问的,我们可以使用绝对地址访问数据存储器的方法来访问外设。

● 扩展总线设计接口电路时应该考虑的问题:地址空间分配、总线驱动能力、电平的匹配、控制时序和逻辑的匹配、速度的协调、状态信号的处理。

● 51 系列单片机采用总线扩展方式可以实现:存储器扩展;输入/输出接口扩展;功能部

件(如定时器、计数器、键盘、显示器等)的扩展;A/D 和 D/A 的扩展。

● 单片机片外常用扩展的芯片类型:程序存储器:EPROM,EEPROM,FLASH 等;数据存储器:RAM,DRAM 等;I/O 扩展接口:244,245,373,573,可编程 I/O 扩展 8255 等;并行接口 A/D,D/A;可编程定时/计数器 8253,82C54 等;其他各类型并行接口芯片。注意:不管什么芯片,接口规律是基本相同的,关键要掌握三总线的扩展基本要求。

8. 总线扩展举例

【例 4-4】 如图 4.12 所示,编程实现哪几个键按下,相应的几盏发光二极光就点亮的效果。

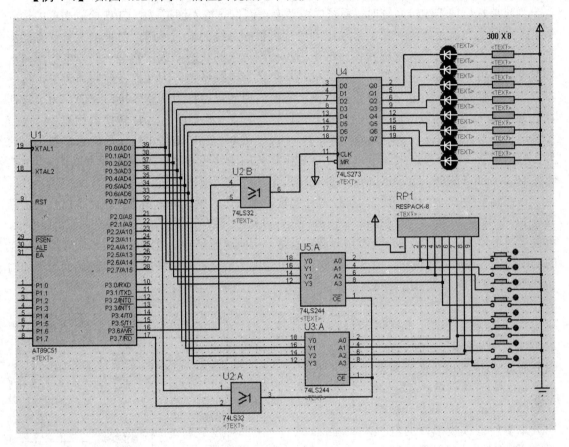

图 4.12 例 4-4 电路图

程序清单:

```
#include<absacc.h>
#include<reg51.h>
#define LS373 XBYTE[0xFDFF]
//定义 74LS373 的地址为 0Xfeff,实际上只要 P2.0 是低电平即可
#define LS244 XBYTE[0xFEFF]
//依电路分析,实际 74LS373 与 74LS244 的地址相同
Void main()
{
    unsigned char i;
    while(1)
        {
```

```
            i=LS244;         //读取键值
            LS273=i;         //将读取的键值写到74LS273，点亮相应的发光二极管
        }
    }
```

总线扩展技术的应用，读者可以在今后的学习中仔细去体会，这里就不再多举例了。

四、A/D 转换器

1. 前向通道与后向通道

当将单片机用于测控系统时，系统中总要有被测信号输入通道，由 CPU 拾取必要的输入信息。前向通道就是被测对象信号输出到单片机数据总线的输入通道。对被测对象状态的测试一般都离不开传感器或敏感元件，这是因为被测对象的状态参数常常是一些非电物质量，如温度、压力、载荷、位移等，而计算机是一个数字电路系统。因此，在前向通道中，传感器、敏感元件及其相关电路占有重要地位。故前向通道也可称为传感器接口通道。为了与计算机 A/D 输入要求相适应，传感器厂家开始设计、制造一些专门与 A/D 转换器相配套的大信号输出传感器，一般能直接输出 0~5V、0~10V、或 0~2.5V 信号电压，前向通道若采用这类传感器可省去小信号放大环节。与 A/D 转换相关的器件还有采样/保持器及模拟开关。A/D 转换器（Analog to Digital Converter）能把模拟量转换成相应数字量。

在控制系统中，单片机还要对被控对象实现控制操作，单片机总是将控制命令以数字信号通过 I/O 或数据总线送给控制对象。这些数字信号形态主要有开关量、二进制数字量和频率量，可直接用于开关量、数字量系统及频率调制系统。后向通道是计算机对被控对象实现控制操作的输出通道。在后向通道中，有时需要将单片机输出的信号进行功率放大，以满足伺服驱动的功率要求；有时需要采用信号隔离、电源隔离和对大功率开关实现过零切换等方法进行干扰防治；对于一些模拟量控制系统，则应通过数/模转换变换成模拟量控制信号。D/A 转换器（Digital to Analog Converter）就是一种能把数字量转换成模拟量的电子器件。图 4.13 为单片机和被控实体间的接口示意图。

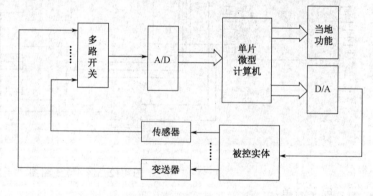

图 4.13　单片机和被控实体间的接口示意图

2. A/D 转换器的技术指标

为了满足各种不同的检测及控制任务的需要，大量结构不同、性能各异的 A/D 转换器应运而生。按其变换原理分类，A/D 转换器主要有逐次比较式、双积分式、量化反馈式和并行式等。目前广泛使用的还是逐次比较式和双积分式 A/D 转换器。下面我们了解一下几个描述 A/D 转换器性能的指标。

DAC 性能指标颇多，主要有以下四个：

分辨率（Resolution）：D/A 转换器能分辨的最小输出模拟增量，取决于输入数字量的二进制位数。一个 n 位的 DAC 所能分辨的最小电压增量定义为满量程值的 2^{-n} 倍。

例如：满量程为 10V 的 8 位 DAC 芯片的分辨率为 $10V \times 2^{-8}=39mV$；一个同样量程的 16

位 DAC 的分辨率高达 $10V \times 2^{-16} = 153\mu V$。

转换精度（Conversion Accuracy）：指满量程时 DAC 的实际模拟输出值和理论值的接近程度。对 T 形电阻网络的 DAC，其转换精度和参考电压 VREF、电阻值和电子开关的误差有关。

例如：满量程时理论输出值为 10V，实际输出值是在 9.99V～10.01V 之间，其转换精度为 $\pm$10mV。通常，DAC 的转换精度为分辨率之半，即为 LSB/2。LSB 是分辨率，是指最低一位数字量变化引起幅度的变化量。

偏移量误差（Offset Error）：指输入数字量为零时，输出模拟量对零的偏移值。这种误差通常可以通过 DAC 的外接 VREF 和电位计加以调整。

线性度（Linearity）：DAC 的实际转换特性曲线和理想直线之间的最大偏移差。通常，线性度不应超出 $\pm$LSB。

除上述指标外，转换速度（Conversion Rate）和温度灵敏度（Temperature Sensitivity）也是 DAC 的重要技术参数。

3. A/D 转换器选择原则

A/D 转换是前向通道中的一个环节，并不是所有前向通道中都必须配备 A/D 转换器。只有模拟量输入通道，并且输入计算机接口不是频率量而是数字码时，才用到 A/D 转换器。因此，首先要确定前向通道结构方案。当确定使用 A/D 转换器以后，可参照下列原则选择 A/D 转换器芯片。

● 根据计算机接口特征。考虑如选择 A/D 转换器的输出状态。比如 A/D 转换器是并行输出还是串行输出；是二进制码输出还是 BCD 码输出；是用外部时钟、内部时钟还是不用时钟；有无转换结束状态信号；与 TTL、CMOS 电路的兼容性；与单片机接口是否容易连接等。

● 根据前向通道的总误差。选择 A/D 转换精度及分辨率。用户提出的数据采集精度要求是综合精度要求，它包括了传感器精度、信号调节电路精度和/D 转换精度。应将综合精度在各个环节上进行分配，以确定对 A/D 转换器的精度要求，再根据它来确定 A/D 转换器的位数。

● 根据信号对象的变化率及转换精度要求。确定 AD 转换速度，以保证系统的实时性要求。对于快速信号要估计孔径误差以确定是否需要加采样/保持电路。因为对快速信号采集时，为了保证有小的孔径误差常常有很高的转换速度，这大大提高了 A/D 转换器的成本，而且有时找不到高速的 A/D 转换芯片，故对快速信号的采集必须考虑采样／保持电路。

● 根据环境条件。选择 A/D 转换芯片的一些环境参数要求。如工作温度、功耗、可靠性等性能。

● 其他，还要考虑到成本，资源以及是否是流行芯片等因素。

总之，在设计实际的 A／D 转换电路时，不仅要考虑以上原则，还要考虑符合整个系统的实际应用。

4. ADC0809 的结构及引脚

（1）ADC0809 的结构

ADC0809 是 CMOS 单片型逐次逼近型 A/D 转换器，具有 8 路模拟量输入通道，有转换启停控制，模拟输入电压范畴为 0~+5V，转换时间为 100μs。图 4.14 是 ADC0809 的内部结构图。它由 8 路模拟开关、8 位 A/D 转换器、三态输出锁存器以及地址锁存译码器等组成。

转换一开始，首先向 DAC 置 MSB（逻辑"1"），并通过比较器，将 DAC 的模拟输出（1/2 满量程）与模拟输入信号比较。若 DAC 输出小于模拟输入，则 MSB 保留。若 DAC 的输出大于模拟输入，则 MSB 丢弃（逻辑"0"），然后 SAR 继续向 DAC 置入次高位，将它保留还是丢弃，取决于 DAC 输出与模拟输入的比较结果。这种试探过程一直进行到 LSB 为止，此时转换即告完成，数据由输出线送出。

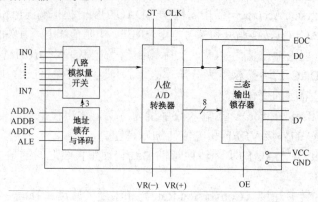

图 4.14 ADC0809 的内部结构

（2）ADC0809 引脚特性

图 4.15 是 ADC0809 的引脚图。

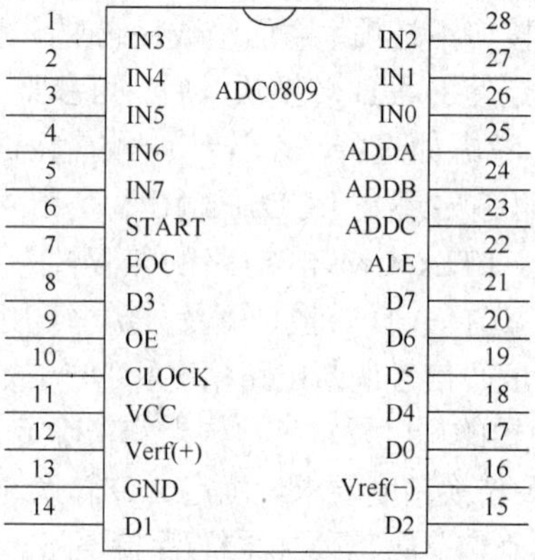

图 4.15 ADC0809 引脚图

各引脚功能如下：

（1）IN0～IN7：8 路模拟量的输入端。

（2）D0~D7：8 位数字量输出端口，2^{-1} 为最高有效位，2^{-8} 为最低有效位。

（3）START：为转换启动信号。当 START 上跳沿时，所有内部寄存器清零；下跳沿时，开始进行 A/D 转换；在转换期间，START 应保持低电平。

（4）ALE：地址锁存控制端，高电平有效。当 ALE 线为高电平时，地址锁存与译码器将 ADDA、ADDB、ADDC 三条地址线的地址信号进行锁存，经译码后被选中的通道的模拟量进转换器进行转换。

（5）ADDA、ADDB、ADDC：8 位模拟开关的 3 位地址选通输入端，用来选择对应的输入通道，其对应关系如表 4.3 所示。

表 4.3 8 路模拟开关功能表

ADDC	ADDB	ADDA	输入通道
0	0	0	IN0
0	0	1	IN1

续表

ADDC	ADDB	ADDA	输入通道
0	1	0	IN2
0	1	1	IN3
1	0	0	IN4
1	0	1	IN5
1	1	0	IN6
1	1	1	IN7

（6）EOC：转换结束信号输出端。

（7）OE：输出允许控制端。为输出允许信号，用于控制三态输出锁存器向单片机输出转换得到的数据。OE＝1，输出转换得到的数据；OE＝0，输出数据线呈高阻状态。

（8）CLK：时钟信号输入端。

（9）REF（＋）、REF（－）：参考电压输入端，一般 REF（＋）接 VCC，REF（－）接 GND。

（10）VCC 和 GND：电源端和接地端。

5. ADC0809 与 80C51 的接口

由于 ADC0809 片内有三态输出锁存器，因此可直接与单片机连接。ADC0809 与 80C51 的连接有三种方式：查询方式、中断方式和定时方式。应用时采用什么方式，应该根据具体情况来选择。

图 4.16 为单片机 80C51 与 ADC0809 的硬件电路图。该连接图既可使用中断方式，又可使用查询方式，通过软件编程，这两种方式都能够实现。

启动 ADC0809 的工作过程是：先送数据（通道地址）到 ADC0809，由 ALE 信号锁存，同时 START 有效，启动 A/D 转换。A/D 转换完毕，EOC 端发出一正脉冲，申请中断。在中断服务程序中，使 OE 端有效，8 位数据便读入到 CPU 中。

```c
#include<absacc.h>
#include<reg51.h>
#define uchar unsigned char
#define IN0 XBYTE[0xFEF8]      //设置ADC0809的通道0地址
sbit ad_busy=P3^2;             //即 EOC 状态
void ad0809 (uchar idata*x)    //采样结果放指针中的 A/D 采集函数
{   uchar i;
    uchar xdata*ad_adr;
    ad_adr=&IN0;
    for (i=0;i<8;i++)          //处理 8 通道
    {   *ad_adr=0;             //启动转换
        i=i;                   //延时等待 EOC 变低
        i=i;
        while (ad_busy==0);    //查询等待转换结束
        x[i]=*ad_adr;          //存转换结果
        ad_adr++;              //下一通道
    }
```

```
}
Void main (void)
{   staticuchar idataad[8];
    ad0809 (ad);              //采样 ADC0809 通道的值
}
```

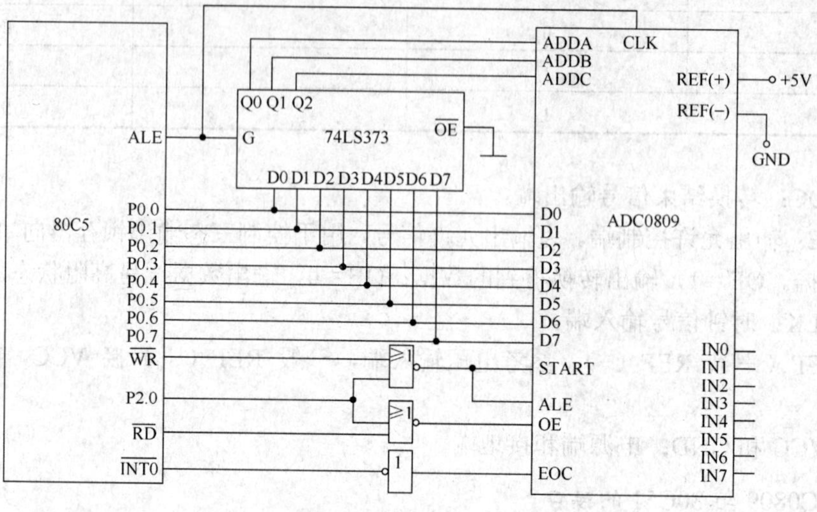

图 4.16　80C51 与 ADC0809 的接口图

【项目实施】

（一）项目准备单

表 4.4 为项目四的实训工单，在实训前要提前填写好各项内容，最好用铅笔填，以方便实训过程中修改。

表 4.4　项目实训工单

【项目名称】	数字电压表制作
【项目目标】	1. 设计一块数字电压表控制系统实现对八路模拟量进行巡检。 2. 实现数字电压表控制系统的硬件电路设计。 3. 根据电路要求进行元器件筛选、采购并检测、设计电路印制板。 4. 能实现对数字电压表控制的程序设计。 5. 按装配流程设计安装步骤，进行电路元器件安装、调试，直至成功。
【硬件电路】	电压表的输入信号为模拟电压信号，若要能被单片机处理，必须首先转换为单片机能够识别的数字信号，A/D 转换器件就是能将模拟信号转换为数字信号的电路，因此在输入信号与单片机之间要连接一个 A/D 转换器，输入信号变成数字信号后单片机再将它读出并用数码管显示出来即可。任务中对分辨率与量程的要求不高，显示部分只需两个数码管。考虑到通用性，A/D 转换芯片采用 ADC0809，该芯片可将模拟信号转换为 8 位数字信号。简易数字电压表硬件电路如图 4.17 所示，该电路包括单片机、复位电路、晶振电路、电源电路、ADC0809 的组成的模数转换电路及由两位数码管组成的显示电路。电路中，模拟电压信号从 ADC0809 的 IN0（第 26 引脚）输入，采用 P1 口读取 A/D 转换数据，两位数码管采用动态显示方式连接，用 P2 口控制显示段码，P0.6 和 P0.7 分别控制显示低位、高位数的数码位选端，见图 4.17。

续表

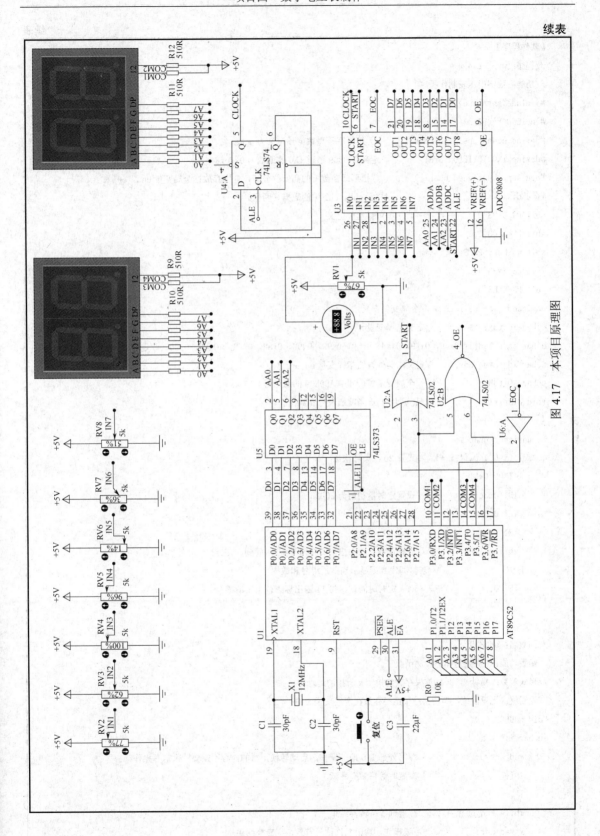

图 4.17 本项目原理图

续表

【软件程序】

```c
//程序：project4.c
//功能：数字电压表制作程序
#include<absacc.h>
#include<reg51.h>
#define uchar unsigned char      //无符号字符型数据预定义为 uchar
#define IN0 XBYTE[0xfef8]        //定义 AD0809 通道 IN0 的地址为 0xfef8
Void sepr (unsigned char i);     //把形式参数 i 的高低位分开，分别存放在全局变量 chh，chl 中
Void disp();                     //显示 chh，chl 中的数据（两位）
sbit P3_0=P3^0;                  //可寻址位定义
sbit P3_1=P3^1;
sbit ad_busy=P3^3;
sbit P3_4=P3^4;
sbit P3_5=P3^5;
unsigned char chl,chh;  //全局变量定义
uchar idatax;           //定义全局变量 x
uchar code led[]={0xc0, 0xf9, 0xa4, 0xb0, 0x99, 0x92, 0x82, 0xf8, 0x80, 0x90};//定义 0～9 显示码
uchar xdata*ad_adr;     //定义指向外设的指针变量 ad_adr
uchar NO_tdh;           //全局变量 NO_tdh（AD0809 的通道号）定义
Void disp1s()           //显示大约 1s 当前通道号和数据
{
    unsigned char i;
    for (i=0;i<0x14;i++)  //设置 20 次循环次数
    {   TMOD=0x01;
        TH1=0x3c;         //设置定时器初值为 3CB0H
        TL1=0xb0;
        TR1=1;            //启动 T1
        while (!TF1)      //查询计数是否溢出，即定时 50ms 时间到，TF1=1
        disp();           //若时间没到则显示当前通道号和数据
        TF1=0;            //50ms 定时时间到，将 T1 溢出标志位 TF1 清零
    }
}
//函数名：ad0809
//函数功能：8 路通道循环检测函数
//形式参数：指针 x，采样结果存放到指针 x 所指的地址中
//返回值：无返回值，但转换结果已经存放在全局变量 x 中
Void ad0809 ( )
{uchar i;
    *ad_adr=0;            //写外部 I/O 地址操作，启动转换，写的内容不重要，只需写操作
    i=i;                  //延时等待 EOC 变低
    i=i;
    while (ad_busy==1);   //查询等待转换结束
    x=*ad_adr;            //读操作，输出允许信号有效，存转换结果
```

续表

```
    }
Void main (void)  //主函数
{
    while (1)
    { uchar i;
        NO_tdh=1;   //置通道号为1
          ad_adr=&IN0;  //通道0的地址送ad_adr
        for (i=0;i<8;i++)
         {ad0809();//采样AD0809当前通道的值
          sepr (x);  //拆分高位和低位
        displs();    //显示大约1s当前通道号和数据
          ad_adr++;  //地址增1,指向下一通道
          NO_tdh++;    //通道号增1
        }
    }
}
Void sepr (unsigned char i)  //拆分高位和低位
    {
    uchar ch;
    ch=i;
    chh=ch/51;    //除以51得到高位
    ch=ch%51;    //取余运算
    chl=ch*10/51; //再除以51,并扩大10倍,得到低位
    }
    Void disp()
{ uchar j;
    P1=led[0];               //显示通道号高位
    P3_4 = 1;
    P3_5 = 0;
    for (j=0;j<100;j++);    //延时
    P3_4=0;                  //消隐
    P3_5=0;
    P1=led[NO_tdh];          //显示通道号低位
    P3_4 = 0;
    P3_5 = 1;
    for (j=0;j<100;j++);    //延时
    P3_4=0;                  //消隐
    P3_5=0;
    P1=led[chl];             //显示采样数据的低位
    P3_0 = 0;
    P3_1 = 1;
    for (j=0;j<100;j++);    //延时
    P3_0=0;                  //消隐
```

	续表
| ```
    P3_1=0;
    P1=led[chh]&0x7f;       //显示采样数据的高位
    P3_0 = 1;
    P3_1 = 0;
    for（j=0;j<100;j++）;    //延时
    P3_0=0;                 //消隐
    P3_1=0;
}
``` | |

（二）项目调试过程

1. 硬件电路组装（参见项目一任务一）。
2. 软件调试（参见项目一任务一）。
3. 程序下载（参见项目一任务一）。
4. 软硬件综合调试（参见项目一任务一）。

（三）项目扩展与提高

设计软硬件系统，使单片机以端口访问的方式（而不是以总线方式）与 A/D 转换器交换信息。

【项目小结】

A/D 和 D/A 转换器是单片机与外界联系的重要途径。

常用的 A/D 转换器按转换原理可分为双积分式 A/D 转换器和逐次逼近式 A/D 转换器。双积分式 A/D 转换器转换精度高，抗干扰性能好，价格便宜，但转换速度慢，用于速度要求不高的场合。逐次逼近式 A/D 转换器速度快，精度高，使用较多。

此外，本项目还重点介绍了 A/D 转换器 ADC0809 与单片机的接口电路设计方法及软件程序设计。

【项目知识拓展】

一、常用 A/D 转换器介绍

目前生产 AD/DA 的主要厂家有 ADI、TI、BB、PHILIP、MOTOROLA 等，武汉力源公司拥有多年从事电子产品的经验和雄厚的技术力量支持，已取得排名世界前列的模拟 IC 生产厂家 ADI、TI 公司代理权，经营全系列适用各种领域/场合的 AD/DA 器件。

1. ADI 公司

ADI 公司生产的各种模/数转换器（ADC）和数/模转换器（DAC）（统称数据转换器）一直保持市场领导地位，包括高速、高精度数据转换器和目前流行的微转换器系统（MicroConvertersTM）。
```

1）带信号调理、1mW 功耗、双通道 16 位 AD 转换器：AD7705

AD7705 是 ADI 公司出品的适用于低频测量仪器的 A/D 转换器。它能将从传感器接收到的很弱的输入信号直接转换成串行数字信号输出，而无需外部仪表放大器。采用 Σ-Δ 的 ADC，实现 16 位无误码的良好性能，片内可编程放大器可设置输入信号增益。通过片内控制寄存器调整内部数字滤波器的关闭时间和更新速率，可设置数字滤波器的第一个凹口。在+3V 电源和 1MHz 主时钟时，AD7705 功耗仅是 1mW。AD7705 是基于微控制器（MCU）、数字信号处理器（DSP）系统的理想电路，能够进一步节省成本、缩小体积、减小系统的复杂性。应用于微处理器（MCU）、数字信号处理（DSP）系统，手持式仪器，分布式数据采集系统。

2）3V/5V CMOS 信号调节 AD 转换器：AD7714

AD7714 是一个完整的用于低频测量应用场合的模拟前端，用于直接从传感器接收小信号并输出串行数字量。它使用 Σ-Δ 转换技术实现高达 24 位精度的代码而不会丢失。输入信号加至位于模拟调制器前端的专用可编程增益放大器。调制器的输出经片内数字滤波器进行处理。数字滤波器的第一次谐波通过片内控制寄存器来编程，此寄存器可以调节滤波的截止时间和建立时间。AD7714 有 3 个差分模拟输入（也可以是 5 个伪差分模拟输入）和一个差分基准输入。单电源工作（+3V 或+5V）。因此，AD7714 能够为含有多达 5 个通道的系统进行所有的信号调节和转换。AD7714 很适合于灵敏的基于微控制器或 DSP 的系统，它的串行接口可进行 3 线操作，通过串行端口可用软件设置增益、信号极性和通道选择。AD7714 具有自校准、系统和背景校准选择，也允许用户读写片内校准寄存器。CMOS 结构保证了很低的功耗，省电模式使待机功耗减至 15μW（典型值）。

3）微功耗 8 通道 12 位 AD 转换器：AD7888

AD7888 是高速、低功耗的 12 位 A/D 转换器，单电源工作，电压范围为 2.7V～5.25V，转换速率高达 125kbps，输入跟踪—保持信号宽度最小为 500ns，单端采样方式。AD7888 包含有 8 个单端模拟输入通道，每一通道的模拟输入范围均为 0～Vref。该器件转换满功率信号可至 3MHz。AD7888 具有片内 2.5V 电压基准，可用于模数转换器的基准源，管脚 REF in/REF out 允许用户使用这一基准，也可以反过来驱动这一管脚，向 AD7888 提供外部基准，外部基准的电压范围为 1.2V～VDD。CMOS 结构确保正常工作时的功率消耗为 2mW（典型值），省电模式下为 3μW。

4）24 位智能数据转换系统 MicroConvertersTM：ADuC824

ADuC824 是 MicroConvertersTM 系列的最新成员，它是 ADI 公司率先推出的带闪烁电可擦可编程存储器（Flash / EEPROM）的 Σ-Δ 转换器。它的独特之处在于将高性能数据转换器、带程序和数据闪烁存储器及 8 位微控制器集中在一起。当您为满足工业、仪器仪表和智能传感器接口应用要求选择高精度数据转换器件时，ADuC824 作为一种完整的高精度数据采集片上系统，是个不错的选择。

2. TI 公司

美国得州仪器公司是一家国际性的高科技产品公司，是全球最大半导体产品供应商之一，1998 年半导体产品销量名列全球第五，其中 DSP 产品销量全球排名第一，模拟产品销量全球第一。

1）TLC548/549

TLC548 和 TLC549 是以 8 位开关电容逐次逼近 A/D 转换器为基础而构造的 CMOS A/D

转换器。它们被设计成能通过 3 态数据输出与微处理器或外围设备串行接口相连。TLC548 和 TLC549 仅用输入/输出时钟和芯片选择输入作为数据控制。TLC548 的最高 I/O CLOCK 输入频率为 2.048MHz，而 TLC549 的 I/O CLOCK 输入频率最高可达 1.1MHz。

TLC548 和 TLC549 的使用与较复杂的 TLC540 和 TLC541 非常相似，不过，TLC548 和 TLC549 提供了片内系统时钟，它通常工作在 4MHz 且不需要外部元件。片内系统时钟使内部器件的操作独立于串行输入/输出端的时序并允许 TLC548 和 TLC549 像许多软件和硬件所要求的那样工作。I/O CLOCK 和内部系统时钟一起可以实现高速数据传送，对于 TLC548 为每秒 45500 次转换，对于 TLC549 为每秒 40000 次的转换速度。

TLC548 和 TLC549 的其他特点包括通用控制逻辑，可自动工作或在微处理器控制下工作的片内采样—保持电路，具有差分高阻抗基准电压输入端，易于实现比率转换（Ratiometric conversion）、定标（Scaling）以及与逻辑和电源噪声隔离的电路。整个开关电容逐次逼近转换器电路的设计允许在小于 17μs 的时间内以最大总误差为 ±0.5 最低有效位（LSB）的精度实现转换。

2）TLV5580

TLV5580 是一个 8 位 80MSPS 高速 A/D 转换器。以最高 80MHz 的采样速率将模拟信号转换成 8 位二进制数据。数字输入和输出与 3.3VTTL/CMOS 兼容。由于采用 3.3V 电源和 CMOS 工艺改进的单管线结构，功耗低。该芯片的电压基准使用非常灵活，有片内和片外部基准，满量程范围是 1Vpp 到 1.6Vpp，取决于模拟电源电压。使用外部基准时，可以关闭内部基准，降低芯片功耗。

二、单片机应用系统中常用存储芯片简介

1. 程序存储器

单片机应用系统中曾用过的典型程序存储器有：掩模 ROM（Mask ROM）、一次性可编程（OTP ROM）、紫外线擦除可编程（uvEPROM）、电擦除可编程（EEPROM）、闪烁存储器（Flash Memory）等。图 4.18 为 EPROM 芯片 27256 的引脚图。

EPROM 27C256 的引脚功能如下：
- 15 根地址线（A14~A0）32KB
- 8 根数据线（D7~D0）读取时间 200ns
- $\overline{OE}$：输出允许，接 $\overline{PSEN}$
- $\overline{CE}$：片选信号，接地址译码
- VPP：编程电压
- VCC：电源（+5V 直流）
- VSS：地

图 4.19 为用 27256 扩展程序存储器的接口电路。

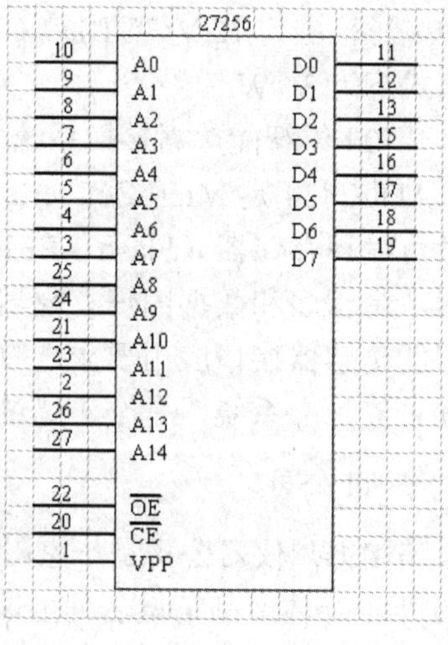

图 4.18 EPROM 芯片 27256 的引脚图

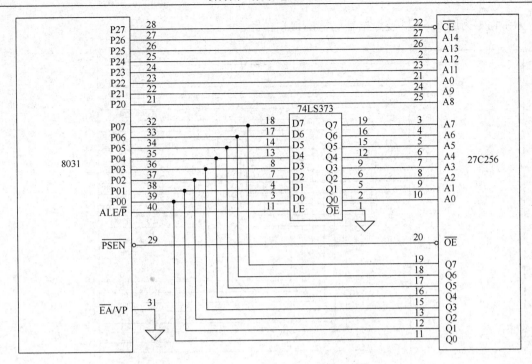

图 4.19 用 27256 扩展程序存储器的接口电路图

2. 数据存储器

数据存储器有静态 SRAM 和动态 DRAM 两种，其中静态 SRAM 保存可靠，不掉电不丢失，而动态 DRAM 需要周期性刷新来保存信息，51 单片机不支持。

图 4.20 为几种典型静态数据 SRAM 的引脚图。6116 为 2Kx8bit 的静态 SRAM 芯片，6264 为 8Kx8bit 的静态 SRAM 芯片，而 62256 为 32Kx8bit 的静态 SRAM 芯片。

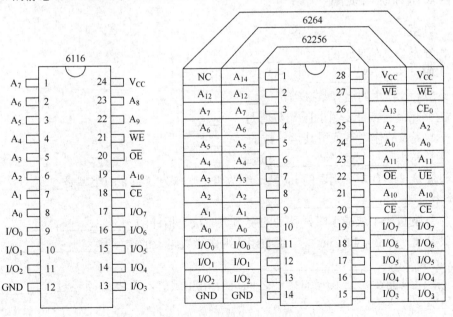

图 4.20 几种典型静态数据 SRAM 的引脚图

图 4.21 为用 6264 扩展数据存储器的接口电路。

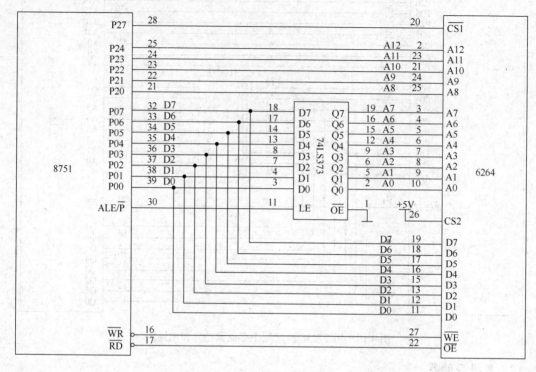

图 4.21 用 6264 扩展数据存储器的接口电路图

【项目训练与提高】

项目知识训练与提高

一、填空

1. 指针是将其他变量的_____作为其值的变量。
2. 声明时用符号_____表示这是一个指针变量。
3. 运算符&作用的运算数必须是_____。
4. 能够赋值给指针变量的唯一数值是_____。
5. 运算符&的作用是获得其运算数的_____。
6. 运算符*是_____运算符。
7. 设 a 是一个有 4 个元素的 int 型一维数组,则作为数组 a 的类型是_____,作为指针 a 的类型是_____。
8. 指针变量增 1 或减 1 时,移动的字节数取决于指针的_____。
9. 设是 x 一个 3×4 的 int 型二维数组,则作为数组 x 的类型是_____,作为指针 x 的类型是_____。
10. 指针只能在相互兼容的指针之间进行相互赋值,否则必须经过_____才行。
11. 数组名是_____常量,_____(填"能"或"不能")被修改。
12. 函数名是_____常量,_____(填"能"或"不能")被修改。

13. 函数指针是驻留在_____中函数代码的起始地址。
14. 下面程序的运行结果是_____。

```
main()
{ int a, b, k=4, m=6, *p1=&k, *p2=&m;
 a=p1==&m;
 b= (*p1) / (*p2) +7;
 printf ("a=%d, ", a);
 printf ("b=%d\n", b);
}
```

15. 以下程序的输出结果是_____。

```
main()
{ int a[]={30, 25, 20, 15, 10, 5}, *p=a;
 p++;
 printf ("%d\n", * (p+3));
}
```

16. 以下程序的输出结果是_____。

```
main()
{ int a[10]={19, 23, 44, 17, 37, 28, 49, 36}, *p;
 p=a;
 printf ("%d\n", (p+=3) [3]);
}
```

17. D/A 转换器是属于单片机系统_____通道的器件。
18. A/D 转换器的作用是将_____量转为____量；D/A 转换器的作用是将____量转为_____量。

二、单项选择题

1. ADC0809 芯片是 m 路模板输入的 n 位 A/D 转换器，m、n 分别是（   ）。
   A. 8、8   B. 8、9   C. 8、16   D. 1、8
2. A/D 转换结束通常采用（   ）方式编码。
   A. 中断方式   B. 查询方式   C. 延时等待方式   D. 中断、查询和延时等待
3. C51 中一般指针变量占用（   ）字节。
   A. 一个   B. 两个   C. 三个   D. 四个
4. 使用宏来访问绝对地址时，一般须包含的库文件是（   ）。
   A. reg51.h   B. absacc.h   C. intrins.h   D. startup.h
5. 具有模数转换功能的芯片是（   ）。
   A. ADC0809   B. DAC0832   C. MAX813   D. PCF8563
6. ADC0809 的启动转换的信号是（   ）。
   A. ALE   B. EOC   C. CLOCK   D. START
7. 执行 "#define PA8255   XBYTE[0x3FFC], PA8255=0x7e" 后存储单元 0x3FFC 的值是（   ）。
   A. 0x7e   B. 8255H   C. 未定   D. 7e
8. 设 "int a=8, *p=&a" 则 "printf ("%d", ++*p)" 的输出是（   ）。
   A. 7   B. 8   C. 9   D. 地址值

9. 若有以下定义和赋值：
int *p, *q, i=1, j=0;
p=&I;   q=&j;
对赋值语句*p=*q;，叙述中错误的是（   ）。

  A．等同于 i=j
  B．是把 q 所指变量中的值赋给 p 所指的变量
  C．将改变 p 中的值
  D．将改变 i 中的值

10. 有定义语句："int *p;"，并 p 已指向一连续的存储单元。执行"p++;"后，以下选项中叙述错误的是（   ）。

  A．指针变量 p 将向高地址移动一个存储单元
  B．指针变量 p 将向高地址移动一个字节
  C．指针变量 p 将向高地址移动两个字节
  D．指针变量 p 中将存放相邻高地址存储单元的地址。

11. 指针变量 p 的基本类型为 double，并已指向一连续存储区，若 p 中当前的地址值为 65490，则执行"p++;"后，p 中的值为（   ）。

  A．65490 B．65492 C．65494 D．65498

12. 若有以下定义语句："double a[5]={0，1，2，3，4}，*p=a；int i=0；"不能正确输出 a 数组元素中数据的语句是（   ）。

  A．for（i=0；i<5；i++）printf（"%lf"，*（a+i））
  B．while（p-a<5）printf（"%lf"，*（p++））
  C．while（i<5）printf（"%lf"，a[i++]）
  D．for（i=0；i<5；i++）printf（"%1f"，*a++）

13. 有以下定义语句：double a[5], *p=a; int i=0; 对 a 数组元素错误的引用是（   ）。

  A．a[i] B．a[5] C．p[4] D．p[i]

14. 若有以下定义语句："double   a[5], *p=a;"则不能正确表示 a 数组元素地址的表达式是（   ）。

  A．++p B．&p[4] C．++a D．a

15. 若有以下定义语句：double a[5], *p=a; int i=2; 则不能正确表示 a 数组元素地址的表达式是（   ）。

  A．*p B．&a[5] C．a+3 D．p+i

16. 要求定义具有 8 个 int 类型元素的一维数组，错误的定义语句是（   ）。

  A．#define N 8   B．#define N 3
    int *a[N]   int a[2*N+2]
  C．int a[ ]={0，1，2，3，4，5，6，7} D．int a[1+7]={0}

17. 若有以下定义语句：Double a[5], *p=a; int i=0; 不能正确给 a 数组元素输入数据的语句是（   ）。

  A．while（i<5）scanf（"%lf"，&p[i++]）B．while（p-a<5）scanf（"%lf"，p++）
  C．for（i=0;i<5;i++）scanf（"%lf"，p+i） D．for（i=0;i<5;i++）scanf（"%1f"，*p++）

18. 若已正确定义 p 为指针变量并已赋变量 a 的地址，以下叙述中错误的是（   ）。

A. 表达式*p=*p+1 将使 p 所指存储单元 a 中的值增 1

B. 表达式 p=p+1 将使指针 p 中的字节数增 1

C. 表达式*p+=1 将使 p 所指存储单元 a 中的值增 1

D. 表达式++*p 将使 p 所指存储单元 a 中的值增 1

19. 指针变量 p 的类型为 int，并已指向一连续存储区，若 p 中当前的地址值为 1234，则执行 "p++后;"，p 中的值为（　　）。

    A. 1234　　　　B. 1235　　　　C. 1236　　　　D. 1237

20. 若有定义语句 "int q;"，指针变量 q 的指向如图 4.22 所示：

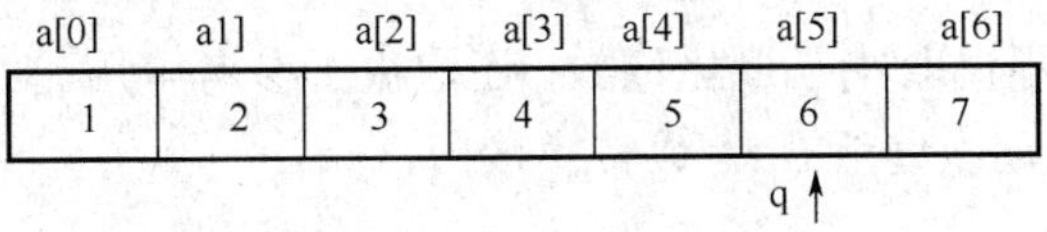

a[0]	a[1]	a[2]	a[3]	a[4]	a[5]	a[6]
1	2	3	4	5	6	7

图 4.22　指针变量 q 的指向

则改变了 q 当前所指存储单元 a[5]中内容的表达式是（　　）。

    A. *q--　　　　B. *--q　　　　C. --*q　　　　D. q--

21. 若有以下程序

```
Void fun (double s[10], int *n) {......}
void main()
{doublearr[10]; int n;
......
fun (arr, &n);
......
}
```

则以下叙述中正确的是（　　）。

    A. 调用 fun 函数时系统将为形参 s 开辟 10 个 double 型存储单元

    B. 调用 fun 函数时系统将为形参 s 开辟 1 个存储单元

    C. 调用 fun 函数时形参 s 中的值将传回主函数

    D. fun 函数中的形参 s 是一个一维数组名

22. 说明语句 "int（*p）();" 的含义是（　　）。

    A. p 是一个指向一维数组的指针变量

    B. p 是一个指向整型数据的指针变量

    C. p 是一个指向函数的指针，该函数的返回值是整型

    D. 以上都不对

23. 若有以下定义语句：

```
int i, w[3][4]={{1, 2}, {3, 4, 5}, {6, 7, 8, 9}}, *p;
```

则以下赋值语句错误的是（　　）。

    A. p=w[1];　　B. w[1]=p;　　C. p=w[0]+2;　　D. p=&w[0][0];

24. 定义如下变量和数组：

```
int i;int x[3][3]={1, 2, 3, 4, 5, 6, 7, 8, 9};
for (i=0;i<3;i++)
printf ("%2d", x[i][2-i]);
```

printf 输出的结果是（　　）。
    A．159   B．147   C．357   D．369

25．若有以下定义语句：int a[]={1, 2, 3, 4, 5, 6, 7, 8, 9, 10}；则值为 5 的表达式是（　　）。
    A．a[5]   B．a[a[4]]   C．a[a[3]]   D．a[a[5]]

三、判断题

1．在 A/D 转换器中，逐次逼近型在精度上不及双积分型，但双积分型在速度上较低。（　　）
2．A/D 转换的精度不仅取决于量化位数，还取决于参考电压。（　　）
3．ADC0809 是 8 位逐次逼近式模/数转换接口。（　　）

四、简答题

1．简述 C51 对 51 单片机片内 I/O 口和外部扩展的 I/O 口的定义方法。
2．C51 采用什么形式对绝对地址进行访问？
3．判断 A/D 转换是否结束，一般可采用几种方式？每种方式有何特点？

项目技能训练与提高

    为 AT89S51 扩展 64KB 的静态 RAM 空间，并书写程序对某字节单元进行读写（可适当增加软硬件以方便观察运行结果）。

项目五 信号发生器制作

【项目导入与描述】

信号发生器是指产生所需参数的电测试信号的仪器。按信号波形可分为正弦信号、函数（波形）信号、脉冲信号和随机信号发生器等四大类。能够产生多种波形，如三角波、锯齿波、矩形波（含方波）、正弦波的电路被称为函数信号发生器。信号发生器又称信号源或振荡器，在生产实践和科技领域中有着广泛的应用。图5.1为一种常用的信号发生器。

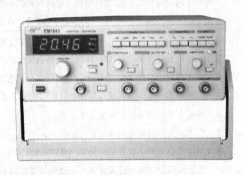

图5.1 一种常用的信号发生器

本项目以 Proteus 为软件平台，设计制作一个信号发生器系统。产生波形的方法很多，我们的任务是利用 AT89C51 单片机与数模转换芯片 DAC0832 组成波形发生器硬件系统，编制应用程序发生锯齿波信号、矩形波信号、正弦波信号。通过软件调整波形设定参数，用示波器观察输入波形的幅值、周期及频率的变化。图5.2为本项目的线路板。

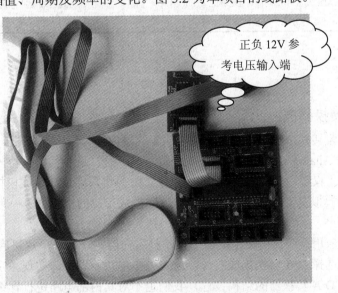

图5.2 本项目的线路板

【项目目标】

表 5.1 为本项目的项目目标。

表 5.1 信号发生器制作项目目标

授课项目名称		信号发生器制作	
教学目标	知识目标	1. 了解 D/A 技术在工业系统中的应用地位。 2. 熟悉常用 D/A 转换芯片的结构。 3. 熟悉常用 D/A 转换芯片的功能。 4. 了解常用 D/A 转换芯片的工作原理。 5. 掌握 D/A 转换芯片与 CPU 接口一般方法。 6. 了解单片机应用系统中模/数转换接口电路设计的方法以及应注意的问题。 7. 掌握单片机应用系统中模/数转换功能的程序设计方法。	
	能力目标	1. 进一步提高单片机应用系统中以总线方式进行接口电路设计的能力。 2. 具备单片机应用系统中模/数转换接口电路设计的能力。 3. 具备单片机应用系统中模/数转换功能的程序设计的能力。 4. 进一步掌握单片机应用系统分析和软硬件设计的基本方法。 5. 进一步建立单片机系统设计的基本概念。 6. 进一步提高常用逻辑电路及其芯片的识别、选取、测试能力。 7. 进一步提高诊断简单单片机应用系统故障的能力。 8. 进一步提高常用逻辑电路及其芯片的检索与阅读能力。 9. 进一步提高简单单片机应用系统的安装、调试与检测能力。 10. 继续培养良好的职业素养、沟通能力及团队协作精神。	
教学知识点	后向通道的含义、后向通道中的常用开关器件、D/A 转换芯片种类、D/A 转换器的技术指标、D/A 转换器选择原则、DAC0832 的结构及特性、ADC0832 引脚功能、ADC0832 与 80C51 的接口、单缓冲方式、双缓冲方式	教学难点	DAC0832 的结构及特性、ADC0832 引脚功能、ADC0832 与 80C51 的接口、单缓冲方式、双缓冲方式

【项目资讯】

一、D/A 转换器概述

能够将数字量转换成模拟量（电流或电压）的器件称为数/模转换器，简称 D/A 转换器或 DAC（Digital to Analog Converter）。每一个数字量都是二进制代码按位的组合，每一位数字代码都有一定的"权"，对应一定大小的模拟量。为了将数字量转换成模拟量，应将其每一位都转换成相应的模拟量，然后求和即得到与数字量成正比的模拟量。一般数模转换器都是按这一原理设计的。

D/A 转换是应用系统后向通道的典型接口技术内容。现阶段单片机应用系统中 D/A 转换接口设计主要是选择 D/A 转换集成芯片，配置外围电路及器件，实现数字量至模拟量的线性转换，而不涉及 D/A 转换器的结构设计，我们也不对其内部电路进行详细分析。

二、D/A 转换器的性能参数

（1）分辨率（Resolution）

它反映了数字量在最低位上变化 1 位时输出模拟量的最小变化量。一般用相对值表示，对于 8 位 D/A 转换器来说，分辨率为最大输出幅度的 0.39%，即为 1/256。而对 10 位 D/A 转换器来说，分辨率可以提高到 0.1%，即 1/1024。

（2）偏移误差（Offset Error）

它是指输入数字量为 0 时，输出模拟量对 0 的偏移值。这种误差一般可在 D/A 转换器外部用电位器调节到最小。

（3）线性度（Linearity）

它是指 D/A 转换器的实际转换特性与理想直线之间的最大误差或最大偏移。一般情况下，偏移值应小于±1/2LSB。这里 LSB 是指最低一位数字量变化所带来的幅度变化。

（4）精度（Accuracy）

它是指实际模拟输出与理想模拟输出之间的最大偏差。除了线性度不好会影响精度之外，参考电压的波动等因素也会影响精度。可以理解为线性度是在一定测试条件下得到的 D/A 转换器的误差，而精度则是描述在整个工作区间 D/A 转换器的最大偏差。

（5）转换速度（Conversion Rate）

它是指每秒钟可以转换的次数，其倒数为转换时间。

（6）温度灵敏度（Temperature Sensitivity）

它是指在输入不变的情况下，输出模拟量信号随温度的变化。

（7）稳定时间

输入的数字量发生变化时，输出模拟量达到稳定的时间（一般取最大值的 90%衡量）。

选择 D/A 转换芯片时，主要考虑芯片的性能、结构及应用特性。在性能上必须满足 D/A 转换的技术要求；在结构和应用特性上应满足接口方便，外围电路简单，价格低廉等要求。

三、DAC0832 结构与特性

DAC0832 是带数据锁存器的 D/A 转换器，下面我们看一下它的结构与引脚特性。

DAC0832 的内部结构如图 5.3 所示。DAC0832 中有两级锁存器，第一级锁存器称为输入寄存器，它的锁存信号为 ILE；第二级锁存器称为 DAC 寄存器，它的锁存信号为传输控制信号 $\overline{XFER}$。因为有两级锁存器，DAC0832 可以工作在双缓冲器方式，即在输出模拟信号的同时采集下一个数字量，这样能有效地提高转换速度。此外，两级锁存器还可以在多个 D/A 转换器同时工作时，利用第二级锁存信号来实现多个转换器同步输出。

图 5.3 中 ILE 为高电平、$\overline{CS}$ 和 $\overline{WR_1}$ 为低电平时，$\overline{LE_1}$ 为高电平，输入寄存器的输出跟随输入而变化；此后，当 $\overline{WR_1}$ 由低变高时，$\overline{LE_1}$ 为低电平，数据被锁存到输入寄存器中，这时的输入寄存器的输出端不再跟随输入资料的变化而变化。对第二级锁存器来说，$\overline{XFER}$ 和 $\overline{WR_2}$ 同时为低电平时，$\overline{LE_2}$ 为高电平，DAC 寄存器的输出跟随其输入而变化；此后，当 $\overline{WR_2}$ 由低变高时，$\overline{LE_2}$ 变为低电平，将输入寄存器的资料锁存到 DAC 寄存器中。

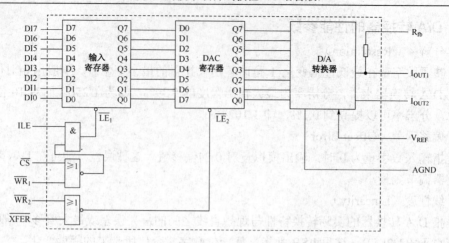

图 5.3　DAC0832 的内部结构及引脚图

引脚图如图 5.4 所示。

各引脚功能如下：

D0～D7：数据输入线。

ILE：数据锁存允许端，高电平有效。

$\overline{CS}$：输入寄存器选择信号端，低电平有效。

$\overline{WR_1}$：输入寄存器的写选通信号端，低电平有效。

$\overline{WR_2}$：DAC 寄存器的写选通信号端，低电平有效。

$\overline{XFER}$：数据转换控制信号线，低电平有效。

VREF：基准电源输入端。

R_{fb}：反馈信号输入端（反馈电阻在芯片内部）。

I_{OUT1}、I_{OUT2}：电流输出端。

VCC：电源输入端。

AGND：模拟信号地。

DGND：数字信号地。

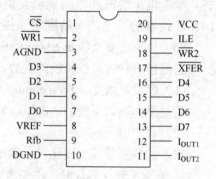

图 5.4　DAC0832 的引脚图

四、AC0832 与 8051 的接口

DAC0832 有三种方式：直通方式、单缓冲方式和双缓冲方式。

（1）直通方式

输入寄存器和 DAC 寄存器共用一个地址，同时选通输出；W_{R1} 和 W_{R2} 同时进行，并且不与 CPU 相接，见图 5.5。

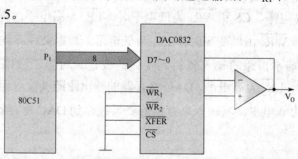

图 5.5　直通方式接口电路图

特点：转换速度快。

当引脚 $\overline{WR_1}$、$\overline{WR_2}$、$\overline{CS}$、$\overline{XFER}$ 直接接地，ILE 接电源，DAC0832 工作于直通方式，此时，8 位输入寄存器和 8 位 DAC 寄存器都直接处于导通状态，8 位数字量到达 D0～D7，就立即进行 D/A 转换，从输出端得到转换的模拟量。

【例 5-1】D/A 转换程序，用 DAC0832 输出 0～+5V 锯齿波如图 5.6 所示，电路为直通方式。设 VREF=-5V，若 DAC0832 地址为 00FEH，脉冲周期要求为 100ms。

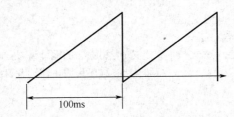

图 5.6　DAC0832 输出的锯齿波

```
#include<absacc.h>
#include<reg51.h>
#define DAC0832 XBYTE[0x00FE]    //定义 DAC0832 的地址为 0x00FE
#define uchar unsigned char
Void stair (void)                //锯齿波
{
   uchar i;
   while (1){
     for (i=0;i<=255;i=i++)       //形成锯齿波输出值，最大 255
     {
        DAC0832=i;                //D/A 转换输出
     }
   }
}
```

(2) 单缓冲工作方式

在应用系统中，当只有一路模拟量输出或虽有多路模拟量但不需要同步输出时，就可以采用单缓冲工作方式，见图 5.7。

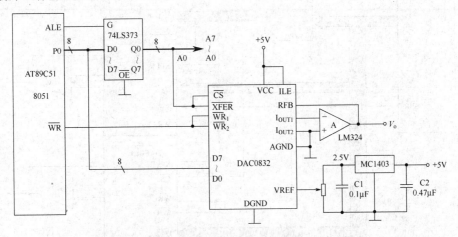

图 5.7　单缓冲工作方式连接

【例 5-2】在图 5.7 中，D/A 转换器的基准电压 VREF 取自 MC1403 的分压输出，LM324 的功能是把电流型输出转换成单极性的电压型输出，由于并接到地址锁存器的 A0，所以 0832 的口地址为 FFFEH。

按照图 5.7，单片机与 DAC0832 单缓冲连接方式产生三角波程序如下：

```c
#include<absacc.h>              //绝对地址访问头文件
#include<reg51.h>
#define uchar unsigneD. char
#define uint unsigneD. int
#define DA0832 XBYTE[0xfffe]//定义DAC0832的地址为0xfffe
Void delay_1ms();               //延时1ms程序声明，需读者自己写
Void main (void) {
uchar i;
TMOD=0x10;                      //置定时器1为方式1
  while (1)
    { for (i=0;i<=255;i++)      //形成三角波输出值，最大255
    { DA0832=i;                 //D/A转换输出
       delay_1ms();
      }
    for (i=255;i>=0;i--)        //形成三角波输出值，最大255
      { DA0832=i;               //D/A转换器输出
       delay_1ms();
      }
  }
}
```

（3）双缓冲工作方式

双缓冲工作方式用于需要同时输出几路模拟信号的场合。在此种方式下，输入寄存器和 DAC 寄存器分配有各自的地址，可分别选通，同时输出多路模拟信号。

适用：同时输出几路模拟信号的场合，可构成多个 0832 同步输出电路。图 5.8 是两路模拟信号同步输出的电路连接方法。

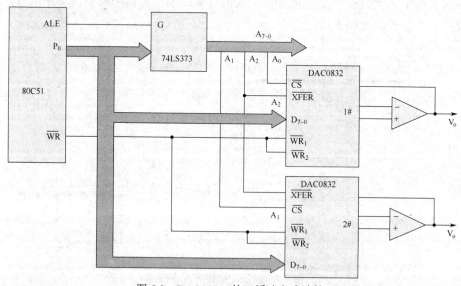

图 5.8 DAC0832 的双缓冲方式连接

当 8 位输入锁存器和 8 位 DAC 寄存器分开控制导通时，DAC0832 工作于双缓冲方式，双缓冲方式时单片机对 DAC0832 的操作分两步，第一步，使 8 位输入锁存器导通，将 8 位数字量写入 8 位输入锁存器中；第二步，使 8 位 DAC 寄存器导通，8 位数字量从 8 位输入锁存器送入 8 位 DAC 寄存器。第二步只使 DAC 寄存器导通，在数据输入端写入的数据无意义。

【例 5-3】用 DAC0832 实现驱动绘图仪，电路为双缓冲方式。1#和 2#DAC0832 地址分别为 00FEH 和 00FDH。则绘图仪的驱动程序为：

```c
#include<absacc.h>
#include<reg51.h>
#define INPUTR1 XBYTE[0x00FE]   //定义 INPUTR1 的地址为 0x00FE
#define INPUTR2 XBYTE[0x00FD]   //定义 INPUTR2 的地址为 0x00FD
#define DACR XBYTE[0x00FB]      //定义 DACR 的地址为 0x00FB
#define uchar unsigned char
Void dac2b (data1, data2)
{
uchar data1, data2;
    INPUTR1=data1;          /*数据送到一片 DAC0832*/
    INPUTR2=data2;          /*数据送到另一片 DAC0832*/
    DACR=0;                 /*启动两路 D/A 同时转换*/
}
```

【项目实施】

一、项目工单

表 5.2 为任务一的实训工单，在实训前要提前填写好各项内容，最好用铅笔填，以方便实训过程中修改。

表 5.2　项目五实训工单

【项目名称】	信号发生器制作
【项目目标】 1．实现产生正弦波信号的硬件电路控制。 2．实现产生正弦波信号的控制软件程序设计。 3．进行电路测试与调整。 4．根据电路要求进行元器件筛选、采购并检测、设计电路印制板。 5．进行程序调试。 6．按装配流程设计安装步骤，进行电路元器件安装、调试，直至成功。	
【硬件电路】 本项目的电路原理见图 5.9。	

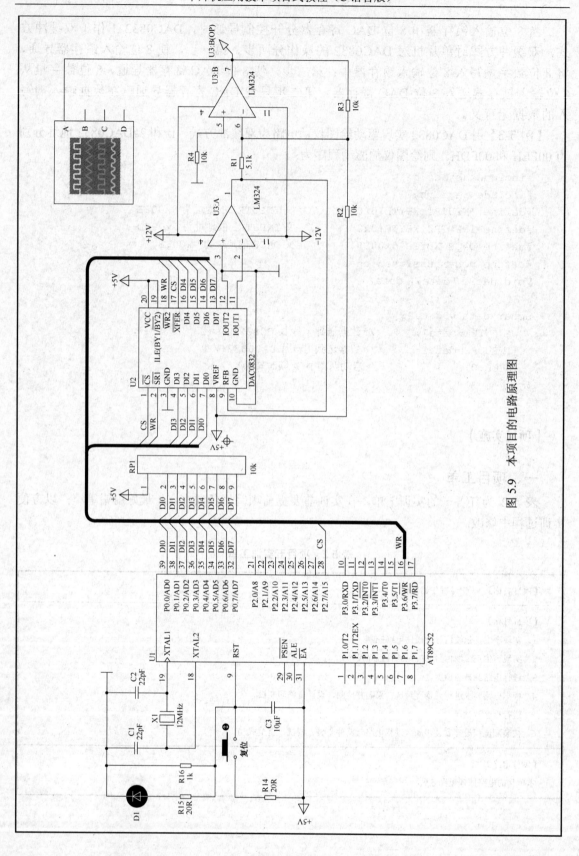

图 5.9 本项目的电路原理图

续表

【软件程序】

```c
//程序： project5.c
//功能：产生正弦波，周期约256ms，幅度约2.5V
#include <absacc.h>          //绝对地址访问头文件
#include <reg51.h>
#define uint unsigned int
#define uchar unsigned char
#define DA0832 XBYTE[0x7fff] //定义DA0832的地址为0x7fff
Void delay_1ms();            //延时
uchar code sin[]={0x80, 0x83, 0x86, 0x89, 0x8D, 0x90, 0x93, 0x96, 0x99, 0x9C, 0x9F,
            0xA2, 0xA5, 0xA8, 0xAB, 0xAE, 0xB1, 0xB4, 0xB7, 0xBA, 0xBC, 0xBF,
            0xC2, 0xC5, 0xC7, 0xCA, 0xCC, 0xCF, 0xD1, 0xD4, 0xD6, 0xD8, 0xDA,
            0xDD, 0xDF, 0xE1, 0xE3, 0xE5, 0xE7, 0xE9, 0xEA, 0xEC, 0xEE, 0xEF,
            0xF1, 0xF2, 0xF4, 0xF5, 0xF6, 0xF7, 0xF8, 0xF9, 0xFA, 0xFB, 0xFC,
            0xFD, 0xFD, 0xFE, 0xFF, 0xFF, 0xFF, 0xFF, 0xFF, 0xFF, 0xFF,
            0xFF, 0xFF, 0xFF, 0xFF, 0xFE, 0xFD, 0xFD, 0xFC, 0xFB, 0xFA, 0xF9,
            0xF8, 0xF7, 0xF6, 0xF5, 0xF4, 0xF2, 0xF1, 0xEF, 0xEE, 0xEC, 0xEA,
            0xE9, 0xE7, 0xE5, 0xE3, 0xE1, 0xDF, 0xDD, 0xDA, 0xD8, 0xD6, 0xD4,
            0xD1, 0xCF, 0xCC, 0xCA, 0xC7, 0xC5, 0xC2, 0xBF, 0xBC, 0xBA, 0xB7,
            0xB4, 0xB1, 0xAE, 0xAB, 0xA8, 0xA5, 0xA2, 0x9F, 0x9C, 0x99, 0x96,
            0x93, 0x90, 0x8D, 0x89, 0x86, 0x83, 0x80, 0x80, 0x7C, 0x79, 0x76,
            0x72, 0x6F, 0x6C, 0x69, 0x66, 0x63, 0x60, 0x5D, 0x5A, 0x57, 0x55,
            0x51, 0x4E, 0x4C, 0x48, 0x45, 0x43, 0x40, 0x3D, 0x3A, 0x38, 0x35,
            0x33, 0x30, 0x2E, 0x2B, 0x29, 0x27, 0x25, 0x22, 0x20, 0x1E, 0x1C,
            0x1A, 0x18, 0x16, 0x15, 0x13, 0x11, 0x10, 0x0E, 0x0D, 0x0B, 0x0A,
            0x09, 0x08, 0x07, 0x06, 0x05, 0x04, 0x03, 0x02, 0x02, 0x01, 0x00,
            0x00, 0x00, 0x00, 0x00, 0x00, 0x00, 0x00, 0x00, 0x00, 0x00,
            0x01, 0x02, 0x02, 0x03, 0x04, 0x05, 0x06, 0x07, 0x08, 0x09, 0x0A,
            0x0B, 0x0D, 0x0E, 0x10, 0x11, 0x13, 0x15, 0x16, 0x18, 0x1A, 0x1C,
            0x1E, 0x20, 0x22, 0x25, 0x27, 0x29, 0x2B, 0x2E, 0x30, 0x33, 0x35,
            0x38, 0x3A, 0x3D, 0x40, 0x43, 0x45, 0x48, 0x4C, 0x4E, 0x51, 0x55,
            0x57, 0x5A, 0x5D, 0x60, 0x63, 0x66, 0x69, 0x6C, 0x6F, 0x72, 0x76,
            0x79, 0x7C, 0x80};
Void main()           // 主函数
{
    uchar i;
    TMOD=0x01;                // 置定时器0为方式1
    while（1）
    {
        for（i=0;i<=255;i++）//形成正弦输出
        {
            DA0832=sin[i];     //D/A转换输出
            delay_1ms();
```

续表

```
            }
        }
}
//函数名：delay_1ms
//函数功能：延时 1ms，T0、工作方式 1，定时初值 64536
//形式参数：无
//返回值：无
Void delay_1ms()
{
    TH0=0xfc;                  // 置定时器初值
    TL0=0x18;
    TR0=1;                     // 启动定时器 0
    while (!TF0);              // 查询计数是否溢出，即定时 1ms 时间到，TF1=0
    TF0=0;                     // 1ms 时间到，将定时器溢出标志位 TF0 清零
}
```

二、任务调试过程

1．硬件电路组装（参见项目一任务一）。
2．软件调试（参见项目一任务一）。
3．程序下载（参见项目一任务一）。
4．软硬件综合调试（参见项目一任务一）。

三、任务扩展与提高

1．试编程产生以下波形：
（1）周期为 25ms 的锯齿波；（2）周期为 50ms 的三角波；（3）周期为 50ms 的方波。
2．设计软硬件系统，使用户能选择输出指定周期锯齿波或三角波或方波等。

【项目小结】

A/D 和 D/A 转换器是单片机与外界联系的重要途径。

D/A 转换器的主要技术指标有转换速度（建立时间）和 D/A 转换精度（分辨率）。

此外，本项目还重点介绍了 D/A 转换器 D/A0832 与单片机的接口电路设计方法及软件程序设计。

【项目知识拓展】

常用 D/A 转换器介绍

1．ADI 公司的 DA 器件

ADI 公司生产的各种模/数转换器（ADC）和数/模转换器（DAC）（统称数据转换器）一

直保持市场领导地位，包括高速、高精度数据转换器和目前流行的微转换器系统（MicroConvertersTM）。

AD5320 是单片 12 位电压输出 D/A 转换器，单电源工作，电压范围为+2.7V～+5.5V。片内高精度输出放大器提供满电源幅度输出，AD5320 利用一个 3 线串行接口，时钟频率可高达 30MHz，能与标准的 SPI、QSPI、Microwire 和 DSP 接口标准兼容。AD5320 的基准来自电源输入端，因此提供了最宽的动态输出范围。该器件含有一个上电复位电路，保证 D/A 转换器的输出稳定在 0V，直到接收到一个有效的写输入信号。该器件具有省电功能以降低器件的电流损耗，5V 时典型值为 200nA。在省电模式下，提供软件可选输出负载。通过串行接口的控制，可以进入省电模式。正常工作时的低功耗性能，使该器件很适合手持式电池供电的设备。5V 时功耗为 0.7mW，省电模式下降为 1μW。

2. TI 公司 DA 器件

美国得州仪器公司是一家国际性的高科技产品公司，是全球最大半导体产品供应商之一，1998 年半导体产品销量名列全球第五，其中 DSP 产品销量全球排名第一，模拟产品位于全球第一。

TLV5616 是一个 12 位电压输出数模转换器（DAC），带有灵活的 4 线串行接口，可以无缝连接 TMS320、SPI、QSPI 和 Microwire 串行口。数字电源和模拟电源分别供电，电压范围 2.7～5.5V。输出缓冲是 2 倍增益 rail-to-rail 输出放大器，输出放大器是 AB 类以提高稳定性和减少建立时间。rail-to-rail 输出和关电方式非常适宜单电源、电池供电应用。通过控制字可以优化建立时间和功耗比。

【项目训练与提高】

项目知识训练与提高

一、填空

1．D/A 转换是属于单片机系统_____通道的器件。
2．描述 D/A 转换器性能的主要指标有_____和_____等。
3．DAC0832 利用_____控制信号可以构成的三种不同的工作方式。

二、单项选择题

1．DAC0832 是一种（　　）芯片。
　　A．8 位模拟量转换成数字量　　　　B．16 位模拟量转换成数字量
　　C．8 位数字量转换成模拟量　　　　D．16 位数字量转换成模拟量
2．DAC0832 的工作方式通常有（　　）。
　　A．直通工作方式　　　　　　　　　B．单缓冲工作方式
　　C．双缓冲工作方式　　　　　　　　D．单缓冲、双缓冲和直通工作方式
3．当 DAC0832 和 89C51 单片机连接时的控制信号主要有（　　）。
　　A．ILE、CS、WR1、WR2、XFER　　B．TLE、WR1、XFER
　　C．WR1、WR2、XFER　　　　　　　D．ILE、CS、WR1、WR2
4．多片 D/A 转换器必须采用（　　）接口方式。

A．单缓冲　　　　B．双缓冲　　　　C．直通　　　　D．均可

三、简答题

1．使用 ADC0832 进行转换的主要步骤有哪些？

2．DAC0832 与 8051 单片机连接时有哪些控制信号？作用分别是什么？ADC0809 与 8051 单片机连接时有哪些控制信号？作用分别是什么？

3．使用 DAC0832 时，单缓冲方式如何工作？双缓冲方式如何工作？

项目技能训练与提高

设计软硬件系统，实现对步进电机调速。

项目六　数字温/湿度计设计

【项目导入与描述】

我们已知道单片机应用十分广泛，我们如何去一步一步地了解它，理解它，最终灵活使用它呢？我们通过带液晶显示的温/湿度计设计开始。

本项目提出了一种基于 AT89C51 单片机的温湿度计设计方案，见图 6.1。本方案以 AT89C51 单片机作为主控核心，系统由 AT89C51 单片机、液晶模块和温湿度传感器模块组成。通过温湿度传感器模块获取温度、湿度值，将获取的温度湿度值在液晶模块上显示。该产品实际应用效果较好，涉及环境适中，所涉及知识在实践场合应用广泛。

图 6.1　本项目电路板

【项目目标】

表 6.1 为本项目的项目目标。

表 6.1 LED 电子显示屏控制系统项目目标

授课项目名称		数字温/湿度计设计	
教学目标	知识目标	1. 了解液晶模块的引脚。 2. 了解液晶模块的读写操作的时序。 3. 了解液晶模块基本操作函数的编程依据。 4. 理解液晶模块指令的功能、含义。 5. 掌握液晶模块基本操作函数的编制。 6. 认识、理解时序仿真的单片机实现。 7. 理解 DHT11 数字温/湿度传感器通信协议。 8. 了解温/湿度传感器 DHT11 模块的读写操作的时序。 9. 认识、理解如何用时间法表示 1、0 位数据。 10. 掌握系统规划设计方法。	
	能力目标	1. 初步掌握用单片机控制液晶显示的能力。 2. 初步掌握用单片机对 DHT11 数字温/湿度传感器进行控制的能力。 3. 初步掌握用单片机实现时序仿真的能力。 4. 初步建立单片机系统设计的基本概念。 5. 具备常用逻辑电路及其芯片的识别、选取、测试能力。 6. 具备进一步诊断简单单片机应用系统故障的能力。 7. 具备常用逻辑电路及其芯片的检索与阅读能力。 8. 具备简单单片机应用系统的安装、调试与检测能力。 9. 培养良好的职业素养、沟通能力及团队协作精神。	
知识重点 || 液晶、液晶模块 1602 的引脚、液晶模块的读写操作的时序、液晶模块基本操作函数的编程、温/湿度传感器 DHT11、DHT11 数字温/湿度传感器通信协议、DHT11 的读写操作的时序、时序仿真时间法表示 1、0 位数据。	知识难点	液晶模块的读写操作的时序、液晶模块基本操作函数的编程、DHT11 数字温/湿度传感器通信协议、DHT11 的读写操作的时序、时序仿真时间法表示 1、0 位数据。

【项目分解】

由于本项目所涉及的知识点较多,因此将其分解为两个任务,表 6.2 是对本项目的项目分解。

表 6.2 数字温/湿度计设计项目分解表

项目名称	分解成的任务名称
项目六 数字温/湿度计设计	任务一 液晶显示控制系统
	任务二 数字温/湿度计设计

【任务一 液晶显示控制系统】

一、任务描述

在字符液晶模块上显示数字、文字信息。

二、任务教学目标

表 6.3 为本任务的任务目标。

表 6.3 液晶显示控制系统的任务目标

授课任务名称		液晶显示控制系统	
教学目标	知识目标	1. 理解液晶模块指令的功能、含义。 2. 掌握液晶模块基本操作函数的使用。 3. 认识、理解时序仿真的单片机实现。 4. 实现系统规划设计。	
	能力目标	1. 初步掌握用单片机控制液晶显示的能力。 2. 具备常用逻辑电路及其芯片的识别、选取、测试能力。 3. 具备初步诊断简单单片机应用系统故障的能力。 4. 具备常用逻辑电路及其芯片的检索与阅读能力。 5. 具备简单单片机应用系统的安装、调试与检测能力。 6. 培养良好的职业素养、沟通能力及团队协作精神。	
知识重点	液晶、液晶模块 1602 的引脚、1602 液晶模块指令的功能与含义、液晶模块的读写操作的时序、液晶模块基本操作函数的编程。	知识难点	1602 液晶模块指令的功能含义、液晶模块的读写操作的时序、液晶模块基本操作函数的编程。

三、任务资讯

（一）字符液晶模块 1602 简介

1. 认识液晶模块

液晶模块主要有两类：字符液晶模块、点阵液晶模块。字符液晶模块价格便宜、使用方便，在不需要显示图像的场合广泛使用，典型的字符液晶模块是 1602。点阵字符型液晶显示模块可以显示西文字符、数字、符号等，显示内容比较丰富，字符是由 5×7 或 5×11 点阵块实现的，但无法显示汉字和复杂图形。各种显示模块的使用方法和操作时序基本相同。点阵图形液晶模块可以显示字符，也可以显示动态图案，适用场合广泛，在显示动态图案时编程量较大。

不同厂家生产的液晶模块引脚在数量和排列上各不相同，不管数量和排列如何，液晶模块的引脚均可分为如下几类：电源类、数据类、控制类。

电源类引脚为液晶模块提供工作电流，最多由七个引脚组成：液晶模块的 VDD 和 VSS。液晶模块显示驱动正电源（VCC），液晶模块显示驱动负电源（VEE），液晶模块背光部分——背光电源 BLA（LED+）和 BLK（LED-），显示亮度调节（VL），显示亮度调节常见的有两种接法：调节电流、调节电压。如图 6.2 所示。

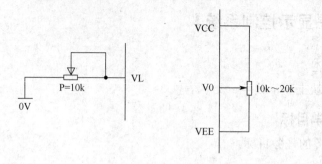

图 6.2　显示亮度调节方案

数据类引脚是允许液晶模块同 MCU 进行数据交换的引脚，MCU 通过数据引脚向液晶模块传递数据或发送命令。液晶模块通过数据类引脚传递 MCU 需要的数据或传递其当前的工作状态。

作为字符型液晶模块，1602 使用广泛、价格便宜、使用方便、控制引脚少。下面从外观和引脚、控制命令等方面对其进行介绍。

2. 1602 的外观和引脚

1602 由 16 个引脚组成，外观见图 6.3，在引脚的左右两侧，有数字 1 和 16 表示引脚的序号。

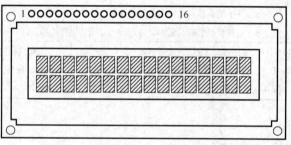

图 6.3　1602 的外观

1602 液晶模块可以显示两行字符，每行可以显示 16 个西文字符，故称为 1602。
1602 液晶模块各引脚的功能见表 6.4。

表 6.4　1602 液晶模块引脚功能表

引脚序号	引脚名称	引脚备注	引脚序号	引脚名称	引脚备注
1	VSS	电源负极	9	D2	
2	VDD	电源正极	10	D3	
3	VL	显示偏压调节	11	D4	
4	RS	数据/命令指示（H/L）	12	D5	
5	RW	读写操作指示（H/L）	13	D6	
6	EN	使能端	14	D7	
7	D0	数据引脚	15	BLA	背光正极
8	D1		16	BLK	背光负极

液晶模块 1602 VL 引脚可以通过接在 VSS 和 VDD 间的电位器来调节显示亮度。

控制类引脚通过信号的时序变化，指示液晶模块获取 MCU 发出的各种数据和命令，或指示液晶模块为 MCU 提供需要的数据。控制类引脚包括 EN、R/W、RS、RET、PSB、CS1、CS2 等。EN 为使能引脚、R/W 为读写引脚、RS 为指令数据指示引脚、RET 是复位引脚、PSB 是并行/串行数据接口选择引脚、CSX 为屏幕 X 边操作选择引脚。EN、R/W、RS 引脚为大部分液晶模块所必需的控制引脚。

（二）对液晶模块的操作时序及基本操作函数

MCU 对液晶模块的操作分为两类四种：MCU 向液晶模块写数据或命令，MCU 从液晶模块读数据或状态。R/W 为低电平表示 MCU 对液晶模块进行写操作，R/W 为高电平表示 MCU 对液晶模块进行读操作。RS 为高电平表示读写数据，RS 为低电平表示读写状态或命令。

1. MCU 向液晶模块写数据或命令

MCU 向液晶模块写数据或命令的操作时序见图 6.4，要实现这两种基本操作，可以编写两个基本操作函数来实现。

实现基本操作函数时，用到下面的宏，先定义引脚 RS、RW、EN 的引脚编号，后定义各引脚的电平操作。

```
sbit LCD_RS=P2^0;
sbit LCD_RW=P2^1;
sbit LCD_EN=P2^2;
#define LCD_PORT  P3
//引脚 RS、RW、EN 的电平操作，带 H 的设置成高电平，带 L 的设置成低电平。
#define LCD_RS_H() LCD_RS =1
#define LCD_RS_L() LCD_RS =0
#define LCD_RW_H() LCD_RW =1
#define LCD_RW_L() LCD_RW =0
#define LCD_EN_H() LCD_EN =1
#define LCD_EN_L() LCD_EN =0
```

采用宏定义的方式进行编程，主要原因是使程序移植方便，只修改上面两部分控制引脚的定义和引脚 RS、RW、EN 的电平操作。

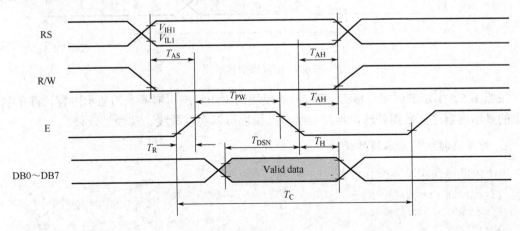

图 6.4　液晶模块写时序

按照如图 6.4 所示的时序，MCU 向液晶模块发送命令和数据，实现信息在液晶模块显示。

(1) MCU 向液晶模块发出操作命令

```
void LCD_write_command (unsigned char command)
{
    LCD_RS_L();          //RS=0
    LCD_RW_L();          //rw=0;
    LCD_PORT=command;    //ready data
    LCD_EN_H();          //LCD_en from 1 change 0
    LCD_EN_L();
}
```

(2) MCU 向液晶模块写显示数据

```
Void LCD_write_data (unsigned char dt)
{
    LCD_RS_H();       //RS=1
    LCD_RW_L();       //rw=0;
    LCD_PORT =dt;     //ready data
    LCD_EN_H();       //LCD_en from 1 change 0
    LCD_EN_L();
}
```

(3) MCU 从液晶模块读取数据或状态

MCU 从液晶模块读取数据或状态的操作时序见图 6.5。要实现这两种基本操作，可以编写两个基本操作函数来实现。

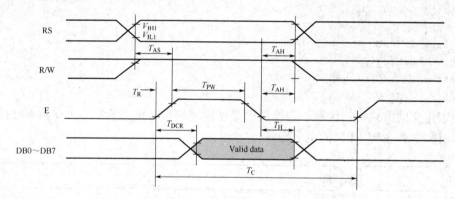

图 6.5　液晶模块读时序

按照图 6.5 所示的时序，MCU 获取液晶模块的工作状态、屏幕上的显示内容。将获取屏幕上的显示内容进行数据处理，再发送给液晶模块可以实现画线、动画等效果。

2. 对液晶模块的基本操作函数

以下为液晶模块基本操作函数：

```
#include <reg52.h>
#include <intrins.h>
sbit LCD_RS=P2^0;
sbit LCD_RW=P2^1;
sbit LCD_EN=P2^2;
#define LCD_PORT  P3
```

```c
#define LCD_RS_H() LCD_RS =1
#define LCD_RS_L() LCD_RS =0
#define LCD_RW_H() LCD_RW =1
#define LCD_RW_L() LCD_RW =0
#define LCD_EN_H() LCD_EN =1
#define LCD_EN_L() LCD_EN =0
Void LCD_write_command (unsigned char command);
Void LCD_write_data (unsigned char dt);
Void delay_1us (void);
Void delay_nus (unsigned int n);
Void LCD_write_command (unsigned char command) //写指令
{
   LCD_RS_L();         //RS=0
   LCD_RW_L();         //rw=0;
   LCD_PORT=command;   //ready data
   LCD_EN_H();         //LCD_en from 1 change 0
   delay_nus (1);
   LCD_EN_L();
}
Void LCD_write_data (unsigned char dt) //写数据
{
   LCD_RS_H();   //RS=1
   LCD_RW_L();   //rw=0;
   LCD_PORT=dt;  //ready data
   LCD_EN_H();   //LCD_en from 1 change 0
   delay_nus (1);
   LCD_EN_L();

}
Void delay_1us (void)              //1us 延时函数
{
   _nop_();
}
Void delay_nus (unsigned int n)    //N us 延时函数
{
   unsigned int i=0;
   for (i=0;i<n;i++)
   delay_1us();
}
Void main (void)
{
   LCD_PORT=0;
   LCD_RS_L();
   LCD_RW_L();
   LCD_EN_L();
   for (;;)
   {
       LCD_write_data (0x1); //写指令
```

```
    LCD_PORT=0;
    LCD_RS_L();
    LCD_RW_L();
    LCD_EN_L();
    delay_nus(30);

    LCD_write_command(0x1);
    LCD_PORT=0;
    LCD_RS_L();
    LCD_RW_L();
    LCD_EN_L();
    delay_nus(30);
    }
}
```

为进一步利用基本操作函数在液晶模块上显示信息做准备,我们需要调试一下本程序的运行结果,由于运行结果不直观,我们借助示波器,可以间接看到设计效果,见图 6.6。

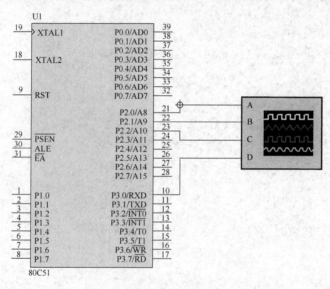

图 6.6 借助示波器观察基本操作函数的连线图

开始仿真后调整观察时间及时刻,可以看到类似图 6.7 的波形变化。

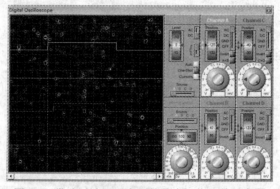

图 6.7 借助示波器观察到的基本操作函数时序图

由波形变化可知：信号 RS 首先拉高，变成高电平；由于是写数据操作，信号 RW 变成低电平，由于原来信号就是低电平，所以波形是一条直线；后发送给 LCD 的数据发出，我们测试数据为 0x1，故低四条线变成变成高电平；最后信号 E 变化。对比 LCD 的时序图，两者基本类似。

（1）调整示波器的观察时刻，找出写命令操作的时序。

（2）分析写命令、数据操作函数，独立完成读状态、数据函数（此两个函数只有再接上 LCD 时才可观察到波形）。

（三）对 1602 的控制方法

1. 1602 的工作状态

通过向液晶模块发送控制命令，后跟数据，可以实现数据在液晶模块上的显示。在每次对液晶模块进行操作前，先要进行状态检测，保证液晶模块处于空闲状态，然后再进行读写操作。可以编写检测工作状态函数，待工作状态为空闲时退出函数。

```
Void WaitLcd()
{
  unsigned char stdat;
  do {
    stdat=0;
    stdat=LCD_read_status();
    stdat=0x80 & stdat;
  } while (!(stdat==0x00));
}
```

在每次进行读写操作前先执行此函数。可以将此函数插在读写函数内，如下面 MCU 向液晶模块发出操作命令的程序段。

```
Void LCD_write_command (unsigned char command)
{
WaitLcd();
  LCD_RS_L();        //RS=0
  LCD_RW_L();        //rw=0;
  LCD_PORT=command;  //ready data
  LCD_EN_H();        //LCD_en from 1 change 0
  LCD_EN_L();
}
```

2. 1602 的控制命令

向液晶模块发送的控制命令由液晶模块的控制器决定，1602 的控制命令包括初始化设置和数据控制两类。

（1）初始化设置命令

初始化设置有显示模式设置、显示开/关设置、光标设置。

显示模式设置命令只有两个选择：38H 和 28H，两者都设置液晶模块为 16×2（两行，每行显示 16 个字符）、5×7 点阵（字符由 5×7 点阵表示）；38H 选择数据接口为 8 位，使用 D7～D0 引脚作为数据接口；28H 选择数据接口为 4 位，使用 D3～D0 引脚作为数据接口，D7～D4 无效，8 位数据要传输两次。

显示开/关设置每个二进制位取不同值，代表不同选择，具体见表 6.5。

表 6.5 显示开/关设置表

D7	D6	D5	D4	D3	D2	D1	D0	设置注释
0	0	0	0	1	D	C	B	D=0 关显示；D=1 开显示； C=0 不显示光标；C=1 显示光标 B=0 光标不闪烁；B=1 光标闪烁。

表 6.6 为光标设置时，各数据位的含义。

表 6.6 光标设置表

D7	D6	D5	D4	D3	D2	D1	D0	设置注释
0	0	0	0	0	1	N	S	N=1，写字符后，光标加一； N=0，写字符后，光标减一； S=1 写一个字符，屏幕显示左移（N=1 时）或右移（N=0 时）；S=0 写一个字符，屏幕显示不移动。

（2）数据控制命令

数据控制命令主要有五个命令：设置显示位置、写字符、读字符、清屏、回车。

设置显示位置后，写字符给液晶模块后，就会在指定位置显示。位置最终变成一个字节数据，第一行位置值要在列值基础上加 0x80。第二行位置值要在列值基础上加 0xC0。实现函数如下：

```
Void LCD_set_xy ( unsigned char x, unsigned char y )
{
    unsigned char address;
    if （y == 0）address = 0x80 + x;
    else   address = 0xc0 + x;
    LCD_write_command (address);
}
```

写字符命令、读字符命令同前面小节的 MCU 向液晶模块写显示数据、MCU 从液晶模块读取屏幕数据的内容一致。

清屏控制命令清除屏幕显示内容，控制命令码是 0x01，回车控制命令码是 0x02。

3. 1602 的使用

使用 1602 时，首先根据控制器的要求对 1602 进行初始化，后通过数据控制命令进行屏幕操作，实现在字符液晶模块 1602 上显示字符。

控制器要求对 1602 进行初始化过程如下：

- 延时 15ms
- 向 1602 发显示模式设置命令（不用检测待工作状态为空闲）
- 延时 5ms
- 向 1602 发显示模式设置命令（不用检测待工作状态为空闲）
- 延时 5ms
- 向 1602 发显示模式设置命令（不用检测待工作状态为空闲）
- 向 1602 发显示模式设置命令（在检测待工作状态为空闲后）
- 向 1602 发命令 0x8（显示开/关设置、光标设置、清屏）

- 向 1602 发命令 0x1
- 向 1602 发命令 0x6
- 向 1602 发命令 0xC

4. 4 位数据总线状态下 1602 的使用

4 位数据总线状态下的 1602 使用 7 根信号线，可以实现 1602 的正常使用，同 8 位信号线下使用的区别有两点。首先，数据或控制指令要分成高 4 位和低 4 位分两次输出给数据总线；4 位数据总线的显示模式设置命令是 0x28。

四、任务实施

（一）任务实训工单

表 6.7 为任务一的实训工单，在实训前要提前填写好各项内容，最好用铅笔填，以方便实训过程中修改。

表 6.7 任务一实训工单

【任务名称】	任务一 液晶显示控制系统
【任务目标】	1. 实现液晶模块硬件电路设计。 2. 实现液晶模块的软件程序设计。 3. 进行程序调试，在液晶模块上显示字符和字符串信息。
【硬件电路原理】	将 P3 口的八位引脚分别接 LCD 的 D0 至 D7，P2.0 接 RS，RW 地（本项目只向 LCD 写数据和命令），P2.2 接 E，见图 6.8。 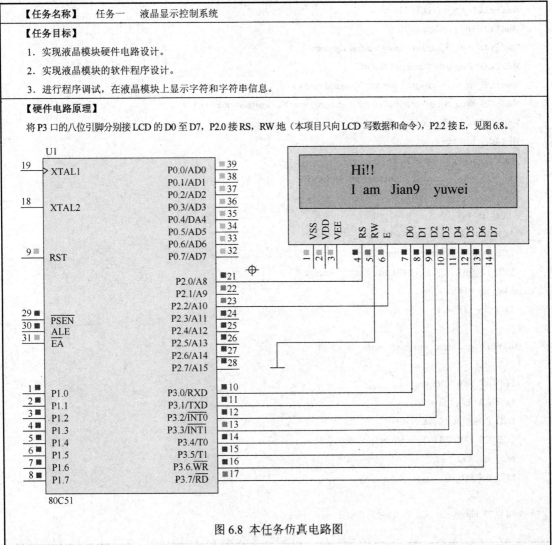

图 6.8 本任务仿真电路图

【软件程序】

```c
//程序：project6_1.c
//功能：液晶显示控制系统程序
#include <reg52.h>
#include <intrins.h>
sbit LCD_RS=P2^0;
sbit LCD_RW=P2^1;
sbit LCD_EN=P2^2;
#define LCD_PORT   P3
#define LCD_RS_H() LCD_RS =1
#define LCD_RS_L() LCD_RS =0
#define LCD_RW_H() LCD_RW =1
#define LCD_RW_L() LCD_RW =0
#define LCD_EN_H() LCD_EN =1
#define LCD_EN_L() LCD_EN =0
Void LCD_init（void）;
Void LCD_write_command（unsigned char command）;
Void LCD_write_data（unsigned char dt）;
Void LCD_set_xy（unsigned char x，unsigned char y）;
Void LCD_write_string（unsigned char X，unsigned char Y，unsigned char *s）;
Void LCD_write_char（unsigned char X，unsigned char Y，unsigned char dt）;
Void delay_nus（unsigned int n）;
Void delay_nms（unsigned int n）;
Void LCD_write_command（unsigned char command）
{
  LCD_RS_L();        //RS=0
  LCD_RW_L();        //rw=0;
  LCD_PORT=command;  //ready data
  LCD_EN_H();        //LCD_en from 1 change 0
  delay_nus（1）;
  LCD_EN_L();
}
Void LCD_write_data（unsigned char dt） //写数据
{
  LCD_RS_H(); //RS=1
  LCD_RW_L(); //rw=0;
  LCD_PORT=dt; //ready data
  LCD_EN_H(); //LCD_en from 1 change 0
  delay_nus（1）;
  LCD_EN_L();
}
Void LCD_init（void）        //液晶初始化
{
```

```
    delay_nus（40）;
    LCD_write_command（0x38）;    //8 位显示
    LCD_write_command（0x0C）;    //显示开
    LCD_write_command（0x01）;    //清屏
    delay_nms（2）;
}
Void LCD_set_xy（unsigned char x，unsigned char y）//写地址函数
{
    unsigned char address;
    if  (y == 0) address = 0x80 + x;
    else    address = 0xc0 + x;
    LCD_write_command（address）;
}
Void LCD_write_string（unsigned char X，unsigned char Y，unsigned char *s）//列 x=0~15，行 y=0，1
{
    LCD_set_xy（X，Y）; //写地址
    while  (*s)            // 写显示字符
    {
        LCD_write_data（*s）;
        s ++;
    }
}
Void LCD_write_char（unsigned char X，unsigned char Y，unsigned char dt）//列 x=0~15，行 y=0，1
{
    LCD_set_xy（X，Y）;//写地址
    LCD_write_data（dt）;
}
Void delay_1us（void）//1us 延时函数
{
    _nop_();
}
Void delay_nus（unsigned int n）//N us 延时函数
{
    Unsigned int i=0;
    for  (i=0;i<n;i++)
    delay_1us();
}
Void delay_1ms（void）//1ms 延时函数
{
    unsigned int i;
    for  (i=0;i<1140;i++);
}
    Void delay_nms（unsigned int n）//N ms 延时函数
```

续表

```
    {
        unsigned int i=0;
        for  (i=0;i<n;i++)
        delay_1ms();
    }
    void main（void）
    {
        LCD_init();
        for（;;)
        {
        LCD_write_char（1，0，'H'）;
        LCD_write_char（2，0，'i'）;
        LCD_write_char（3，0，'!'）;
        LCD_write_char（4，0，'!'）;
        LCD_write_string（0，1，"I am Jiang yuwei"）;
        }
    }
```

（二）任务调试过程

1．硬件电路绘制。

2．软件设计调试。

3．程序下载。

4．软硬件综合调试。

（三）任务扩展与提高

编程用 1602 显示日期和时间。

五、任务小结

本任务通过 1602 液晶模块操作命令的学习，编写了 LCD_set_xy、LCD_write_char、LCD_write_string、LCD_init 实现了液晶模块的操作基础函数。主程序通过调用操作基础函数实现在液晶模块上显示信息，完成项目设计目标。

【任务二　数字温/湿度计设计】

一、任务描述

完成数字温/湿度计设计，将被测环境的温/湿度通过温/湿度传感器感测后传给单片机，单片机将其自动显示在液晶屏上。

二、任务教学目标

表 6.8 为本任务的任务目标。

表 6.8 数字温/湿度计设计的任务目标

任务名称		数字温/湿度计设计		
教学目标	知识目标	1. 了解液晶模块的引脚。 2. 了解液晶模块的读写操作的时序。 3. 了解液晶模块基本操作函数的编程依据。 4. 了解温/湿度传感器模块的读写操作的时序。 5. 理解液晶模块指令的功能、含义。 6. 掌握液晶模块基本操作函数的编制。 7. 认识、理解时序仿真的单片机实现。 8. 认识、理解时间法如何表示1、0位数据。 9. 实现系统规划设计。		
	能力目标	1. 初步掌握用单片机对 DHT11 数字温/湿度传感器进行控制的能力。 2. 初步掌握用单片机实现时序仿真的能力。 3. 初步建立单片机系统设计的基本概念。 4. 初步掌握诊断简单单片机应用系统故障的能力。 5. 具备常用逻辑电路及其芯片的检索与阅读能力。 6. 具备简单单片机应用系统的安装、调试与检测能力。 7. 培养良好的职业素养、沟通能力及团队协作精神。		
知识重点	温/湿度传感器 DHT11、DHT11 通信协议、DHT11 的读写操作的时序、时序仿真时间法表示1、0位数据。		知识难点	DHT11 通信协议、DHT11 的读写操作的时序、时序仿真时间法表示1、0位数据。

三、任务资讯

(一) DHT11 数字温湿度传感器简介

DHT11 数字温湿度传感器是一款含有已校准数字信号输出的温湿度复合传感器。传感器包括一个电阻式感湿元件和一个 NTC 测温元件,通过一个引脚同单片机相连接,按照特定通信协议传递温度和湿度值。

1. 引脚说明

外形引脚如图 6.9 所示。1 脚 VDD,供电电压 3.5~5.5V,2 脚 DATA 串行数据总线,3 脚 NC 空脚,4 脚 GND 接地,电源负极。

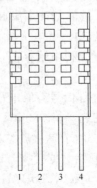

图 6.9 DHT11 传感器的外形引脚

2. 温/湿度传感器使用注意事项

单片机与 DHT11 连接时，DATA 接上拉电阻后与单片机的 I/O 端口相连。

（1）当 DATA 与单片机 I/O 端口间接线长度短于 20 米时，用 5.1kΩ 上拉电阻即可，大于 20 米时根据实际情况适当降低上拉电阻的阻值。

（2）使用 3.5V 电压供电时连接线长度不可大于 20 米。否则线路压降会导致传感器供电不足，造成测量偏差。

（3）每次读出的数据是上一次测量的结果，要获取实时数据，需连续读取两次，但不可连续多次读取传感器，读取间隔大于 5 秒时，才可获得准确的数据。

（二）DHT11 数字温湿度传感器通信协议

1. 通信协议概述

DHT11 器件采用特殊的单总线通信，即它的总线只有一根数据线，系统中的数据交换、控制均由此总线完成。单片机通过一个漏极（集电极）开路或三态端口连至数据线，单总线外接上拉电阻，这样，当总线闲置时，其状态为高电平。

单片机和 DHT11 采用主从结构，所有的数据传输都由单片机的呼叫开始，DHT11 按照预先规定的协议传输数据，因此单片机必须严格遵循通信协议发起数据传输过程，按照通信协议识别传递来的数据位。

（1）单总线传送数据位定义

DHT11 的 DATA 脚与用于单片机之间的通信，采用单总线数据格式，一次传送 40 位数据，高位在前，低位在后。

（2）数据传输顺序

DHT11 传输数据按照：8 位湿度整数数据、8 位湿度小数数据、8 位温度整数数据、8 位温度小数数据、8 位校验位传输给单片机。

（3）校验位产生

为保证输出温度、湿度数据准确，DHT11 采用 8 校验位检验输出数据的正误，8 校验位是前四个字节的累加和的后 8 位。

2. 通信过程

单片机和 DHT11 之间的通信可通过如下几个步骤实现：

（1）DHT11 上电后（DHT11 上电后要等待 1s 以越过不稳定状态，在此期间不能发送任何指令），测试环境温湿度数据，并记录数据，后 DHT11 的 DATA 引脚处于输入状态，检测外部信号；由于 DATA 接上拉电阻，故 DATA 引脚此时保持高电平。

（2）单片机的 I/O 设置为输出同时输出低电平，且低电平保持时间不能小于 18ms，然后单片机的 I/O 设置为输入状态，由于上拉电阻存在，DATA 数据引脚被拉高，单片机等待 DHT11 发出回答信号。

（3）DHT11 的 DATA 引脚检测到外部信号有低电平时，等待 DATA 引脚低电平结束，延迟后 DHT11 的 DATA 引脚处于输出状态，输出 80 微秒的低电平作为应答信号，紧接着输出 80 微秒的高电平通知单片机接收数据。由于单片机的 I/O 此时处于输入状态，检测到 I/O 有低电平后，等待 80 微秒的高电平后，开始数据接收。

（4）DHT11 的 DATA 引脚输出 40 位数据，DHT11 通过规定电平的不同持续时间来表示数据 0 和 1。50 微秒的低电平跟 26.28 微秒的高电平，表示数据 0。50 微秒的低电平后跟 70

微秒的高电平，表示数据1。

（5）DHT11的DATA引脚在输出40位数据后，再继续输出50微秒低电平后，随之转为输入状态，由于上拉电阻存在，DATA引脚变为高电平。DHT11内部重测环境温湿度数据，并记录数据，等待外部信号的到来，进行下一次的数据输出。

3. 识别DHT11协议的8位字节串行数据

```
void COM(void)
{
    unsigned char i;
    for(i=0;i<8;i++)
    {
        FLAG=2;
        while((!dht11)&&FLAG++);
            Delay_10us();
            Delay_10us();
            Delay_10us();
            temp=0;
        if(dht11)
            temp=1;
        FLAG=2;
        while((dht11)&&FLAG++);
        if(FLAG==1)
            break;
        dht11data<<=1;
        dht11data|=temp;
    }
}
```

四、任务实施

（一）任务实训工单

表6.9为任务二的实训工单。

表6.9 任务二实训工单

【项目名称】	项目六　数字温/湿度计设计
【任务名称】	任务二　数字温/湿度计设计
【任务目标】 1. 实现液晶模块基本操作函数测试硬件电路。 2. 实现液晶模块基本操作函数测试软件程序。 3. 实现液晶模块测试。 4. 实现传感器测试。 5. 实现温/湿度计制作。	

续表

【硬件电路原理】

温/湿度计实现硬件电路如图6.10所示,包括单片机、液晶模块和传感器三部分。其中单片机选用AT89C5X芯片;时钟电路设置为11.0592MHz的晶振。液晶模块数据口接P3,控制口接P2.1至3。传感器接P2.4。

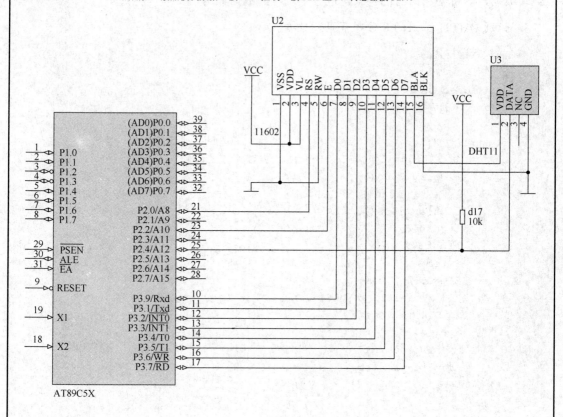

图6.10 本任务电路图

【软件程序】

```
//程序:project6_2.c
//功能:数字温湿度计设计程序
#include <reg52.h>
#include <intrins.h>
sbit LCD_RS=P2^3;
sbit LCD_RW=P2^2;
sbit LCD_EN=P2^1;
sbit dht11= P2^4;
#define LCD_PORT  P3
#define LCD_RS_H() LCD_RS =1
#define LCD_RS_L() LCD_RS =0
#define LCD_RW_H() LCD_RW =1
#define LCD_RW_L() LCD_RW =0
#define LCD_EN_H() LCD_EN =1
#define LCD_EN_L() LCD_EN =0
Void LCD_init (void);
```

```c
void LCD_write_command (unsigned char command);
void LCD_write_data (unsigned char dt);
void LCD_set_xy (unsigned char x, unsigned char y);
void LCD_write_string (unsigned char X, unsigned char Y, unsigned char *s);
void LCD_write_char (unsigned char X, unsigned char Y, unsigned char dt);
void delay_nus (unsigned int n);
void delay_nms (unsigned int n);
unsigned char    rh[4]={"00R"};
unsigned char    t[4]={"00c"};
unsigned FLAG, temp, dht11data, RHH_data, RHL_data, TH_data, TL_data, checkdata;
void LCD_write_command (unsigned char command)
{
  LCD_RS_L();       //RS=0
  LCD_RW_L();       //rw=0;
  LCD_PORT=command;  //ready data
  LCD_EN_H();       //LCD_en from 1 change 0
  delay_nus (1);
  LCD_EN_L();
}
void LCD_write_data (unsigned char dt) //写数据
{
  LCD_RS_H();  //RS=1
  LCD_RW_L();  //rw=0;
  LCD_PORT=dt;  //ready data
  LCD_EN_H();  //LCD_en from 1 change 0
  delay_nus (1);
  LCD_EN_L();
}
void LCD_init (void)            //液晶初始化
{
  delay_nus (40);
  LCD_write_command (0x38);  //8位显示
  LCD_write_command (0x0C);  //显示开
  LCD_write_command (0x01);  //清屏
  delay_nms (2);
}
void LCD_set_xy (unsigned char x, unsigned char y) //写地址函数
{
    unsigned char address;
    if (y == 0) address = 0x80 + x;
    else    address = 0xc0 + x;
    LCD_write_command (address);
}
```

```c
Void LCD_write_string (unsigned char X, unsigned char Y, unsigned char *s)  //列 x=0～15, 行 y=0, 1
{
    LCD_set_xy ( X, Y ) ;  //写地址
    while (*s)  // 写显示字符
    {
        LCD_write_data ( *s ) ;
        s ++;
    }
}
Void LCD_write_char (unsigned char X, unsigned char Y, unsigned char dt)  //列 x=0～15, 行 y=0, 1
{
    LCD_set_xy (X, Y) ;  //写地址
    LCD_write_data (dt) ;
}
Void delay_1us (void)              //1us 延时函数
{
    _nop_();
}
Void delay_nus (unsigned int n)    //N us 延时函数
{
    unsigned int i=0;
    for (i=0;i<n;i++)
    delay_1us();
}
voiddelay_1ms (void)               //1ms 延时函数
{
    unsigned int i;
    for (i=0;i<1140;i++) ;
}
Void delay_nms (unsigned int n)    //N ms 延时函数
{
    unsigned int i=0;
    for (i=0;i<n;i++)
    delay_1ms();
}
Void delay1 (unsigned char i)
{
unsigned char j, k;
for (j=0;j<i;j++)
    for (k=0;k<54;k++) ;
}
Void Delay (unsigned int j)
{
```

续表

```
    unsigned char i;
  for(;j>0;j--)
  {
        for(i=0;i<27;i++);
  }
}
Void Delay_10us(void)  //延时10us
{
    unsigned char i;
    i++;//执行加法达到耗时的目的,实现延时
    i++;
    i++;
    i++;
    i++;
    i++;
}
void COM(void)
{
    unsigned char i;
    for(i=0;i<8;i++)
    {
        FLAG=2;
        while((!dht11)&&FLAG++);
            Delay_10us();
            Delay_10us();
            Delay_10us();
            temp=0;
        if(dht11)
            temp=1;
        FLAG=2;
        while((dht11)&&FLAG++);
        if(FLAG==1)
            break;
        dht11data<<=1;
        dht11data|=temp;
    }


}
Void readh(void)
{
    dht11=0;// 单片机设置输出、低电平,维持18ms
    Delay(180);
    dht11=1; //单片机设置输入,延时40us
```

续表

```c
            Delay_10us();
            Delay_10us();
            Delay_10us();
            Delay_10us();
            dht11=1;
            if(!dht11)
            {
                FLAG=2;//等待DHT1180us,发出低电平响应
                while((!dht11)&&FLAG++);
                FLAG=2; //等待DHT1180us,发出高电平响应
                while((dht11)&&FLAG++);
                //数据接收状态
                COM();//读湿度数据高八位
                RHH_data=dht11data;
                COM();//读湿度数据低八位
                RHL_data=dht11data;
                COM();//读温度数据高八位
                TH_data=dht11data;
                COM();//读温度数据低八位
                TL_data=dht11data;
                COM();//读校验数据
                checkdata=dht11data;
                dht11=1;
                  temp=(RHH_data+RHL_data+TH_data+TL_data);
                if(temp==checkdata)
                {
                    rh[0]=RHH_data/10+0x30;
                    rh[1]=RHH_data%10+0x30;
                    t[0]=TH_data/10+0x30;
                    t[1]=TL_data%10+0x30;
                }
            }
        }
Void main(void)
{
//11.0592 晶振
    LCD_init();
    for(;;)
    {
        readh();
      LCD_write_string(0,0,rh);
      LCD_write_string(0,1,t);
    delay_nms(20);
    }
}
```

（二）任务调试过程

单片机应用系统的调试步骤如下：

第一大步：将硬件电路按设计好的电路原理图进行组装。

第二大步：用 keil 软件将 C 语言源程序翻译成机器语言程序并连接生成可执行文件（扩展名为.hex）。

第三大步：将生成的可执行文件写入单片机应用系统的程序存储器中。

（三）任务扩展与提高

考虑如何将小数部分显示在液晶模块上。

五、任务小结

本任务实现了温/湿度计硬件电路、软件设计。通过本项目学习，可初步掌握简单应用系统的调试、分步骤解决问题的方法。本部分最重要的知识点是时序仿真，望读者仔细体会。

【项目知识拓展】

I^2C 串行总线介绍

采用串行总线技术可以使系统的硬件设计大大简化，系统的体积减小、可靠性提高。同时，系统的更改和扩充极为容易。

常用的串行扩展总线有：I^2C（Inter IC. BUS）总线、单总线（1-WIRE BUS 本项目中所用）、SPI（Serial Peripheral Interface）总线及 Microwire/PLUS 等。这里介绍一下 I^2C（Inter ICBUS）总线。其余的大家需要时可去网上查询。

一、I^2C 串行总线概述

I^2C 总线是 PHLIPS 公司推出的一种串行总线，是具备多主机系统所需的包括总线裁决和高低速器件同步功能的高性能串行总线。

I^2C 总线只有两根双向信号线。一根是数据线 SDA，另一根是时钟线 SCL，见图 6.11。

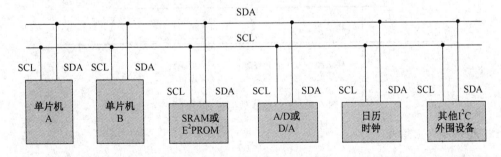

图 6.11　I^2C 总线的双向信号线

I^2C 总线通过上拉电阻接正电源。当总线空闲时，两根线均为高电平。连到总线上的任一器件输出的低电平，都将使总线的信号变低，即各器件的 SDA 及 SCL 都是"线与"关系，见图 6.12。

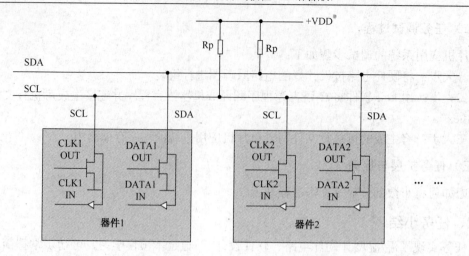

图 6.12 通过 I²C 总线与外围器件的连接

每个接到 I²C 总线上的器件都有唯一的地址。主机与其他器件间的数据传送可以是由主机发送数据到其他器件，这时主机即为发送器。由总线上接收数据的器件则为接收器。

在多主机系统中，可能同时有几个主机企图通过总线传送数据。为了避免混乱，I²C 总线要通过总线仲裁，以决定由哪一台主机控制总线。

在 80C51 单片机应用系统的串行总线扩展中，我们经常遇到的是以 80C51 单片机为主机，其他接口器件为从机的单主机情况。

二、I²C 总线的数据传送

1. 数据位的有效性规定

I²C 总线进行数据传送时，时钟信号为高电平期间，数据线上的数据必须保持稳定，只有在时钟线上的信号为低电平期间，数据线上的高电平或低电平状态才允许变化，见图 6.13。

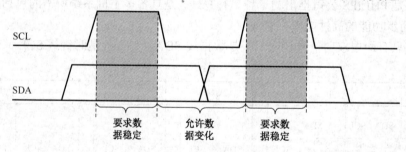

图 6.13 I²C 总线数据位有效时序

2. 起始和终止信号

SCL 线为高电平期间，SDA 线由高电平向低电平的变化表示起始信号；SCL 线为高电平期间，SDA 线由低电平向高电平的变化表示终止信号，见图 6.14。

起始和终止信号都是由主机发出的，在起始信号产生后，总线就处于被占用的状态；在终止信号产生后，总线就处于空闲状态。

连接到 I²C 总线上的器件，若具有 I²C 总线的硬件接口，则很容易检测到起始和终止信号。接收器件收到一个完整的数据字节后，有可能需要完成一些其他工作，如处理内部中断服务等，可能无法立刻接收下一个字节，这时接收器件可以将 SCL 线拉成低电平，从而使主机处于等待状态。直到接收器件准备好接收下一个字节时，再释放 SCL 线使之为高电平，从而使数据传送可以继续进行。

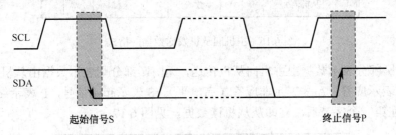

图 6.14　I^2C 总线起始和终止信号的时序

3. 数据传送

（1）字节传送与应答

每一个字节必须保证是 8 位长度。数据传送时，先传送最高位（MSB），每一个被传送的字节后面都必须跟随一位应答位（即一帧共有 9 位），见图 6.14。

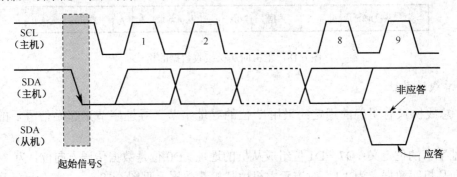

图 6.15　字节传送与应答数据格式

由于某种原因从机不对主机寻址信号应答时（如从机正在进行实时性的处理工作而无法接收总线上的数据），它必须将数据线置于高电平，而由主机产生一个终止信号以结束总线的数据传送。

如果从机对主机进行了应答，但在数据传送一段时间后无法继续接收更多的数据时，从机可以通过对无法接收的第一个数据字节的"非应答"通知主机，主机则应发出终止信号以结束数据的继续传送。

当主机接收数据时，它收到最后一个数据字节后，必须向从机发出一个结束传送的信号。这个信号是由对从机的"非应答"来实现的。然后，从机释放 SDA 线，以允许主机产生终止信号，见图 6.15。

（2）数据帧格式

I^2C 总线上传送的数据信号是广义的，既包括地址信号，又包括真正的数据信号。

在起始信号后必须传送一个从机的地址（7 位），第 8 位是数据的传送方向位（R/T），用"0"表示主机发送数据（T），"1"表示主机接收数据（R）。每次数据传送总是由主机产生的终止信号结束。但是，若主机希望继续占用总线进行新的数据传送，则可以不产生终止信号，马上再次发出起始信号对另一从机进行寻址。

在总线的一次数据传送过程中，可以有以下几种组合方式：

① 主机向从机发送数据，数据传送方向在整个传送过程中不变，见图6.16。

图6.16　主机向从机发送数据的格式

注：有阴影部分表示数据由主机向从机传送，无阴影部分则表示数据由从机向主机传送，见图6.16。A表示应答，$\overline{A}$非表示非应答（高电平）。S表示起始信号，P表示终止信号。

② 主机在第一个字节后，立即从从机读数据，见图6.17。

图6.17　从机读数据格式

③ 在传送过程中，当需要改变传送方向时，起始信号和从机地址都被重复产生一次，但两次读/写方向位正好相反，见图6.18。

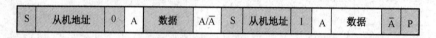

图6.18　主机向从机接收数据的格式

4. 总线的寻址

I^2C总线协议有明确的规定：采用7位的寻址字节（寻址字节是起始信号后的第一个字节）。

寻址字节的位定义：D7~D1位组成从机的地址。D0位是数据传送方向位，为"0"时表示主机向从机写数据，为"1"时表示主机由从机读数据，见图6.19。

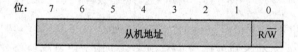

图6.19　寻址字节格式

主机发送地址时，总线上的每个从机都将这7位地址码与自己的地址进行比较，如果相同，则认为自己正被主机寻址，根据R/T位将自己确定为发送器或接收器。

从机的地址由固定部分和可编程部分组成。在一个系统中可能希望接入多个相同的从机，从机地址中可编程部分决定了可接入总线该类器件的最大数目。如一个从机的7位寻址位有4位是固定位，3位是可编程位，这时仅能寻址8个同样的器件，即可以有8个同样的器件接入到该I^2C总线系统中。

三、80C51单片机I^2C串行总线器件的接口

1. 总线数据传送的模拟

主机可以采用不带I^2C总线接口的单片机，如80C51、AT89C2051等单片机，利用软件实现I^2C总线的数据传送，即软件与硬件结合的信号模拟。

(1) 典型信号模拟

为了保证数据传送的可靠性，标准的 I^2C 总线的数据传送有严格的时序要求。I^2C 总线的起始信号、终止信号、发送"0"及发送"1"的模拟时序，见图 6.20。

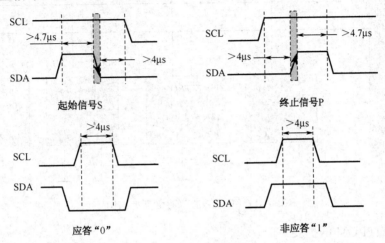

图 6.20　典型信号模拟时序

(2) 典型信号模拟子程序

起始信号：

```c
void I2CStart (void)
{   SDA. = 1;
    SomeNop ( );
    SCL = 1;
    SomeNop ( );
    SDA. = 0;
    SomeNop ( );
}
```

终止信号：

```c
void I2CStop (void)
{
    SDA. = 0;
    SomeNop ( );
    SCL = 1;
    SomeNop ( );
    SDA. = 1;
    SomeNop ( );
}
```

2. I^2C 总线器件的扩展

(1) 扩展电路

I^2C 总线扩展存储器电路见图 6.21。

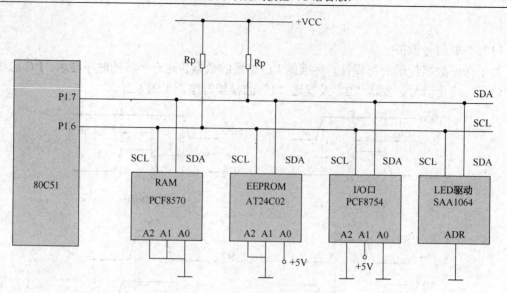

图 6.21 I²C 总线扩展存储器电路图

（2）串行 E²PROM 的扩展
● 串行 E²PROM 典型产品

```
ATMEL 公司的 AT24C 系列：
AT24C01：128 字节（128×8 位）；
AT24C02：256 字节（256×8 位）；
AT24C04：512 字节（512×8 位）AT24C08：1K 字节（1K×8 位）；
AT24C16：2K 字节（2K×8 位）；
```

● 写入过程

AT24C 系列 E²PROM 芯片地址的固定部分为 1010，A2、A1、A0 引脚接高、低电平后得到确定的 3 位编码。形成的 7 位编码即为该器件的地址码。

单片机进行写操作时，首先发送该器件的 7 位地址码和写方向位"0"（共 8 位，即一个字节），发送完后释放 SDA 线并在 SCL 线上产生第 9 个时钟信号。被选中的存储器器件在确认是自己的地址后，在 SDA 线上产生一个应答信号作为响应，单片机收到应答后就可以传送数据了。

传送数据时，单片机首先发送一个字节的被写入器件的存储区的首地址，收到存储器器件的应答后，单片机就逐个发送各数据字节，但每发送一个字节后都要等待应答。

AT24C 系列器件片内地址在接收到每一个数据字节地址后自动加 1，在芯片的"一次装载字节数"（不同芯片字节数不同）限度内，只需输入首地址。装载字节数超过芯片的"一次装载字节数"时，数据地址将"上卷"，前面的数据将被覆盖。

当要写入的数据传送完后，单片机应发出终止信号以结束写入操作。写入 n 个字节的数据格式，见图 6.22。

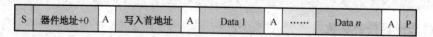

图 6.22 向 AT24C 系列 E2PROM 芯片写入数据的操作过程示意图

● 读出过程

单片机先发送该器件的 7 位地址码和写方向位"0"("伪写"),发送完后释放 SDA 线并在 SCL 线上产生第 9 个时钟信号。被选中的存储器器件在确认是自己的地址后,在 SDA 线上产生一个应答信号作为回应。

然后,再发一个字节的要读出器件的存储区的首地址,收到应答后,单片机要重复一次起始信号并发出器件地址和读方向位("1"),收到器件应答后就可以读出数据字节,每读出一个字节,单片机都要回复应答信号。当最后一个字节数据读完后,单片机应返回以"非应答"(高电平),并发出终止信号以结束读出操作,见图 6.23。

| S | 器件地址+0 | A | 读出首地址 | A | 器件地址+1 | A | Data 1 | A | …… | Data n | $\overline{A}$ | P |

图 6.23　从 AT24C 系列 E2PROM 芯片读出数据的操作过程示意图

读者可以试着将本知识拓展内容进行仿真调试。

【项目训练与提高】

项目知识训练与提高

一、填空

1. 点阵字符型液晶显示模块可以显示_____、_____、_____等,显示内容比较丰富,字符是由_____或_____点阵块实现的,但无法显示_____和_____。各种显示模块的使用方法和操作时序基本相同。
2. 点阵图形液晶模块可以显示_____,也可以显示_____,适用场合广泛,在显示动态图案编程量较大。
3. 对字符显示模块 LCD1602 而言,控制命令 0x38 的意义是:_____;控制命令字 0x01 的意义是:_____;控制命令字 0x02 的意义是:_____。
4. DHT11 数字温湿度传感器是一款含有_____数字信号输出的温/湿度复合_____。
5. DHT11 的传感器包括_____和_____,通过一个((填"几个")引脚同单片机相连接,按照特定通信协议传递_____和_____。

二、简答题

1. 1602 的控制命令有哪些?
2. 使用 DHT11 温/湿度传感器应注意哪些?

项目技能训练与提高

设计并制作一个智能电子钟(LCD 显示):显示以 AT89C51 单片机为核心。

附录A ASCII 码表

ASCII 值	控制字符	ASCII 值	控制字符	ASCII 值	控制字符	ASCII 值	控制字符
0	NUT	32	(space)	64	@	96	、
1	SOH	33	!	65	A	97	a
2	STX	34	"	66	B	98	b
3	ETX	35	#	67	C	99	c
4	EOT	36	$	68	D	100	d
5	ENQ	37	%	69	E	101	e
6	ACK	38	&	70	F	102	f
7	BEL	39	,	71	G	103	g
8	BS	40	(	72	H	104	h
9	HT	41	)	73	I	105	i
10	LF	42	*	74	J	106	j
11	VT	43	+	75	K	107	k
12	FF	44	,	76	L	108	l
13	CR	45	-	77	M	109	m
14	SO	46	.	78	N	110	n
15	SI	47	/	79	O	111	o
16	DLE	48	0	80	P	112	p
17	DCI	49	1	81	Q	113	q
18	DC2	50	2	82	R	114	r
19	DC3	51	3	83	X	115	s
20	DC4	52	4	84	T	116	t
21	NAK	53	5	85	U	117	u
22	SYN	54	6	86	V	118	v
23	TB	55	7	87	W	119	w
24	CAN	56	8	88	X	120	x
25	EM	57	9	89	Y	121	y
26	SUB	58	:	90	Z	122	z
27	ESC	59	;	91	[	123	{
28	FS	60	<	92	/	124	|
29	GS	61	=	93	]	125	}
30	RS	62	>	94	^	126	~
31	US	63	?	95	—	127	DEL

参 考 文 献

[1] 《单片机应用技术（C 语言版）》王静霞，电子工业出版社.
[2] 《C 语言程序设计》任文，机械工业出版社.
[3] 《单片机接口技术（C51 版）》张道德，中国水利水电出版社.
[4] 《单片机原理及应用(C 语言版)》周国运，中国水利水电出版社.
[5] 《单片机原理与应用及 C51 程序设计》谢维成，清华大学出版社.
[6] 《单片机原理及实训教程》湛洪然，北京师范大学出版社.
[7] 《单片机 C 语言应用程序开发技术》马忠梅，北京航空航天大学出版社.
[8] http://bbs.eetop.cn/thread-349747-1-1.html：常用电子元件和芯片中文数据手册大全汇总.
[9] http://okdatasheet.cn/：电子元件资料网，常用电子元器件手册、IC 资料、芯片 PDF 资料等电子元件 Datasheet 资料下载.
[10] 《DHT11 数据手册》.

反侵权盗版声明

电子工业出版社依法对本作品享有专有出版权。任何未经权利人书面许可，复制、销售或通过信息网络传播本作品的行为；歪曲、篡改、剽窃本作品的行为，均违反《中华人民共和国著作权法》，其行为人应承担相应的民事责任和行政责任，构成犯罪的，将被依法追究刑事责任。

为了维护市场秩序，保护权利人的合法权益，我社将依法查处和打击侵权盗版的单位和个人。欢迎社会各界人士积极举报侵权盗版行为，本社将奖励举报有功人员，并保证举报人的信息不被泄露。

举报电话：（010）88254396；（010）88258888
传　　真：（010）88254397
E-mail：　dbqq@phei.com.cn
通信地址：北京市万寿路 173 信箱
　　　　　电子工业出版社总编办公室
邮　　编：100036